Digitale Medien im Unternehmen

Gerald Lembke • Nadine Soyez

(Herausgeber)

Digitale Medien im Unternehmen

Perspektiven des betrieblichen Einsatzes
von neuen Medien

 Springer Gabler

Herausgeber
Prof. Dr. Gerald Lembke
Medienmanagement und Kommunikation
Duale Hochschule Baden-Württemberg
Mannheim
Deutschland

Nadine Soyez
Mannheim
Deutschland

ISBN 978-3-642-29905-6
DOI 10.1007/978-3-642-29906-3

ISBN 978-3-642-29906-3 (eBook)

Die Deutsche Nationalbibliothek verzeichnet diese Publikation in der Deutschen Nationalbibliografie; detaillierte bibliografische Daten sind im Internet über http://dnb.d-nb.de abrufbar.

Springer Gabler
© Springer-Verlag Berlin Heidelberg 2012

Gedruckt auf säurefreiem und chlorfrei gebleichtem Papier

Springer Gabler ist eine Marke von Springer DE.
Springer DE ist Teil der Fachverlagsgruppe Springer Science+Business Media
www.springer-gabler.de

Vorwort der Herausgeber

Seit der Kommerzialisierung von Digitalen Medien, im Besonderen durch das Wachstum des World Wide Webs hat sich in den letzten 15 Jahren vieles geändert. Dies gilt besonders für die private Kommunikation zwischen Menschen. Und da Menschen als soziale Wesen Unternehmen und damit deren soziale Systeme prägen, verändert sich auch die Kommunikation in und von Unternehmen zusehends.

Neben der Kommunikation hat sich aber auch das Verständnis von Wertschöpfung in digitalen Umfeldern, vor allem durch die kommerzielle Nutzung des Internet von Unternehmen verändert. E-Commerce als elektronisch gesteuerter Handel ist längst Allgemeingut. Mit digitalen Geschäftsmodellen wie Amazon oder Ebay können wir seit Jahren Benchmarks beobachten und staunen über deren Absatzzahlen und Nutzung technischer Innovationen.

Doch längst können digitale Medien nicht nur auf den digitalen Handel im unternehmensexternen Internet beschränkt werden. Die Potentiale des Internets wirken schon seit Langem in die Unternehmen hinein. Sie haben signifikant Einfluss auf eine notwendige Konvergenz von internen und externen Prozessen. Und je konsequenter diese Potentiale genutzt werden sollen, um so mehr verändern Sie Organisationsstrukturen, nehmen Abschied von linearen Entscheidungs- und Wertschöpfungsprozessen bis hin zu „Mitmachorganisationen", in denen die Grenzen zwischen innen und außen zu verschwimmen scheinen.

Prozesse und Strukturen sind darin weitgehend sichtbare Ansatzpunkte für eine digital orientierte Unternehmensentwicklung. Weitaus unsichtbarer verändert sich die Art und Weise des Denkens von Mitarbeitern und Kunden. Die gesellschaftlichen Einflüsse beginnend bei der Transparenz von Unternehmen und Produkten, der Schnelligkeit der Informationsverbreitung bis hin zur (partiellen) Mitwirkung von Kunden an unternehmerischen Entscheidungen verändern schleichend tradierte Unternehmenskulturen.

Die wenigen großen und international agierenden Konzerne haben sich diesen Themen als Erste gewidmet und mit hohen Budgets und Aufwendungen einen Umgang mit den neuen Technologien gefunden, manche sogar ihre physischen Geschäftsmodelle erfolgreich an die digitalen Entwicklungen angepasst oder sogar neu gestaltet. Doch das Gros der hiesigen Unternehmen steht bei der Rasanz der technischen Entwicklungen und der daraus entstehenden Potentiale vor besonderen Herausforderungen. Zu diesen gehören sicher finanzielle und umsetzungsorientierte Barrieren. Vor allem aber die Frage nach der richtigen kurz- bis langfristigen strategischen Ausrichtung. Wen wundert das, werden immer mehr Unternehmen der kurzfristigen Maximierung von Umsatz und Renditen unterworfen.

Hier liegt ein gemeinsamer Ansatz aller in diesem Buch vertretenden Autoren. Weg vom aktionistischen Denken und Handeln hin zu strategischen Weichenstellungen – stets vor dem Hintergrund bis heute beobachtbarer und aktueller digitaler Entwicklungen. Sie werden demzufolge keine kopierbaren Konzepte oder Best Practices erfahren. Statt dessen erhalten Sie fundiertes Material und aktuelle Denk- und Handlungskonzepte von Vordenkern und Pragmatikern. Sie werden Ihnen helfen, Ihre aktuelle Unternehmensstrategie aus einer digitalen Medienperspektive zu reflektieren. Dabei stehen die Beiträge bewusst für sich alleine. Für Ihre Orientierung sind sie gegliedert nach 1) theoretischer, 2) praktischer und 3) umsetzungsorientierter Anforderungen der Integration von Digitalen Medien in Unternehmen.

Inhaltsverzeichnis

Autorenverzeichnis

Annette Braun-Görtz ist Inhaberin der „Perspektiv-Akademie" mit den Schwerpunkten Vertriebskommunikation und Medienkompetenz und arbeitet als Marketingberaterin mit systemischer Ausrichtung.

Dr. Willms Buhse ist Enterprise 2.0 Experte und Gründer von doubleYUU in Hamburg, einem auf Web 2.0 spezialisierten Beratungsunternehmen. Er ist ein international gefragter Speaker und Mitherausgeber des Standardwerks „Enterprise 2.0"—die Kunst loszulassen.

Prof. Dr. Martin Gläser ist Professor an der Hochschule der Medien (HdM) in Stuttgart und Gründer des Studiengangs Medienwirtschaft. Sein Werdegang: Studium und Promotion an der Universität Mannheim, danach Süddeutscher Rundfunk Stuttgart (heute SWR) als Referent in der Verwaltungsdirektion, Abteilungsleiter Programmwirtschaft Hörfunk und (in Personalunion) Kaufmännischer Geschäftsführer der Schwetzinger Festspiele GmbH. Seine besonderen Interessen: Medienmanagement, Medienökonomie, Controlling, Projektmanagement. Er ist Autor des Standardwerkes „Medienmanagement" (2. Aufl. 2010) im Vahlen-Verlag, Verfasser zahlreicher medienwirtschaftlicher Schriften und Mitherausgeber der Fachzeitschrift „Medienwirtschaft".

Prof. Dr. Michael Koch lehrt und forscht an der Universität der Bundeswehr München. Dort leitet er die Forschungsgruppe Kooperationssysteme. Er ist Sprecher der Fachgruppe Computer-Supported Cooperative Work der Gesellschaft für Informatik (GI) und Mitglied in den Leitungsgremien der Fachbereiche Mensch-Computer-Interaktion und Wirtschaftsinformatik der GI.

Dr. Georg Kraus ist geschäftsführender Gesellschafter der Unternehmensberatung Dr. Kraus & Partner, Bruchsal. Der diplomierte Wirtschaftsingenieur promovierte an der TH Karlsruhe zum Thema Projektmanagement. Er ist u.a. Autor des „Change Management Handbuch" (Cornelsen Verlag) und zahlreicher Projektmanagement-Bücher. Seit 1994 ist er Lehrbeauftragter an der Universität Karlsruhe, der IAE in Aix-en-provence und der technischen Universität Clausthal.

Prof. Dr.-Ing. Manfred Leisenberg ist Inhaber des Lehrstuhls für Wirtschaftsinformatik und Internettechnologie an der FHM Bielefeld. Er ist Autor zahlreicher wissenschaftlicher Veröffentlichungen und Unternehmensberater.

Prof. Dr. rer. pol., Dipl.-Volksw. Frank Linde ist Inhaber des Lehrgebiets Wirtschaftswissenschaften, Fachhochschule Köln, Institut für Informationswissenschaft, Arbeits- und Forschungsschwerpunkte Informationsökonomie und Hochschuldidaktik, Vorstandsmitglied des Instituts für e-Management, Mitglied des Netzwerks Wissenschaftscoaching.

Linda Mory, M. A. ist Forschungsreferentin am Deutschen Forschungsinstitut für öffentliche Verwaltung in Speyer. Bachelor-Studium der Medienkommunikation an der Technischen Universität Chemnitz, Master-Studium im Bereich European Public Relations am Dublin Institute of Technology und der Leeds Metropolitan University.

Dr. Armin Müller ist wissenschaftlicher Mitarbeiter und Studienreferent in den Studiengängen Medien- und Kommunikationswirtschaft und Finanzdienstleistungen in Ravensburg der Dualen Hochschule Baden-Württemberg.

Prof. Dr. Thorsten Petry ist Professor für Organisation & Personalmanagement an der Wiesbaden Business School der Hochschule RheinMain. Im Mittelpunkt seiner Projekt- und Forschungsinteressen stehen die Unternehmensführungsfunktionen Strategie, Organisation & Personalmanagement. An der Schnittstelle dieser Funktionen ist der aktuelle Forschungsschwerpunkt „Enterprise 2.0/Social Media" zu verorten.

Robert Piehler, M. A. Media Communication Forschungsreferent am Deutschen Forschungsinstitut für öffentliche Verwaltung Speyer. Bachelor- und Masterstudium der Medienkommunikation an der Technischen Universität Chemnitz. Von 2008 bis 2012 war er wissenschaftlicher Mitarbeiter am Lehrstuhl für Informations- und Kommunikationsmanagement an der DHV Speyer

Dr. Alexander Richter studierte Betriebswirtschaftslehre mit den Schwerpunkten Wirtschaftsinformatik, Systems Engineering und Umwelt- und Produktionsmanagement an der Universität Augsburg. Herr Richter war in unterschiedlichen Funktionen unter anderem bei DaimlerChrysler France, bei KPMG, bei Osyskom , am Lehrstuhl für Umwelt- und Ressourcenökonomie (Prof. Dr. P. Michaelis) an der Universität Augsburg sowie als selbstständiger IT-Berater tätig. Heute ist er wissenschaftlicher Mitarbeiter an der Universität der Bundeswehr tätig, wo er 2010 promoviert wurde.

Nora S. Stampfl studierte Betriebswirtschaftslehre an der Johannes Kepler Universität Linz in Österreich und erlangte einen Master of Business Administration (MBA) an der Goizueta Business School der Emory University in Atlanta, Georgia, USA. Nach beruflichen Stationen in den USA lebt sie seit 1999 in Berlin und ist als Unternehmensberaterin und Zukunftsforscherin tätig.

Reinhold Schuster studierte Kommunikationsdesign an der Hochschule der Künste Berlin. Gründer der Werbeagentur W.A. Schuster GmbH in Stuttgart.

Anna Schweifel, B. A. ist Absolventin der FHM Bielefeld in Betriebswirtschaftslehre. Sie war Mitarbeitern des empirischen Untersuchungsprojektes zur Nutung von Social Media in Unternehmen.

Florian Semle ist selbstständiger Kommunikationsberater mit seinem Unternehmen Freelations und Partner von Eck-Kommunikation. Er beschäftigt sich mit den Themen Integrierte Kommunikation, Social Media und Enterprise 2.0. Für Corporate Social Media, Blogs und Communities wurde er mehrfach ausgezeichnet, u. a. mit dem PR-Award 2005 für eine Jugend-Community und für ein Corporate Blog des Fraunhofer Instituts für Arbeitswirtschaft und -organisation (2010).

Hans-Jürgen Thönnißen-Fries studierte Informatik an der RWTH Aachen. Er leitete die System- und Softwareentwicklung im Geschäftsbereich Automotive bei der ESG Elektroniksystem-und Logistik-GmbH. Seit 2006 ist er Leiter des Center of Competence Systems Engineering IT der ESG.

Univ.-Prof. Dr. Bernd W. Wirtz ist seit 2004 Inhaber des Lehrstuhls für Informations- und Kommunikationsmanagement an der DHV in Speyer. Bernd W. Wirtz hat bisher ca. 230 Publikationen veröffentlicht und ist Editoral Board Member bei Long Range Planning, The International Media Management Journal und dem Journal of Media Business Studies.

Teil I

Theoretische Überlegungen

Weltenwandler – Veränderungen im Zeitalter digitaler Medien – unternehmerische Kommunikation mit High Speed Faktor

Annette Braun-Görtz

Zusammenfassung

Der Beitrag bringt Ausblicke auf die neuen digitalen Kommunikationsmöglichkeiten für Unternehmen. Es werden Handlungsalternativen mit Veränderungen in der Unternehmenskommunikation und deren Einflüsse auf unternehmerische Prozesse erörtert. Die Sicht nach vorn ergibt neue Modelle sowohl zwischenmenschlicher als auch digitaler Kommunikation und spiegelt den Paradigmenwechsel zwischen Althergebrachtem bis hin zur augmented reality. Der Einfluss digitaler Medien wirkt sich allgegenwärtig selbst in hinterste Winkel von unternehmerischer Denkkultur, den Mitarbeitern und Prozessen aus. Die Fähigkeiten der Mitarbeiter, neue Schubladen und Denkmodelle aufzuziehen, beeinflussen den unternehmerischen Erfolg nicht nur von heute sondern auch von morgen und übermorgen.

Im Beitrag werden die Themen Umgang mit Veränderungen, Kommunikation im digitalen Zeitalter, Prozessleiter zum unternehmerischen Erfolg unter der Lupe digitaler Medien und die Entwicklung neuer (digitaler) Kommunikationsformen mit deren Auswirkung und Konsequenzen in Unternehmen auf populäre Weise erörtert.

Zwischen Leonardo da Vinci, Thomas Alva Edison…. und dem Web 2.0-Zeitalter – die Frage, wie Unternehmen und deren Mitarbeiter mit dem Thema Veränderung & Kommunikation umgehen, ist prägend für unternehmerischen Erfolg im 21. Jahrhundert.

A. Braun-Görtz (✉)
Perspektiv-Akademie, Gutenbergweg 18, 61250, Usingen, Deutschland
E-Mail: goertz@perspektiv-akademie.de

G. Lembke, N. Soyez (Hrsg.), *Digitale Medien im Unternehmen,*
DOI 10.1007/978-3-642-29906-3_1, © Springer-Verlag Berlin Heidelberg 2012

Inhaltsverzeichnis

1   Einleitung – vom Glauben ans Pferd

Ich glaube an das Pferd. Das Automobil ist nur eine vorübergehende Erscheinung, orakelte Kaiser Wilhelm II aus seiner subjektiven Wahrnehmung heraus bestens Bescheid wissend im 19. Jahrhundert und der Philosoph Walter Benjamin postulierte Anfang des 20. Jahrhunderts „Wenn sich die Medien verändern, verändert sich die Gesellschaft". Er wusste, wovon er sprach. In seiner Zeit revolutionierte das Medium Telefon die Kommunikationswelt der Vorvorderen, die Macht der auditiven Botschaftsübertragung durch die menschliche Sprache – für die damalige Zeit eine Sensation und ein neuer Schritt in der Kommunikationswelt: von der direkten, persönlichen Kommunikation hin zur rein auditiven, kurz-gefassten Kommunikation – telefonieren war teuer. „Fasse Dich kurz" könnte daher das Motto in der ersten Telefon-Periode gewesen sein. Seit Thomas Alva Edison fanden im weiteren Zeitverlauf immer neuere technologische und kommunikative Umbrüche und mediale Generationen-Sprünge statt.

Das Gefühl des Lebens im Medien-Dazwischen, einer medialen Sandwich-Generation, die – wie zwischen Welten wandelnd – auf der offline-Seite noch immer realiter kauft, kommuniziert und publiziert, auf der anderen Seite Online-Medienkanäle generationen-, zielgruppen- und branchenübergreifend nutzt und auf virtuellen Marktplätzen komplett neue Geschäftsmodelle und – Prozesse kreiert, Kontakte aufbaut, Beziehungsgeflechte verknüpft und den Online-Kunden auf seinem Medienkanal trifft. Das Medien-Dazwischen ist ein Entwicklungsprozess seit Jahrhunderten, Veränderung die Norm nicht Ausnahme.

Spannende Weiter-Entwicklungen haben sich seit Kaiser Wilhelms Ausspruch weltumspannend vollzogen. Das damalige Telefon ist mit einem Smartphone des 21. Jahrhundert nur noch in rudimentären, funktionalen Ansätzen vergleichbar. Für die Zukunft wird prophezeit, dass die synchrone Kommunikation in absehbarer Zeit aus unserer Welt ganz verschwindet. „Das Telefon hat nämlich einen Konstruktionsfehler. Das größte Versäumnis sei die fehlende Statusanzeige", so Zeit online. Nachrichten via sms, facebook und mail schreiben sich lieber, weil es „weniger soziale Überwindung kostet". Der Mensch 2.0 sehnt sich nach mehr Kontakt, menschlicher Wärme und Gemeinsamkeiten. Dieses Bedürfnis rattert als Film im Hintergrund mit, wenn die halbe Welt twittert, googelt, simst und skypt. Gruppengefühle à la Facebook bedeuten „ich werde gehört, angesprochen, gesehen".

Hier kann erleben, wen's live langweilt verbunden mit dem phänomenalen Gefühl, nie mehr allein zu sein. Vorsichtige Halbdistanz möglich. Mit diesen Einsichten haben die digitalen Medien im letzten Jahrzehnt Kommunikations-, Marketing- und Vertriebsdenken praktisch auf den Kopf gestellt und neue Regieanweisungen für die Medien- und Unternehmenswelten geschrieben. Das Internet und die sozialen Netzwerke erhalten fulminanten Einfluss auf Konsumenten, Unternehmen, Wirtschaft und Politik und sind in den vergangenen Jahren zum Leitmedium Nr. 1 katapultiert. Web 2.0-Anwendungen, auch unter dem Begriff „Social Media" bekannt, revolutionieren die Unternehmen und sind nicht nur als technische sondern vielmehr als kulturelle Weiterentwicklung zu sehen.

Der Endverbraucher/Kaufinteressent kann sich zeit- und ortsunabhängig über verschiedene Medienkanäle sowohl übers Internet als auch mobil über gewünschte Produkte, Dienstleistungen, Reisen, Unternehmen, Angebote ausführlich informieren und lauscht auf Empfehlungen, die auf Bewertungsportalen, Foren und Nachrichten via soziale Netzwerke zu empfangen sind. Kostenfrei gibt's Meinungen und Kritiken gleich on-top mitgeliefert. Das beeinflusst Kauf-, Informations- und Kommunikationsverhalten in ungeahntem Ausmaß.

Gemeinsam „reden", „kommunizieren", Informationen austauschen liegt in der Natur des Menschen. Eigene Bewertungen, Empfehlungen, Hinweise von digitalen Freunden werden gern erhört. Kommunikation als Dauerzustand via Web 2.0 ist für Nutzer hoch attraktiv. Der Konsument 2.0 vertraut, das haben Studien Nielsens Marktforscher ergeben, den Meinungen aus seinem Freundeskreis und Netzwerken mehr als der Werbung. Drum wird der Hunger nach dem digitalen „Wir" und mehr Gemeinsinn als wohlig-warmes Bad in der Netz-Menge erlebt.

Das Thema digitale Kommunikation rückt ins Zentrum des Geschehens. Kommunikation – was ist das eigentlich?

Welches sind die charakteristischen Merkmale von digitaler Kommunikation und wie gehen wir alle mit diesen digitalen Möglichkeiten und Veränderungen grundsätzlich um? Stecken vielleicht Automatismen hinter unserer ureigenen Bereitschaft wie wir mit Veränderungen umgehen?

Warum finden sich Manche (Unternehmen) noch in der fossil-medialen Vergangenheit während andere schon in einer neuen Liga interagierend durchs Internet webben, Markenkommunikation via Community-Marketing lebendig gestalten und Zielgruppen dort abholen, wo sie in den 4-Internet-Wänden zu Hause sind?

Der Artikel ist ein Fragment, auf diesen Fragen ein Antwortkonstrukt zu bauen und für phantasievolles Mehr in die digitale Kommunikations-Zukunft anzuregen.

2 Vom Umgang mit Veränderung – eine bärenstarke Geschichte

Die Sehnsucht nach fest zementierten althergebrachten Strukturen, Denk- und Verhaltensmodellen ist in einer Welt, die wirtschaftlich, gesellschaftlich und politisch ins Wackeln zu geraten droht, ein lebendiges Stück unserer Seele. Neue Denkschubladen öffnen macht Mühe, Anstrengung und führt zu Stress. Unverrückbare Überzeugungen sind uns näher als Gedanken an Veränderungen, die im Ursprung von Unsicherheiten, Instabilität und auch Fehlerhaftigkeit flankiert werden. Schon große Denker lange vor unserer Zeit haben Veränderungen zum vermeintlich Besseren als Feind des Guten und Beständigen prononciert:

„I think there is a world market for maybe five computers", urteilte Thomas J Watson, IBM-CEO von 1943 – kein Scherz aus vergangener Zeit. Unvorstellbar – er hat es einst ernst gemeint.

Eine Metapher aus der Tierwelt vom Bären im Zookäfig:

Jeden Tag kamen die Kinder, besuchten den Bären und guckten zu, wie er 2 m in die linke Käfigecke lief, herumschwenkte und 2 m in die rechte Käfigecke lief. Tagein, tagaus. Die Kinder standen vor dem Käfig, der Bär tat ihnen leid und sie jammerten beim Zoodirektor, ob für den Bären nicht Platz im Freigehege sei.

Nach vielen Jahren Käfigdasein durfte der Bär schließlich ins Freigehege mit viel Platz, Bäumen, einem kleinen See umziehen. Was fing der Bär mit der neugewonnenen Freiheit an?? Er stand im Freigehege und lief 2 m nach links, schwenkte herum und lief 2 m nach rechts.

Veränderungen in unternehmerischen Prozessen gestalten sich oft als schwierig, weil die oben beschriebene Verhaltensstruktur manifestierte Kommunikationsmuster nach sich ziehen und diktieren. Die Akzeptanz im Rahmen von Veränderungsprojekten ist eher ambivalent. Reformen, Umstrukturierungen, Zusammenschlüsse, (De-)Zentralisierung, Offshore, Outsourcing, Internationalisierung und Einsparmodelle – der Wandel, die Veränderung lässt sich nicht schnürrlgerade und ohne Reibung lostreten.

Ein Phänomen, das unserer strukturiert-romantischen Denker-Mentalität bekannt ist. Die sehnt sich nach dem Gefühl von Fertigsein und Status Quo, an dem jedes Ding seinen Platz und seine Ordnung hat…. Veränderung – ob in Privatleben, Wirtschaft, Technik – löst per se erst mal Stress, Angst vor möglichem Kontrollverlust aus. Das verbindet unser Gefühl spontan mit Widerstand, das Reptiliengehirn in unserem limbischen System sucht schnell nach Fluchtwegen. Der Veränderung ins Auge sehen? – weit gefehlt.

Als Frühwarnsystem für das kommunikative Veränderungsdilemma im Management gilt die Veränderungskurve, die mit ihrem 6-phasigen Prozess eine Anleitung gibt und ein Erklärungsmodell für Veränderungen aufmalt (Abb. 1).

Erklärung Phasen 1–6

Phase 1 – Schock Eine neue Situation ist eingetreten, die gewisse Veränderungen nötig werden lässt.

Phase 2 – Verneinung Von einigen wird die Situation sofort erkannt und richtig eingeschätzt. Doch es gibt viele, die sie nicht wahrnehmen und nicht reagieren.

Phase 3 – Rationale Einsicht Erst wenn der Druck wächst und die Fakten und ihre Konsequenzen deutlicher werden, wird auch den Zweiflern die Situation bewusst, zunächst jedoch nur auf einer kognitiven Ebene.

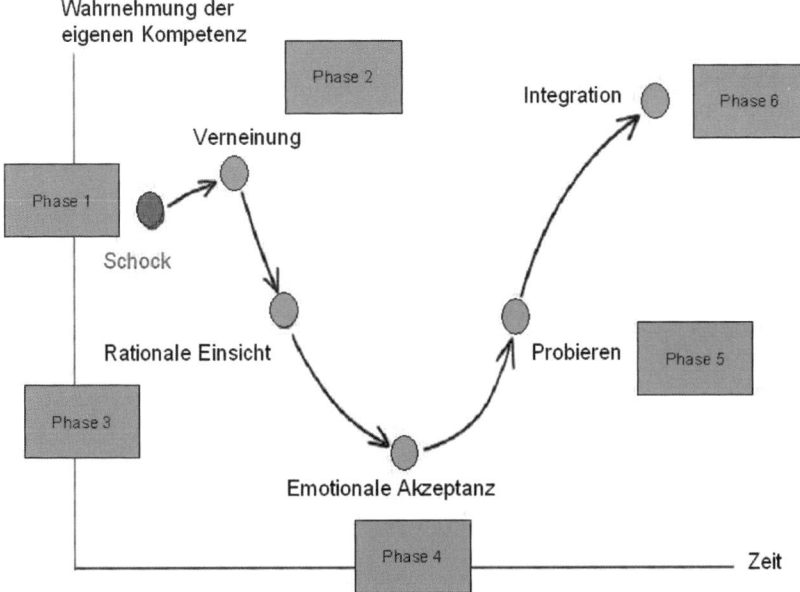

Abb. 1 Veränderungskurve

Phase 4 – Emotionale Akzeptanz Allmählich wird dann die gesamte Situation begriffen, also auch gefühlsmäßig erfasst. Darauf folgt die Einsicht, aus der heraus das Problem angegangen und aktiv nach Lösungen gesucht wird.

Phase 5 – Probieren Der Lösung selbst geht eine Phase des Probierens voraus.

Phase 6 – Integration Am Ende hat die gesamte Organisation gelernt und verfügt über Referenzerfahrungen, die das Durchlaufen des Prozesses in Zukunft beschleunigen können.

Der Umgang mit der Veränderung weist demnach einen „typischen" Phasenverlauf aus, der auf die verschiedenen persönlichen, wirtschaftlichen, medienspezifischen (usw.) Veränderungen kopierbar ist.

In Zeiten permanenter Beschleunigung und damit einhergehender Veränderung sind Kompetenzen und Charakterzüge wie Offenheit, Teamfähigkeit, Kommunikationsstärke, flache Macht- und Hierarchie-Orientierung und Neugier erforderlich, um in den unterschiedlichen Phasen der Veränderung mit der nötigen Portion Persönlichkeitsstärke und proaktivem Unternehmertum zu agieren. Wohl dem der mutig in zukunftsorientierten Lösungen und Handlungsanweisungen denken kann und den Blick in zukünftige (Medien-) Welten wagt. Aus heutiger Sicht zurückblickend hat sich der IBM CEO nämlich komplett verkalkuliert. Wie wird die Generation 4.0 eines Tages über die Veränderungsbereitschaft heutiger Unternehmen denken?

Fazit Die simple Bären-Metapher unterstreicht wie Kommunikationskultur in einigen Unternehmen immer noch aussieht. Die Paradigmen- und Weltenwechsel verstehen, neue Wege mit Mut, kreativen Ideen und einer Portion Kundenverständnis zu gehen, ist eine große Herausforderung. Salopp formuliert leben manche Unternehmen noch im Geist des letzten Jahrhunderts, nicht begreifend, welch Chancen Medienwandel, Web 2.0… für die Kommunikationsebenen – zwischen den Mitarbeitern und zum Kunden hin – bedeuten. Medienentwicklungen fahren auf der Überholspur – mit oder ohne Unternehmen.

Der eigene Umgang mit Veränderung ist fürs Management von heute nicht Kür sondern Pflicht. Der Wandel, die Veränderung ist die Norm und nicht die Ausnahme. Als Folge davon gehört der Umgang mit Veränderungen ins Alltagsprogramm in Management und Personalentwicklung.

Die Unternehmen 2.0 müssen sich die Frage stellen, wollen wir bei der Veränderung auf die Bremse treten oder eher mit-kommunizieren, mit-gestalten, mit-machen – zum Kunden- und Unternehmenswohl?

3   Kommunikation, was ist das eigentlich?

Das Wort Kommunikation, (lat. communicare „teilen, mitteilen, teilnehmen lassen; gemeinsam machen, vereinigen") bietet lt. Google 20.500.000 Zielbegrifflichkeiten und immerhin noch 12.500.000 Links zu Kommunikations-Definitionen (Stand 12/2011); ein Terminus technicus der ein Bündel an Vielfalt und Interpretations-Möglichkeiten enthält.

In der Wissenschaft sind zwei Kommunikationsstile signifikant: der wechselseitige, kooperative Kommunikationsstil und der einseitige Kommunikationsstil.

Klar formuliert: Kommunikation ist nicht das, was ich sage, sondern vielmehr das was beim Empfänger ankommt und – so wusste schon der österreichische Kommunikations- und Verhaltensforscher Konrad Lorenz:

„gedacht" ist nicht gesagt…
„gesagt" ist nicht gehört…
„gehört" ist nicht verstanden…

Die Übermittlung von Botschaften im Rahmen der Kommunikation wird exemplarisch im klassischen Sender-Empfänger-Modell beschrieben. Vom Absender (Sprecher, Autor) wird die Übertragung einer Nachricht kodiert und mit Hilfe von Signalen in einem Übertragungskanal übermittelt, der Empfänger muss die Nachricht zunächst dekodieren bevor sie verstanden wird. Bei Kommunikation geht es immer um zwei Ebenen:

1. den Austausch von Signalen bzw. Informationen und
2. deren Bedeutungen innerhalb der subjektiven Realitätssichtweisen.

Dabei kann die Nachricht durch Störungen verfälscht werden. Eine Voraussetzung für erfolgreiche Kommunikation ist, dass Sender und Empfänger denselben Code für die Nachricht verwenden, so dass die mitgeteilte Nachricht nach Kodierung und Dekodierung identisch ist. (Quelle http://www.wikipedia.de – Stand 11/2011)

Abb. 2 Sender-Empfänger-Modell

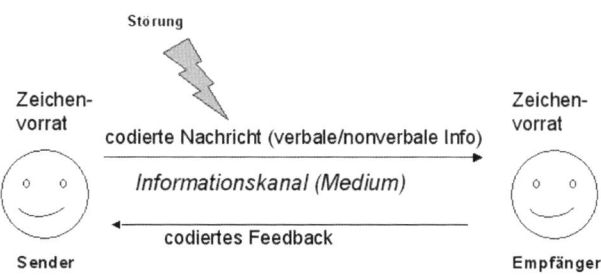

Abb. 3 Verarbeitungskapazität für Sinneseindrücke

Input		Implizite Kapazität (Bits pro Sekunde)	Explizite Kapazität (Bits pro Sekunde)
Auge		10.000.000	40
Ohr		100.000	30
Haut		1.000.000	5

Die Botschaften einer Kommunikation, die allesamt Signale einer Nachricht sind, werden in Informationseinheiten (IE = bits/sek) gemessen. Alle Informationseinheiten durchlaufen einen Wahrnehmungsfilter, der, siebähnlich, nur einige wenige Informationen durchsickern lässt. Das gehirneigene Filtersystem ist aktiv.

11.000.000 Stück IE kann der Menschen pro Sekunde empfangen. Davon werden allerdings nur ca. 40–80 bits/sek bewusst auf einer kognitiven Ebene verarbeitet. Die verbliebenen 10.999.9-60 liegen im impliziten, emotionalen Bereich, der automatisiert gesteuert wird. Dieser Mechanismus wohnt in einem uralten Hirnareal, dem sogenannten limbischen System, auch Reptiliengehirn genannt. Analog zum Reptil aus Dinosaurierzeiten kennt unser Primatenhirn bei Information-Overload, Angst, Angriff, Überforderung nur zwei Wege der Reaktion: Kampf oder Flucht. Solche Gefühle entstehen bei allem was neu ist, veränderlich, widersprüchlich, vorwurfsvoll, laut, despektierlich, komplex, aggressiv auf den Botschaftsempfänger einschlägt – auch jedes „nein" und „aber" setzt das autopilote Verhalten unseres Reptiliengehirns in Gang (Abb. 3).

Bei Störungen in der Dekodierung von Signalen kann es wie oben beschrieben durch eingeschränkte Wahrnehmung oder auch durch mangelnde Aufmerksamkeit, unterschiedliche Sprachmuster, kulturelle Unterschiedlichkeiten oder Konzentration auf einen eingrenzbaren Teilbereich reagieren.

Wen wundert's, dass wir oft „nicht verstanden" werden, weil der „Kommunikations-kanal" verstopft ist. Kommunikatives Miteinander setzt den sozialen Austausch der Kommunikationspartner voraus, um Vorstellungen, Ideen, Bilder miteinander abzugleichen. Im Rahmen dieses Geschehens wirkt es oft so, als sprächen die Partner aneinander vorbei oder wollten sich gegenseitig beeinflussen. Wir setzen ein ganzes Heer von Konstruktionen ein, um Kommunikations-Informationen so zu sehen wie es in unsere gewohnten Seh- und Denkschubladen hineinpasst. Gelungene Kommunikation bedeutet, dass beide Partner verantwortungsvoll mit dem Dialog umgehen. D. h. der Sender verpackt und versendet seine Botschaft und der Empfänger ist bereit, aktiv zuzuhören. Gelungene Kommunikation ist ein Zusammenspiel zwischen Sender und Empfänger, bei dem sich jeder auf den Anderen konzentriert und einfühlt. Spiegelneuronen können den aktuellen Kommunikationskanal positiv beeinflussen.

Das Bild von Kommunikation wird durch die Erkenntnisse von Paul Watzlawick, Psychotherapeut und Kommunikationswissenschaftler (1921–2007) erst richtig rund. „Man kann nicht nicht kommunizieren", hat Watzlawick festgestellt und „dass wir in einem dauernden Austausch von Kommunikationen begriffen sind, über die wir uns nicht bewusst Rechenschaft geben". Als wäre das nicht schon genug, lehrt uns Watzlawick, dass Wirklichkeit das Ergebnis von Kommunikation ist, dass „der Glaube, es gäbe nur eine Wirklichkeit, die gefährlichste aller Selbsttäuschungen ist, dass es vielmehr zahllose Wirklichkeitsauffassungen gibt, die sehr widersprüchlich sein können, die alle das Ergebnis von Kommunikation und nicht der Widerschein ewiger, objektiver Wahrheiten sind."

Diese Spielart der Kommunikation kommt aus dem konstruktivistischen Denken, die besagt, dass der Mensch im Prozess seiner Wahrnehmung kein Abbild der realen Wirklichkeit erzeugen kann, sondern jeweils nur relative, subjektiv konstruierte Wirklichkeit. Konkret auf Kommunikation bezogen heißt das, wir modellieren unsere Vorstellung der Welt von Kommunikation, Verstehen und Botschafts-Übermittlung oder Verständnis individuell zurecht und reichern dies aus dem Pool unserer 100 Mrd. menschlicher Gehirnzellen noch mit Informationen nach gut Dünken an.

Das macht Kommunikationsprozesse per se zur Gratwanderung, denn hier geht es – nicht immer – um einen Austausch von Realitäten und dem Abgleich der unterschiedlichen Wahrnehmungs-Landkarten. Realitäten sind so unterschiedlich wie subjektive Wahrnehmungen. Kein Wunder, dass wir im Alltag in den unterschiedlichen Lebensbereichen Politik, Freunde, Familie, Medienkommunikation, Kundengespräch umringt von vielen Meinungen und Wirklichkeitsauffassungen sind.

Jeder Austausch von Kommunikation hat einen Inhalts- und einen Beziehungsaspekt, wobei Letzterer den Ersteren bestimmt, so Watzlawick. Dabei senden nicht nur das gesprochene Wort sondern vor allem auch die nonverbalen Äußerungen Signale aus. Genau für diese nonverbalen Signale ist der Mensch überaus empfänglich (vgl. Abb. 2 und 3), sie werden punktgenau vom Empfänger eingesaugt. Bilder, Fotos, Videos, Metapher speichert unser Gehirn schneller ab als Texte und Inhalte.

Fazit: Die Bedeutung dieser unterschiedlichen Kommunikationsperspektiven zeigt, dass das Kommunikationsganze für heutige Unternehmen viel mehr als die Summe seiner Teile ist.

Die menschliche Kommunikation verfügt über komplexe Strukturen, die im alltäglichen realen und digitalen Miteinander zu häufig übersehen werden:

1. 98 % der menschlichen Kommunikation landet im emotionalen, intuitiven Speicher des Empfängers.
2. Dieser Speicher aus Urzeiten reagiert automatisiert auf Negatives, Neues, Komplexes, Vorwurfsvolles, Unvorhergesehenes widerwillig, kämpfend oder fliehend.
3. Fotos, Bilder, Filme, Geschichten wirken in der Kommunikation beim Empfänger viel stärker als Worte/Texte.
4. Realitätssichtweisen werden individuell erzeugt. Jeder Mensch hat eine eigene „Landkarte" der (Kommunikations-)Realität.

4 Kommunikation und deren Rahmenbedingungen im digitalen Zeitalter

Das Internet ist aus unserem Alltag nicht mehr wegzudenken und zum Leitmedium mutiert. Das World Wide Web ist erst 20 Jahre jung und dennoch – kein Medium hat mit solch einer Hebelwirkung Privates, Berufliches, Soziales in den letzten Jahrzehnten mit solcher Vehemenz richtungsweisend beeinflusst wie das digitale Netz. Social Media fegt die tradierten Geschäfts-, Kommunikations- und Technologiewelten komplett über den Haufen. 1995 wäre ein Unternehmen wie Facebook, das mehr wert sein soll als Thyssen Krupp und Volkswagen zusammen, undenkbar gewesen. Allein in Deutschland tauschen 21 Mio. (Stand 12/2011), Alltägliches, Privates, Geschäftliches auf dieser Plattform miteinander aus. Übrigens auch Begeisterung und Enttäuschung über Produkte und Dienstleistungen, Reisen, Veranstaltungen und Unternehmen.

Ständige, aktive Mediennutzung à la Social Media zieht als Teil unserer Kommunikations-Kultur quer durch alle demografischen Schichten in den Alltag ein. Paradigmenwechsel, die alle Branchen und Gesellschaftsschichten beeinflussen und verändern. Kommunikation wird digital.

Parallel dazu verlagert sich die Arbeit vom stationären PC immer mehr auf mobile Endgeräte (Notebook, Ipad, Handy), Kommunikation wird digital-mobil.

Das Bedürfnis und auch die Notwendigkeit nach digitaler Kommunikation durchdringt unsere Lebenswelten. Telefonzellen, Verabredungen von Schülern auf dem Schulhof, Auslaufmodelle vorvergangener Zeiten, Verabredungen per sms, Kundenfeedback über…. Facebook und Co. gehören heute zum Alltag. Auch die Posteingangskörbe 2011 sehen innerlich und äußerlich anders aus als die Briefkästen des 20. Jahrhunderts. Das Web 2.0 hat unsere Kommunikations-Beziehungen auf den Kopf gestellt.

Dieser Wandel à la Web 2.0 erfordert von den Unternehmen Umdenken, neues Handeln und die Nutzung aller neuen Technologien, Entwicklungen und Instrumente.

Im Cluetrain-Manifest postulierten Rick Levine und David Weinberger schon 1999 unter der Überschrift

wir sind keine Zielgruppen oder Endnutzer oder Konsumenten. wir sind Menschen – und unser Einfluss entzieht sich eurem zugriff. kommt damit klar

mit – für die damalige Zeit – revolutionären 95 Thesen, die den künftigen Kontrollverlust der Unternehmens-Kommunikation prophezeiten.

In diesem Manifest skizzieren die Autoren bereits das Ende der einseitigen Kommunikation. Wie beschrieben die Experten von damals die Märkte der Zukunft und das Verhältnis von Unternehmen zu Kunden?

Zu den 95 Thesen gehören u. a.

- Märkte sind Gespräche
- Die Unternehmen müssen heruntersteigen von ihren Elfenbeintürmen und mit den Menschen reden, mit denen sie Beziehungen aufbauen wollen.
- Leider ist immer gerade der Teil eines Unternehmens, mit dem der Markt sprechen möchte, hinter einem Schleier aus Worthülsen versteckt, deren Sprache falsch klingt – und oft auch ist.

(Quelle: http://www.cluetrain.com/auf-deutsch.html)

Tatsächlich wurde offensichtlich die Verschiebung der Markt „macht" vom Produzenten/Unternehmen hin zum Kunden/Konsumenten im 20. Jahrhundert für die Zukunft vorausgesagt. Wundersam, dass dennoch viele Unternehmen den digitalen Zug der Zeit zunächst vorbei ziehen ließen. Nur die First Mover der Branchen schafften sich Wettbewerbsvorteile, die nur schwer wieder einholbar sind.

Fest steht: Jeder Mensch und Kunde mit einem (mobilen) Internetzugang kann heute pro aktiv mit dem Rest der Welt kommunizieren, in bis dato unbekannter Rasanz, Echtzeit und von Überallher. Jedes Statement kann – auch ohne Fachkenntnis, Ladenlokal oder Expertenprofil – öffentlich gemacht und litfaßsäulen artig zur Diskussion gestellt werden. Aus den Facebook-Märkten sind ja tatsächlich Gespräche geworden – Levine hatte Recht und durch die Brille der Unternehmenskommunikation ist der Paradigmenwechsel einleuchtend: das Internet ist kein Abrufmedium mehr sondern wird von Partizipationsgedanken durchzogen und zu DEM Marktplatz für Meinungsbildungen und (emotionale) Beziehungen, auf dem sich Otto-Normalmenschen als (potenzielle) Kunden informieren, Gedanken, News, Empfehlungen, Bilder austauschen. Dieser soziokulturelle Wandel verzahnt Online- und Offline-Welten zur Augmented Reality, beeinflusst Präsidentschaftswahlen, politische Kampagnen, Produkte, Unternehmen, Gesellschaften, die parallel im Netz, Fernsehen, Multimedia-Wänden und auf realen Plätzen stattfinden.

Werfen wir einen Blick auf die Mechanismen, die zu dieser Entwicklung geführt haben:

Seit Rick Levines Cluetrain-Postulat gab es in der **ersten Stufe** des Internet-Kommunikationsverhaltens wesentliche Indikatoren, die auf das Nutzerverhalten heftige Auswirkungen hatten:

Always-on-Mentalität = 24/7-Erreichbarkeit Der Internetnutzer ist zu jeder Zeit – 24 Stunden, 7 Tage in der Woche – erreichbar.

Überall-Erreichbarkeit Die Mobilität der regionalen Erreichbarkeit ist in den letzten 15 Jahren entstanden. Omnipräsent kann der Nutzer von nahezu jedem beliebigen Ort der Erde arbeiten, surfen, Informationen, Produkte, Dienstleistungen suchen, Angebote vergleichen und finden, telefonieren und Kontakte generieren oder auch von seinem Arbeitgeber kontaktiert werden.

Möglichkeit der Interaktion Der Kunde lässt sich im Internet nicht nur berieseln – wie dereinst in den klassischen Medien, Beispiel TV – sondern ist aktiver Part im Kommunikations-, Informations- und Kaufprozess. Der authentische Dialog findet – mit und ohne Zustimmung von Unternehmen – auf den verschiedenen Plattformen statt mit einer breiteren Verfügbarkeit von Raum und Zeit.

Kommunikationsprozess Der Internet-Nutzer bestimmt, welche Informationen und in welcher Art und Weise er Informationen erhalten möchte. Er „zieht" die Informationen zu sich heran. Das bedeutet im Marketing eine Umkehrung von der Push- zur Pull-Kommunikation. Der Nutzer steuert den Kommunikationsprozess (und den Presales-Prozess) proaktiv mit. Dem Kunden die Wünsche von den Augen ablesen ist das Gebot der Stunde.

Personalisierung Unternehmen haben die Möglichkeit individuelle Angebote, Websiten und Benutzeroberflächen personalisiert zu gestalten (Beispiel Amazon). Informationen wie Klick- und Kaufverhalten, Reaktionen während des Kauf- und Kommunikationsprozesses, auf Gewinnspiele und Aktionen werden mit den Kundendaten verknüpft und fließen als Informations-Bestandteil in den nächsten Kaufprozess ein. Unternehmen können so Kundendaten analysieren, auswerten und für künftige Aktionen, Ansprachen und Angebote nutzen.

Aktualität der Informationen Angebote können tagesaktuell veröffentlicht und angepasst werden. Die Zeit der Print-Kataloge hat sich überholt. Händler-Online-Plattformen basieren auf schneller und flexibler Aktualisierung ihres Produktportfolios, die die Kundenanfrage unmittelbar bedient. Kostenintensive Druck- und Versandkosten entfallen. Flexible, kurzfristige Anpassungen von Form und Inhalt sind möglich.

Präsentation der Informationen Die multimediale Vielfalt der Angebote (Film, Bilder, Zeichnungen) bietet den Nutzern/Kunden eine breite Palette, sich das Wunschprodukt in ihrer visuellen Vorstellungskraft sichtbar zu machen. Verhaltenswissenschaftler sehen dies als Indiz für hohe Werbewirkung.

Geschwindigkeit der Informationsverarbeitung Zeit spielt im Informations- und Internetzeitalter eine dominante Rolle. In blitzartiger Geschwindigkeit werden Nachrichten gelesen, gelöscht, beantwortet. Die Erwartungshaltung der Nutzer, d. h. die zeitliche

Tab. 1 Web 2.0 Kommunikation. (Quelle: eigene Darstellung)

Kommunikationsverhalten	Web 2.0-Kommunikation
Push-Prinzip => Pull-Prinzip	Pull-Prinzip – Informationen, Angebote werden vom Nutzer ausgewählt und nur auf ausdrücklichen Bedarf verschickt. Diese Form setzt aktive Handlung vom Nutzer voraus
Konsument => Prosument	Käufer nimmt proaktiv am Kaufentscheidungsprozess teil, er wird zum Prosument
Information/Monolog => Dialog	Dialog mit Kunden wird angestrebt – interaktiver Prozess, Kundenkommunikation wird rückkanalfähig
Share-Prinzip	Partizipation von Wissen, Informationen, Bilder, Filme teilen ist Kernelement im Social Media Zeitalter
1: Many => Many: Many-Kommunikation	Jeder Nutzer ist gleichzeitig Sender und Empfänger von Informationen, das klassische Sender-Empfänger-Modell wird aufgelöst
Kommunikationszeit	Asynchrone Kommunikation oder in Echtzeit
	Wahrnehmung der Nutzer wird zunehmend schneller, oberflächlicher, kürzer
Medienökonomie	Beginn der Konvergenz, z. B. Internet + TV
	Medien-Mehrfach-Nutzung, parallele Nutzung von Medien, sehr beliebt Fernsehgucken und Smartphone-Nutzung
Sozialverhalten	Transparent, offen, glaubwürdig
	Vertrauen, wachsende Werteorientierung
	Arbeit und Privatleben verschwimmt
Marketing Käufermarkt => Beziehungsmarkt	Kollaborativer Arbeitsstil
	Peer-to-Peer-Netzwerke
	Personalisierung
Hierarchische Systeme => Emergente Systeme	Herausbildung neuer Strukturen im Web 2.0 durch seine Mitglieder mit der Folge von Kontrollverlusten für die Unternehmen

Response-Erwartung, sinkt auf minimale Reaktionszeit bis zum Feedback in Echtzeit. Der Lesestil der Nutzer verändert sich hin zur schnellen Oberflächlichkeit. Z. B. erzeugt die Betreffzeile einer e-mail schnelles Interesse oder Löschen als Reaktion beim Nutzer. Kurz, „würzig" und bildhaft muss sie also sein – die Information 2,0. Der Faktor Zeit wird zum Entscheidungskriterium.

Ganze Völkerwanderungen haben sich bis dato in den interaktiven Web 2.0-Modus verzogen, so dass die **zweite Stufe** des digitalen Kommunikations-Zeitalter weitere, neue charakteristische Merkmale aufweist (Tab. 1) (Abb. 4):

Die Zeitabstände zwischen den einzelnen Kommunikations-Phasen vollziehen sich immer schneller und kurzlebiger. Waren es historisch gesehen zwischen dem Start des Internets als Web 1.0 und dem Web 2.0 noch ca. 10 Jahre, vergeht der nächste Quantensprung zum Beziehungsnetzwerk mit Location based-Anbindung nur noch 5 Jahre bis hin zum semantischen Web, das bereits aus den Startlöchern aufsteht. Der Zeitraum bis 50 Mio. Nutzer erreicht sind vollzieht sich parallel ebenso dynamisch:

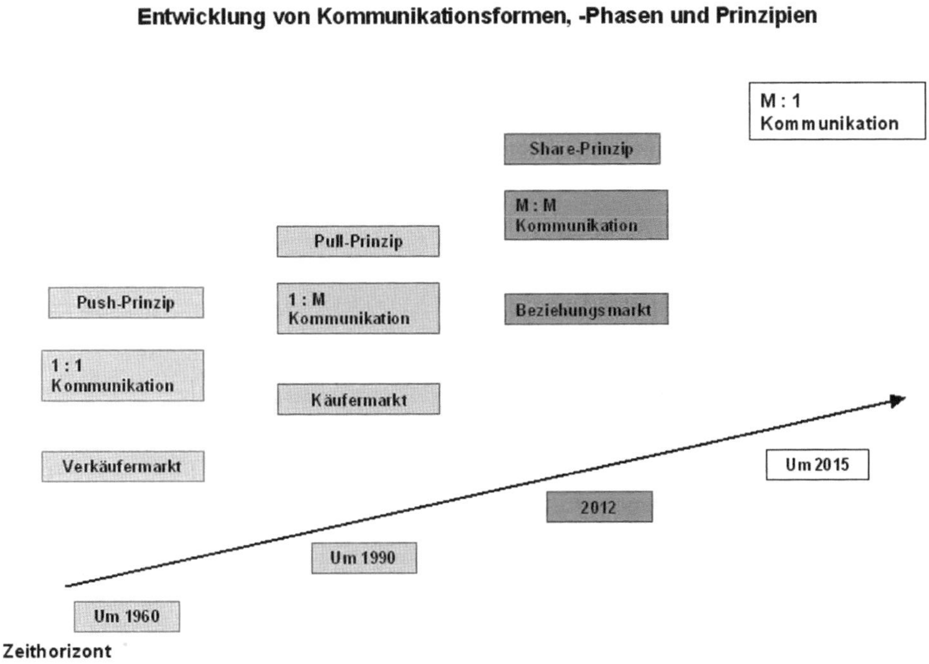

Entwicklung von Kommunikationsformen, -Phasen und Prinzipien

Abb. 4 Entwicklung der Kommunikation 1:1 bis M:1. (Quelle: eigene Darstellung)

Radio 38 Jahre
TV 13 Jahre
Internet 4 Jahre
IPod 3 Jahre

Facebook hat innerhalb der ersten 9 Monate bereits 100 Mio. Nutzer erreicht.

Für den Löwenanteil der täglichen Kommunikation spielt der Faktor Zeit (= Kosten) in Unternehmen eine immer bedeutendere Rolle und Always-On-Mentalität wird zur Mitarbeiter-Pflicht, um die permanente Erreichbarkeit abzusichern. Diese neue Zeitauffassung und -Umgehensweise durch mobile Ubiquität wird zum Puzzleteil in unternehmerischen Kommunikationsprozessen. Dadurch verschwimmt die traditionelle Trennung von Arbeit einerseits und „Frei"-Zeit andererseits mit Auswirkungen aufs Sozialleben. Läuft ja die digitale Kommunikation wie ein permanenter Film im Hintergrund, in dem sich Kunden, Partner, Mitarbeiter ständig miteinander austauschen.

Aus den Kommunikationspartnern werden aufgeklärte, gut informierte Kunden, die als Meinungsmacher und Empfehlungspartner eine eigene Partizipationsökonomie kreieren und mit ihrer Stimme unternehmerische (Miß-) Erfolge entscheidend beeinflussen. So wird heute Werbung von Kunden – nicht wie einst von Unternehmen – gemacht.

Aus Marketing-Perspektive hat sich so die Markt-„Macht" vom Anbieter auf den Kunden, Konsumenten, Arbeitnehmer bzw. Jobsuchenden verlagert mit Auswirkungen auf alle

Unternehmens-, Gesellschafts- und Wirtschaftsbereiche. Der Konsument im Social Web ist ein Prosument (Kunstwort aus Produzent und Konsument), der sich im Dialognetzwerk seiner von ihm genutzten Communities austauscht, Wohlfühlgefühl inklusive.

Auf dieser Ebene paart sich Individualismus mit kollektiven Online-Gemeinschaftsgefühlen, bequemer Geselligkeit, die von unterwegs, mobil oder Zuhause aus gepflegt werden kann, die nächste Online-Community ist in Reichweite greifbar. Die Grenzen zwischen geselliger Belanglosigkeit und geschäftlicher Anbahnung sind fließend.

Fazit: Die Informations- und Netzwerkgemeinde hat ihren Modus Operandi in die Communities der Web 2.0-Räume verlegt. Dies fordert leicht verdauliche Kommunikationsbotschaften durch inhaltliche und zeitliche Begrenzung, z. B. im 140-Wortfetzen-Stil à la twitter. Digitale Kommunikation folgt dem natürlichen Bedürfnis nach menschlichen Gesehen und Gehört-werden und spiegelt eine breite, kreative Bandbreite menschlicher Gefühle (Beispiele Emoticons) wider. Private, teils intime Botschaften und deren Response hinterlassen Fußabdrücke zwischenmenschlicher Kommunikation und geben den Partnern ein Gefühl virtueller Geborgenheit. Die sozialen Netzwerke bedienen durch ihre Existenz das Bedürfnis der Nutzer nach gemeinsamen Kommunizieren, Wissen, Erfahrungen austauschen und teilen, gehört, gesehen und verstanden werden, klassische Sender-Empfänger-Modelle werden aufgelöst.

Die Art und Weise wie Menschen kommunizieren verändert sich dramatisch. Denken wir mal ans eigene Verhalten beim Lesen der Betreffzeile einer e-mail. In Nullkommanix haben wir eine Botschaft gelesen, gelöscht, als nützlich oder überflüssig kategorisiert und unsere ureigenen Wahrnehmungsfilter als Basis dafür herangezogen. Die Gestaltung ausgewogener Kommunikation spielt sich „im heute" an den beiden Ende eines Kommunikationsseiles ab, sowohl am analogen als auch am digitalen Ende, verbindet beide Seiten zu etwas Neuem, Anderen mit interessierter Blickrichtung hin zum Kommunikationspartner.

5   Vom Einfluss digitaler und menschlicher Kommunikation auf den unternehmerischen Erfolg

„Wer Kommunikation beeinflussen will muss ein Teil von ihr werden" – diese aus der Medienwelt bekannte Aussage ist für viele Unternehmen schwer zu schlucken.

Wie also wird das Unternehmen 2,0 Teil der Kommunikation im Web?

Und welche weiteren Fragen sollten sich Entscheidern von heute stellen:

- Wie tickt meine Zielgruppe, welche Wünsche, Bedürfnisse, Vorstellungen, Verhaltensweisen hat sie?
- Wo, auf welchen Medienkanälen tummeln sich meine Bezugsgruppen?
- Wie wird mein Unternehmen, Produkte, Dienstleistungen, Kundenservice und Kundenumgang beurteilt?
- Wie webe ich meine Unternehmenskommunikation in die Dialognetzwerke meiner Bezugsgruppen hinein und welche konkreten Schritte muss ich dafür gehen?

Status Quo: Jedes Unternehmen ist bereits – gewollt oder ungewollt – Teil des Social Web. Unternehmen und deren Produkte werden im Netz verglichen, Pressemeldungen von Online-Abteilungen publiziert, Image und Verhalten von Unternehmen bewertet, kritisch kommentiert und nach außen getragen. Der große Teil der Unternehmens-Mitarbeiter sind bereits auf den bekannten Plattformen wie Xing, Facebook, Google + und Linkedin unterwegs – auch unter Bekanntgabe des aktuellen oder vergangenen Arbeitgebers. (Potenzielle) Kunden – und Mitarbeiter – sind schön längst auf digitalen und mobilen Kanälen als Privatpersonen unterwegs. Unternehmen sollten nicht ihren Kunden folgen sondern schon – wie der Igel beim Hasen – da sein, wenn die anderen noch auf dem Weg sind.

Die daraus wachsenden Veränderungen können als gesellschaftliche Werte- und Normveränderungen verteufelt oder bewusst und proaktiv als neue Handlungsstränge erlebt werden.

Die Waage der Marktbalance verschiebt sich vom Verkäufer zum Käufer hin. Der Verbraucher 2,0 ist das zentrale Individuum im netzwerkorientierten Online-Markt. Als „Chef im Ring" ermöglicht er mit „Daumen hoch" und „like-Button"-Instrumenten den direkten Dialog mit den Unternehmen.

Dieser Raum für digitale Gespräche löst traditionelle hierarchische Verkäufer-Käufer/Konsumenten- Modelle auf – mit gravierenden Konsequenzen für Unternehmen, Verbände, Organisationen: Die tradierten Kontrollmechanismen der Unternehmen auf öffentliche Meinungsbildung sind in einem Auflösungsprozess begriffen. Darüber schieben sich stattdessen Gruppenaktivitäten und Gemeinschaftsgefühle, die mit viel Pepp und Engagement durch Empfehlungen aktiven Einfluss aufs Unternehmensimage ausüben.

Kunden kommunizieren untereinander und durchziehen wie Kraken – ohne Kontrolle durch die Unternehmen – mit Diskussionen auf Preisvergleichs- und Produktportalen und greifen bei Kaufentscheidungen auf das kollektive Wissen der Gemeinschaft zurück. So werden flickr, youtube, ciao, facebook und Co. zur kommunikativen Drehscheibe (auch aus Vertriebsperspektive) zwischen Kunden, Freunden und Unternehmen. Die digitale Mund-zu-Mund-Propaganda nimmt explosionsartig weiter zu.

Charakteristische Merkmale: Solchen Empfehlungen aus dem eigenen Netzwerk wird vertraut und gefolgt, weit mehr als den Empfehlungen der werbungtreibenden Zunft. Das Social Web avanciert zum größten Kunden-Empfehlungsprogramm aller Zeiten (Abb. 5).

Die zentralen Kommunikations-Säulen der Web 2.0-Generationen mit markantem Einfluss auf Unternehmen bauen auf:

Vertrauen – durch das geschriebene Wort entsteht schneller Vertrauen als in der Werbung. Partnern, Freunden, Fans, Kollegen können wir – ohne Ausbildung von sozialen Barrieren – vertrauen. Die dialogisch-mediale Kommunikation führt zu mehr Offenheit, Gruppenbildung, Kooperationen im vertrauensvollen Rahmen.

Partizipation – jeder Kunde, der sich im Social Media-Umfeld bewegt, ist auchNutzer 2,0 und will als solcher mit-gestalten, mit-machen, mit-engagieren und durch

Interaktion – im authentischen Dialog mit Unternehmen lebendig am Aufbau von Marken, Unternehmensimage mit-teilnehmen

Abb. 5 Vertrauen in Info-
quellen. (Quelle: Diverse
Verboucherstudien)

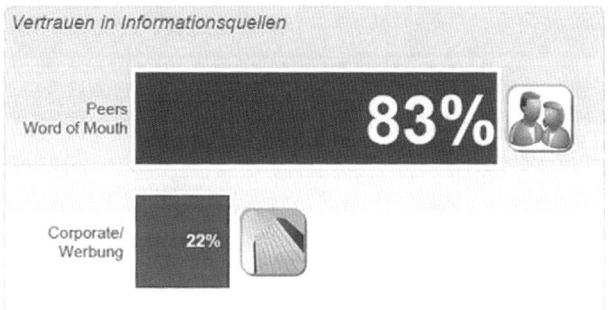

Bezugsgruppen/Clusterbildung – das Netz ist der ideale Ort für Beziehungspflege, Tipps, Ratschläge, emotionale Zuwendung, Gespräche. Menschen treffen sich in Gruppen je nach beliebigem Geschmack, Interesse und Verhalten.

Macht – auf den neuen Medienkanälen ändern sich die Machtverhältnisse. Beziehungen und der Einfluss von Freunden, Fans, Partnern spielen eine größere Rolle als die traditionelle Push-Kommunikation von Unternehmen.

Reputation – das unternehmerische Web 2.0-Image muss langfristig aufgebaut und gepflegt werden. „Ist der Ruf erst einmal ruiniert".... lebt es sich gar nicht mehr ungeniert, das Unternehmensimage erleidet einen Schaden, der online langfristig sichtbar bleibt und bei der Google-Suche negative Spuren hinterlässt. Interessenten, Kunden, Freunde prägen, beeinflussen und bestimmen die Produkte von Unternehmen. Via Google-Suche werden Produkt-Bewertungen gefunden, der „Ruf" von Unternehmen und seinen Produkten spiegelt sich in der künftigen Kaufentscheidung wieder.

Beziehungsmärkte – aus den klassischen Verkäufermärkten nach dem Krieg haben sich zunächst die Käufermärkte der 60er und 70er Jahre gebildet und schließlich zu Beziehungsmärkten im dritten Jahrtausend entwickelt. On- und offline-Kooperationen werden geschlossen, die auf Vertrauen und Gemeinsamkeiten aufbauen und sich als emergente Organisationen synergetisch weiterentwickeln.

Faktor Zeit – durch High-Speed-Kommunikationsgeschwindigkeit wird ein neues Zeitgefühl ausgelöst mit Auswirkungen auf menschliche Psyche, Mitarbeiter, Kunden und Wirtschaft. Reaktionen „on demand" ziehen in den Kundenkommunikationsprozess der Unternehmen ein. Die Taste der Erwartungshaltung des Kunden steht hier permanent auf „on". Jede mail, die ein bis 2 Tage unbeantwortet bleibt, kann negativ aufs Unternehmen rückwirken. Direkte, sofortige, maximale Kommunikationsgeschwindigkeit (z. B. als Reaktion auf Kundenanfragen, Informationsbereitstellung und Aktualisierung) beschleunigt auch die Unternehmensprozesse.

Mit der Geschwindigkeit, die das Arbeiten im Netz von heute verlangt, müssen sich einst starre Strukturen, bei denen in internationalen Unternehmen eine Abteilung nicht weiß, wofür in anderen schon längst eine Lösung gefunden wurde, in interaktive, soziale und kreative Prozesse verändern.

Abb. 6 Drei-Säulen-Modell
der Online-Kommunikation.
(Quelle: eigene Darstellung)

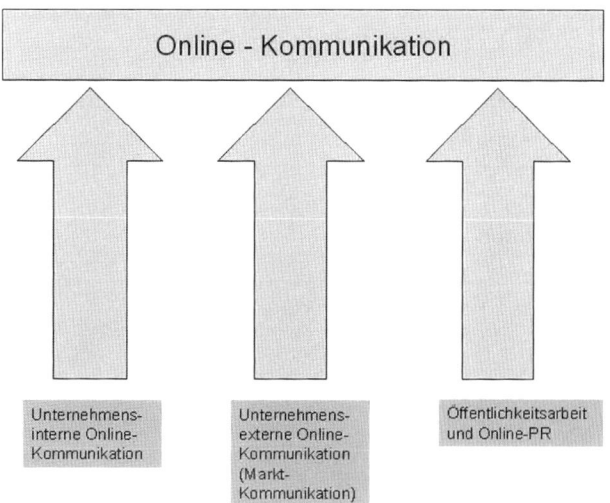

Was das für Unternehmen konkret bedeutet, soll am Beispiel eines fiktiven touristischen Dienstleistungsunternehmens „ReiseWelt" veranschaulicht werden:

Beispiel: Stationäre Ladengeschäfte „ReiseWelt" – heute 250 Mitarbeiter (bis vor 4 Jahren waren es zeitweise bis zu 400 Mitarbeitern)

Dienstleistung – Verkauf von Reisen, Flügen, Spezialveranstalter für weltweite Gesundheitsreisen

Kernzielgruppe 50+

Die stationären Ladengeschäfte mit eigenem Filialnetz in 15 deutschen Großstädten liegen an Einkaufsstraßen mit Durchgangskunden und zusätzlichem Online-Vertrieb.

Bis vor einigen Jahren wurde das Kerngeschäft realiter nur über stationären Handel und Direktvertrieb abgewickelt. Innerhalb weniger Jahre hat sich der stärkste Umsatz durch Online-Vertrieb zum erfolgsträchtigsten Kanal entwickelt.

Früher investierte „ReiseWelt" das Budget in die Medienkanäle Print- und Fernseh-Werbung. Diese geben heute keine ausreichenden Kaufimpulse mehr und dienen lediglich als komplementäres Marketinginstrument.

Die Kommunikation von „ReiseWelt" findet auf drei Ebenen statt (Abb. 6):

Zunächst wurde ein verbindlicher Kommunikationsleitfaden erstellt, der Rahmenbedingungen, Umgang und Vorgehensweise des Unternehmens „ReiseWelt" auf den drei Online-Kommunikationssäulen enthält.

- *Unternehmensinterne Kommunikation* = Online-Kommunikation zwischen den Mitarbeitern
- *Unternehmensexterne Kommunikation* (Marktkommunikation) = Online-Kommunikation nach außen, z. B. mit externen Bezugsgruppen, potenziellen Kunden
- *Öffentlichkeitsarbeit/PR* = Online-Kommunikation mit Zielgruppen, die im Medien-, sozialen oder politischen Kontext stehen

Unternehmensinterne Kommunikation:

- Grundverständnis der unternehmerischen Kommunikation
- Mitarbeiter-Erreichbarkeit, mobile und online
- Nutzung von Online-Medien zwecks inhaltlichen und Termin-Absprachen
- Facebook-Nutzung als ausgelagertes Intranet zur wechselseitigen Nutzung von Dokumenten

Unternehmensexterne Kommunikation:

- Regelung Kundenkontaktmöglichkeiten online- und offline
- Kommunikationsgeschwindigkeit
- Reaktionszeiten auf mails und FB-Anfragen
- Kunden-Erreichbarkeit – Zeiten
- Kommunikationsform
  - Tonalität
  - Persönliche Ansprache
  - Verständnis
  - Empathie
- Online-Mediennutzung via Blogs, Foren, Communities, RSS-Feeds, youtube
- Konzeption + Erstellung eigener FB-Fanpage
- Vorgaben für mediale Gestaltung von Filmen, auditiven Beiträgen, Websiten
- Pflege, Betreuung und Optimierung des Online-Shops
- Ausnutzung vorhandener und künftiger Management-Informationssysteme
- Kooperationen mit Reiseportalen, Vermittlern und Online-Kooperationen

Öffentlichkeitsarbeit/PR

- Versorgung der Online-Medien mit positiven Produkt- und „ReiseWelt"-Informationen, Filmbeiträgen, cross-medialen-Aktionen
- Aufbau und Pflege von Online-Beziehungen zu externen Partnern (Kunden, Lieferanten, Stakeholder, Multiplikatoren, Anspruchsgruppen)
- Pressemitteilungen, digitale PR-Botschaften auch visuell und auditiv
- Veranstaltungen, on- und offline, auf Gesundheits-, Verbraucher- und Reise Messen

„ReiseWelt" muss das „Ohr" direkt auf dem „Markt" haben, um seinem eigenen Ruf und Image innerhalb des dialogisierenden Netzwerkes zuzuhören. Auf den unterschiedlichen realen und online-medialen Touchpoints sollte der Konsument/Kunde auf die gleichen unternehmerischen Werte, Kommunikationsbotschaften, Reiseangebote und Veranstaltungen treffen.

Dafür musste „ReiseWelt" eingeschweißte Trampelpfade verlassen und mit Mut, Neugier, Offenheit und Nachhaltigkeit durch digitale Präsenz – sowohl in der externen als auch in der internen Kundenkommunikation – Märkte als Gespräche führen. Das eigene

Kommunikations-Büro steckt jederzeit in der Hosentasche der Mitarbeiter – zum Vorteil des Unternehmens. Mitarbeiter, die mobil arbeiten und erreichbar sind, (re-)agieren schneller, sparen Zeit und Kosten und können jederzeit für Kunden ansprechbar sein – die, im Falle von Nichterreichbarkeit oder verspäteter Reaktion – gern auch schnell auf Konkurrenz-Portalen „fremdgehen".

Vor- und Nachteile der digitalen Kommunikation für „ReiseWelt":
Vorteile für „ReiseWelt":

- Sofortige Dialogmöglichkeit mit Interessenten führt zu intensiveren Kundenkontakten
- Kunde kann direkt „abgeholt" werden, wo er gedanklich steht
- Sympathische Kommunikation wird auf Kundenseite mehr geschätzt als Werbung
- Online-Tipps von „ReiseWelt" können vom Kunden in Echtzeit recherchiert und in Gruppen, Foren, Communities diskutiert werden. Diese Diskussion kann online von „ReiseWelt" begleitet werden.
- Generierung neuer Interessenten
- Computerbasierte Kommunikation führt zu direkteren Nachfragen als durch das persönliche Gespräch.
- Soziale Schranken sind leichter einzureißen, der Mensch gegenüber ist nicht sichtbar, der Klang der Stimme fehlt, die typische „Kanalreduktion".
- Beim geschriebenen Wort schenken sich Menschen leichter Vertrauen (Quelle: Studie von Patti Valkenburg und Jochen Peter) und sind in der Kommunikation offener.

Nachteile für „ReiseWelt":

- Preise und Angebote sind transparent und auf einen Klick vergleichbar
- Negativimage hinterlässt längerfristig Spuren in Communities und bei Google-Suche
- Mitarbeiter müssen SEHR zeitnah auf Kundenwünsche und Anfragen reagieren
- Der „Ton macht die Musik" und beeinflusst den Dialog zwischen Interessenten und „ReiseWelt"
- Mitarbeiter müssen in den Bereichen „Kommunikation" und „Umgang mit Medien" geschult und „on the job" begleitet werden

Hier können sowohl Vor- als auch Nachteile für „ReiseWelt" entstehen:

- Aktive Online-Nutzer beeinflussen die Kommunikation – sowohl mit dem Unternehmen als auch zu anderen Nutzern/Kunden – und verändern damit Image und Identität der „ReiseWelt"
- PR-Botschaften von „ReiseWelt" werden als meinungsorientiertes Kommunikationsangebot in das Community-Netzwerk und deren Bewertungen und Bedeutungszuweisungen eingebettet
- Online-Kommunikation (Diskussionen der Nutzer untereinander) können unüberschaubar und unkontrollierbar (durch „ReiseWelt") anwachsen, der Kommunikationsprozess verwandelt sich in einen Kollaborations prozess

• Als Ergebnis eines solchen Zusammenspiels von unterschiedlichen Elementen und
  Prozessen bilden sich neue Strukturen und Eigenschaften heraus, sogen. emergente
  Systeme (Emergenz, lat. Auftauchen), die auch künftige Kommunikationsprozesse ver-
  ändern werden.

Die Bündelung der Erkenntnisse aus den fünf Kapiteln gibt den Weg frei für folgendes
Fazit:

1. Unternehmen müssen aus ihrer Leuchtturm-Perspektive auf den Kunden-Boden kommen und dort mit den Konsumenten auf Augenhöhe kommunizieren.
2. Unternehmensprozesse in Organisation, HR, Marketing, Vertrieb…. müssen in Bezug
   auf Kommunikations-Form, Kommunikations-Inhalte, Kommunikations-Botschaft,
   Kommunikations-Geschwindigkeit den digitalen Herausforderungen kontinuierlich
   angepasst werden.
3. Veränderungsphasen werden in high-Speed-Geschwindigkeit immer kürzer. Die
   Anforderungen an den eigenen Umgang mit Veränderung, neuen Techniken, neuen
   Technologien, Denkprozessen, innovativen Unternehmenskulturen muss über alle Hie-
   rarchieebenen geübt, trainiert und gelebt werden.
4. Kommunikation in digitalen Prozessen muss – parallel zur realen Kommunikation –
   „on demand" d. h. in Echtzeit, ehrlich, offen und „sexy" in den Augen der Konsumenten
   klingen.
5. Verankerte Kommunikation, zwischenmenschlich und digital, lebt von Bildern,
   Geschichten, Hin-hören und beim Andern sein. Echtes empathisches Interesse am
   Kommunikationspartner beeinflusst – auch – unser gesellschaftliches Miteinander
   im positiven Sinn und muss als starker Baum der Werteorientierung in Unternehmen
   gepflanzt, gepflegt und gedüngt werden.

Unternehmer in digitalen Medien sollten Beziehungsschleppnetze in den Kundenteich
auslegen und Kunden und Interessenten erlauben, sich selbst darzustellen, einzubringen
und Teil der unternehmerischen Kommunikationsnetze zu werden. Die Chance auf gute
Kunden-Unternehmen-Kommunikation steigt mit der Art und Weise wie der Kundendialog geführt wird. Unabdingbar sind empathisches Zuhören und Antworten, der Einsatz
von Bildern, Videos, Geschichten, die Einladung zum Mitmachen und Mitgestalten. Die
Perspektive vom Unternehmen muss sich drehen: um 180° hin zum Zielkunden, um Wünsche, Bedürfnisse und Kaufinteressen zu berücksichtigen. Sich in die Vorstellungswelt der
Zielgruppe einzufühlen ist ein Muss auf den heutigen Beziehungsmärkten.
    Der Webnutzer 2,0 ist dort mit seinem habitualisierten Grundverständnis zum Online-
Akteur geworden, der sich nicht nur berieseln lässt sondern als aktiver Inhalteproduzent,
Bewerter, Kommentator, Partnersuchender, Publisher und Filmemacher öffentlichkeits-
wirksam als Stellschraube fürs unternehmerische Marketing auftritt. Kommunikation
gibt's „on demand" und in Echtzeit. Dadurch steuert der Nutzer 2,0 den Kommunikationsprozess aktiv mit, verändert und bereichert das Netz und lebt soziale Beziehungen, real

UND digital. Die Lust am persönlichen Meinungsaustausch via Web 2.0 verwandelt den Nutzer/Kunden selbst zum wertvollsten Multiplikator im Rahmen der unternehmerischen Wertschöpfungskette. Kontaktaufnahme, Bewertungen, Meinungen, Empfehlungen aus dem eigenen Dialognetzwerk beeinflussen Kaufentscheidungen von potenziellen Kunden und ziehen so tentakelmäßig ins unternehmerische Marketing hinein. Das Ende der Fahnenstange ist längst nicht erreicht.

Online-Kanäle, Online-Kommunikation sollten die traditionellen Vertriebskanäle nicht einfach ersetzen, sondern auf Zielgruppenverhalten adaptiert und angepasst werden. Reale Kontakte z. B. durch Online-Kontakte ergänzt werden, Verweisung von Print auf Online und vice versa.

Diese beweglichen Kommunikationsformen in Form von zirkulierenden Nachrichten und Links innerhalb der Netzwerke erfordern spontanes, schnelles Reagieren in Echtzeit, z. B. bei der Beantwortung von Kundenanfragen.

„Man kann das digitale Zeitalter so wenig aufhalten oder leugnen wie eine Naturgewalt. Es hat vier sehr machtvolle Eigenschaften, die am Ende zu seinem Triumph führen werden: es ist dezentral, global, vereinheitlicht und verleiht Macht" fasste bereits 1995 Nicholas Negroponte, Autor des Buches „Being Digital" und Professor am MIT, zusammen. Das Internet verwandelt – so der in Kalifornien lebende Soziologe Howard Rheingold im Jahr 1993– den Menschen in ein „Gemeinschaftswesen".

Das Phänomen, dass in Zeiten ökonomischer und sozialer Unsicherheiten „das Zusammenrücken das Auseinanderdriften" verdrängt, hat der Zukunftsforscher Horst W. Opaschowski jüngst in seinem Buch „Warum Ich linge keine Zukunft mehr haben" analysiert. Da wird die Sehnsucht nach Individualismus einerseits und kollektivem Gemeinschaftsgefühl andererseits interpretiert. Stimmt! Wir alle haben das Bedürfnis nach mehr menschlicher Wärme und Zusammenhalt. Digital wenn's real fehlt?

Die (Kommunikations-) Kultur verändert sich weiter radikal – wir fahren auch nicht mehr mit der Pferdekutsche wie Anno Dazumal – schade eigentlich – sondern mit Auto, Flugzeug und Bahn. Die Hebelwirkung, die in Unternehmen durch kollaborative, partizipative und offen-vertrauensvolle Zusammenarbeit entstehen kann, dient sowohl zufriedenen (potenziellen) Mitarbeitern als auch den Unternehmen in betriebswirtschaftlicher Hinsicht, die Kosten senken, Zeit sparen, Redundanzen vermeiden und Wissen teilen können. Der digitale Drehzahlmesser läuft auf Vollgas was Geschwindigkeit, Erreichbarkeit und kollaboratives Arbeiten betrifft.

Daraus resultiert das Ende der Einweg-Kommunikation, bei dem unternehmerisches Marketing die absolute Kontrolle und Steuerung seiner Zielgruppen und der öffentlichen Meinungsbildung über seine Produkte verloren hat. Verständlich ist bei diesem Aspekt das Bremspedaldrücken im unternehmerischen Verhalten was die Veränderungsbereitschaft betrifft. Wir erinnern uns…. das Reptiliengehirn….Dennoch: Unternehmen, die den Zug der Zeit abfahren lassen, verpassen die Kunden von morgen und die Möglichkeiten mit bislang Unbekannten über das Urlaubsziel, Kindererziehung, Wirtschaft oder Kochrezepte zu plaudern, Fotos, Videos hochzuladen als verbindende Brücke zu Menschen und intensiven Kontakten.

Fotos, Geschichten, Privates à la Facebook verankern Körbeweise in Form von Informationseinheiten die Gedanken von uns allen als Kunden, Freunden, Geschäftspartnern.

Aus den Käufermärkten vom Ende des 20. Jahrhunderts sind im neuen Jahrtausend Beziehungsmärkte herausgewachsen. Kommunizieren im digitalen Raum befriedigt sehnsüchtig herbeigesehnte Gemeinschaftsgefühle, die „zur guten alten Zeit" nach familiärer Tradition als Spiele- oder Vorleseabend stattgefunden haben. Stattdessen gibt's heute familiäre Kommunikation über Facebook oder Game-Kultur. Farmville hat Saison, Omas verfolgen die Auslandsaufenthalte der eigenen Enkelschar immer öfter via facebook, so sind Gemeinschaftsgefühle vorprogrammiert und entstehen während des Kommunikationsprozesses. Das ist der Schlüssel fürs unternehmerische Marketing:

Zuhören, Mitmachen, mitgestalten, Mitnehmen. Im Dialognetzwerk kann Vertrauen und Glaubwürdigkeit aufgebaut und mit Inhalten gefüllt werden. Offene Kritikfähigkeit gehört ebenso dazu wie spontaner Dialog, die als omnipräsente, konstruktive, kreative und offene Kommunikation in die unternehmerische Kultur einziehen muss.

Die Menschen sind parallel Nutzer, Privatperson, Mitarbeiter im Netz und auf der Straße. Gemeinschaftliche Aktionen finden ihren Ursprung online und/oder verknüpfen die analoge, reale Welt mit den digitalen Medien, die unsere Wirklichkeitskonstruktion in Teilbereichen längst beeinflussen.

Literatur

Brede A (2010) Raus aus Deiner Komfortzone. Books on Demand, Norderstedt
Held D, Scheier C (2010) Wie Werbung wirkt. Haufe, Hamburg
Hilker C (2010) Social Media für Unternehmer. Linde, Wien
Lembke G (2011) Social Media Marketing. Cornelsen, Berlin
Negroponte N (2006) Beeing Digital. Verlag Vintage, New York
Opaschowski H (2010) Warum Ichlinge keine Zukunft mehr haben. Murmann-Verlag, Hamburg
Pasztor S, Gens K-D (2008) Ich höre was, das du nicht sagst. Verlag Junfermann, Paderborn
Qualman E (2010) Socialnomics – Wie Social Media Wirtschaft und Gesellschaft verändern. Verlag
    HJR, Heidelberg
Schmidt-Tanger M (2005) Veränderungs-Coaching. Verlag Junfermann, Paderborn
Schulz von Thun F (2008) Miteinander Reden 3. Rowohlt Taschenbuch Verlag, Hamburg
Tapscott D (2009) Wikinomics – die Revolution im Netz. dtv-Verlag, München
Watzlawick P (2008) Wenn du mich wirklich liebtest, würdest du gern Knoblauch essen. Piper, München

Zukunft Netzwerkwirtschaft?

Neue und alte Unternehmensorganisationen nach der Internet-Revolution

Armin Müller

Zusammenfassung

Organisationen wie Krankenhäuser, Schulen, Unternehmungen und Vereine, sind zweckgerichtete soziale Gebilde. Sie verfügen über ein System von Regeln, das das Verhalten der in ihnen tätigen und mit ihnen in Berührung kommenden Menschen steuert. Dieses Bild von Organisation ist die eines hierarchisch strukturierten, formal definierten und über Systeme von abstrakten Regeln, personalisierten Rechten und Anweisungen gesteuerten Gebildes. In den letzten Jahren wurde mit großem Engagement in der Fachwissenschaft und Öffentlichkeit die Frage diskutiert, inwieweit die Internet-Revolution und technologische Wandel der letzten Jahre mit der mit einem Wandel der Unternehmen als Organisationsform einhergeht. Dies stellt den Ausgangspunkt für die vorliegenden Überlegungen zur Veränderung der modernen Unternehmensorganisation bilden. Im ersten Abschnitt werden Castells Thesen zum Aufstieg des „Netzwerk-Unternehmens" vorgestellt und erläutert. Da Netzwerke keine neue Kategorie innerhalb der Wirtschafts- und Organisationswissenschaften sind, wird im zweiten Kapitel näher auf Netzwerke als alternative Organisationsform zwischen Markt und Hierarchie eingegangen und diese Überlegung auf der Basis ökonomischer Grundannahmen von Institutionen eingeordnet. Kapitel 3 wird diese Diskussion weiter vertiefen und versuchen, belastbare Kategorien für eine Gegenwartsdiagnose zu finden. Schließlich wendet sich der Beitrag in Kap. 4 aktuellen Entwicklungen in der Finanz- und Kreditwirtschaft zu, um dort den Grenzen von Netzwerk-Unternehmen nachzugehen. Letztlich zielt der Text darauf ab, jenseits der populären Metapher vom „Netzwerk" und der „Netzwerk-Organisation" eine Vorstellung von dieser Organisationsform anzubieten und darauf aufbauend Entwicklungslinien und Grenzen bzgl. moderner Unternehmensformen aufzuzeigen.

A. Müller (✉)
DHBW Ravensburg, Weinbergstraße 17, 88214, Ravensburg, Deutschland
E-Mail: a.mueller@dhbw-ravensburg.de

G. Lembke, N. Soyez (Hrsg.), *Digitale Medien im Unternehmen,*
DOI 10.1007/978-3-642-29906-3_2, © Springer-Verlag Berlin Heidelberg 2012

Inhaltsverzeichnis

1 Einleitung

Eines der klassischen, seit 35 Jahren regelmäßig neu aufgelegten, Lehrbücher der Organisationswissenschaft beginnt mit folgender Einordnung: „Moderne Gesellschaften sind in einem hohen Maße von Organisationen geprägt: die meisten Menschen werden in Organisationen geboren und in Organisationen ausgebildet, sie arbeiten in Organisationen, verbringen einen großen Teil ihrer Freizeit in Organisationen, und schließlich sterben sie in Organisationen und werden von Organisationen zu Grabe getragen. Alle diese Organisationen, wie Krankenhäuser, Schulen, Unternehmungen und Vereine, sind zweckgerichtete soziale Gebilde. Sie verfügen über ein System von Regeln, das das Verhalten der in ihnen tätigen und mit ihnen in Berührung kommenden Menschen steuert" (Kieser und Walgenbach 2010, S. V). Die hier zugrunde gelegte Vorstellung von Organisation ist die eines hierarchisch strukturierten, formal definierten und über Systeme von abstrakten Regeln, personalisierten Rechten und Anweisungen gesteuerten Gebildes. In modernen Ökonomien sind dies üblicherweise Unternehmen. Seit der Industriellen Revolution prägen diese in wesentlicher Weise unser wirtschaftliches Leben (Wischermann und Nieberding 2004). Insofern kann die moderne Marktwirtschaft mit guten Gründen auch als Organisationswirtschaft charakterisiert werden. Aufstieg und Wandlungsprozesse der Unternehmensorganisation waren immer verbunden mit neuen technischen Möglichkeiten und veränderten institutionellen Arrangements.

Insofern liegt die Vermutung nahe, dass die Internet-Revolution der letzten zwei Jahrzehnte ebenfalls nicht spurlos am modernen Unternehmen vorbeigegangen ist. Jeder, der Unternehmen von innen her kennt, weiß, wie stark sich seitdem insbesondere die Kommunikation, das Informations-, das Wissens- und das Datenmanagement verändert haben. Man wird kaum einen Arbeitsbereich finden, der von den neuen Informations- und Kommunikationstechnologien unberührt blieb. Würde man Menschen aus einem Büro der Nachkriegszeit auf den gleichen Arbeitsplatz im Hier und Heute versetzen, wäre er wohl kaum in der Lage, seine Aufgaben unter den veränderten Bedingungen zu erfüllen. Der Weg von Wählscheiben-Telefon, Diktiergerät, Steno-Block und Schreibmaschine hin zu E-Mail, Cloud-Computing, Smartphone und Web 2.0-Internet war ein weiter. Die Veränderung verlief rasant, sodass sie aus guten Gründen als Revolution bezeichnet werden kann.[1]

---

[1] Der Begriff Revolution wird hier in unterschiedlicher Perspektive verwendet. Schon länger wird von der Dritten Industriellen Revolution gesprochen und meint den Durchbruch der Elektronik

Ging dieser technologische Wandel auch mit einer grundsätzlichen Veränderung der Unternehmen als Organisationsform einher? Wurde das klassisch, hierarchisch-strukturierte Unternehmen durch eine neue Organisationsform abgelöst oder zumindest teilweise ersetzt? Diese Fragen sind mehr als berechtigt und wurden in den letzten Jahren auch mit großem Engagement sowohl in der Fachwissenschaft wie auch in der breiteren Öffentlichkeit diskutiert. Hypothesen hierzu finden sich beispielsweise in einem der meistzitierten Bücher der sozialwissenschaftlichen Gegenwartsdiagnose, im Dreiteiler von Manuel Castells zum „Informationszeitalter" (Castells 2003). Dieses wird deshalb auch den Ausgangspunkt für die vorliegenden Überlegungen zur Veränderung der modernen Unternehmensorganisation bilden. Im ersten Abschnitt werden Castells Thesen zum Aufstieg des „Netzwerk-Unternehmens" vorgestellt und erläutert. Da Netzwerke keine neue Kategorie innerhalb der Wirtschafts- und Organisationswissenschaften sind, wird im dritten Kapitel näher auf Netzwerke als alternative Organisationsform zwischen Markt und Hierarchie eingegangen und diese Überlegung auf der Basis institutionenökonomischer Grundannahmen eingeordnet. Kapitel 4 wird diese Diskussion weiter vertiefen und versuchen, belastbare Kategorien für eine Gegenwartsdiagnose zu finden. Schließlich wendet sich der Beitrag in Kap. 5 aktuellen Entwicklungen in der Finanz- und Kreditwirtschaft zu, um dort den Grenzen von Netzwerk-Unternehmen nachzugehen. Letztlich zielt der Text darauf ab, jenseits der populären Metapher vom „Netzwerk" und der „Netzwerk-Organisation" eine klarere Vorstellung von dieser Organisationsform anzubieten und darauf aufbauend Entwicklungslinien und Grenzen bzgl. moderner Unternehmensformen aufzuzeigen.

2   In der Netzwerkgesellschaft

Ganz zweifellos ging der Aufstieg der modernen Informations- und Kommunikationstechnologien einher mit dem Boom des Netzwerk-Begriffes und dessen Spielarten. Spätestens mit dem Eintritt in das Internetzeitalter ab Mitte der 1990er Jahre sind die damit einhergehenden Veränderungsprozesse für Technik, Gesellschaft und Wirtschaft untrennbar mit dem Netz- bzw. Netzwerk-Begriff verbunden (Malone und Laubacher 1999). Aber auch schon im Jahrzehnt davor zeichnete sich eine begriffliche und paradigmatische Wende in vielen Wissens- und Gesellschaftsbereichen ab, die auch die Wirtschaftswissenschaften betraf. Man muss nicht soweit wie manche Kulturwissenschaftler gehen, die für die gesamte Moderne netzwerkartige Phänomene und Mechanismen nachweisen wollen (Barkhoff et al. 2004; Kaufmann 2004; Schüttpelz 2007), aber zweifellos handelte es sich um einen Schlüsselbegriff der letzten drei Jahrzehnte, vergleichbar in seiner Bedeutung vielleicht noch mit dem ähnlich schillernden Begriff der „Globalisierung". „Das Netz" hat sich Schritt um Schritt von einem sehr abstrakten Konstrukt zu einem konkreten Ort

---

und seiner Folgen für Wirtschaft und Gesellschaft. Der Begriff der „Internet-Revolution" wird seit der zweiten Hälfte der 1990er Jahre für einen umfassenden technologischen, wirtschaftlichen und gesellschaftlichen Veränderungsprozess. Vgl. hierzu folgende Titel Giovannetti et al. (2003), Evans und Wurster (2000), Rifkin (2001).

entwickelt. Wir sind „im Netz", „vernetzen" uns, treffen und kommunizieren über „Soziale Netzwerke" und beziehen unser Wissen über die Welt „aus dem Netz". Vielen von uns scheint unser Alltag kaum noch denkbar oder bewältigbar ohne die ständige Nutzung entsprechender, digitaler (Kultur-) Techniken. Schon früh waren damit zumeist positiv besetzte Handlungen und Phänomene verbunden, negative Konotationen der Netzwerk-Metapher wurden schon in den 1980er Jahren verdrängt (Fröhlich 1996).

Eine der einflussreichstes Analysen hierzu hat sicherlich der spanische Soziologe Manuel Castells vorgelegt. Im Original erschien 1996–1997 (in deutscher Übersetzung ab 2001) sein dreibändiges Werk zum „Informationszeitalter", in dem er vor allem im ersten Band die Ausbildung einer Netzwerkgesellschaft im Sinne eines umfassenden Paradigmenwechsel der gesamten modernen Gesellschaft beschreibt. Das neue Paradigma wird darin durch fünf Faktoren charakterisiert: Erstens betont Castells den Rohstoff Information und damit verbunden die Technologien, die diesen Rohstoff verarbeiten. Zweitens sieht er diese neuen Technologien in einer universellen Wirkung auf alle gesellschaftlichen Bereiche. Drittens sieht er eine umfassende „Netzwerklogik" am Werk. Vierter und fünfter Faktor sind zunehmende Flexibilität und zunehmende Konvergenz der Technologien zu hochgradig integrierten Systemen (Castells 2003, S. 76–78). Castells selbst gesteht ein, dass er dieses Modell nur bedingt empirisch absichern kann und er vielmehr sein Verständnis von Netzwerkgesellschaft aus mathematisch-informationswissenschaftlichen Modellen zur Funktionalität von Netzwerken und einer darauf aufbauenden populären Gesellschaftsprognostik ableitet. Wichtige Bezugspunkte sind dabei Autoren wie Kevin Kelly, Fritjof Capra und James Lovelock (Kelly 1995; Lovelock 1987; Capra 1987). Zentral ist insbesondere Kellys Werk. Darin prognostiziert der Publizist und Gesellschaftsanalytiker einen fundamentalen Wandel: „Das Symbol der Wissenschaft für das nächste Jahrhundert ist das dynamische Netz. (…) Die einzige Organisationsform, die zu Wachstum ohne vorgefassten Plan bzw. zum Lernen ohne Anleitung in der Lage ist, ist ein Netzwerk. (…)" (Kelly 1995, S. 23 f.). Netzwerke, so leitet Castells daraus ab, sind die Folge der veränderten Rahmenbedingungen in einer „zunehmend komplexer werdenden Gesellschaft und der interaktiven Logik der neuen Informationstechnologien" (Castells 2003, S. 76).

Mit Blick auf Wirtschaft und Unternehmen sieht Castells einen Umbruch hin zu einer „informationellen Ökonomie" und damit verbunden einer neuen „Organisationslogik" im Sinne des skizzierten Paradigmas. Zentraler Ausdruck der neuen Wirtschaftsordnung ist der Aufstieg der neuen Gattung einer informationellen, globalen und vernetzten Organisationsform, dem „Netzwerk-Unternehmen" (Castells 2003, S. 173 f.). Als Gegenmodell hierzu skizziert Castells immer wieder das aus der Industriegesellschaft wohlbekannte Modell nationaler und multinationaler Konzerne, die in ihrem Inneren durch hierarchische und vertikal integrierte Organisationsstrukturen charakterisierbar sind. Zwar glaubt auch er nicht an das Ende der klassischen Konzerne, aber er sieht deren neue Rolle eher durch das Modell des „horizontalen Konzerns" beschrieben. Diese arbeiten – so Castells – prozess- und teamorientiert, mit flachen Hierarchien, sie orientieren ihre Leistungsparameter am Markt, also an Kundeninteressen und der Kundenzufriedenheit aus, sie belohnen Gruppenleistungen und maximieren ihre Außenkontakte zu Zulieferern und Kunden und sie setzen auf eine Kompetenzentwicklung ihrer Mitarbeiter auf allen Ebenen. „Um die Vorteile der Netzwerkflexibilität internalisieren zu können, müsste der Konzern selbst zum Netzwerk werden und jedes einzelne Element seiner inneren Struktur dynamisieren" (Castells 2003, S. 187), so verbindet Castells dieses Modell mit seinem übergeordneten Netzwerk-Paradigma. Castells Bild eines horizontalen Konzerns ist das Bild eines dynamischen und strategischen Netzwerks von sich selbst programmierenden Einheiten, die auf der Grundlage von Dezentralität, Partizipation und Koordination vor allem der eigenen Leistungskraft unterliegen (Castells 2003, S. 189). Ausgangspunkt vieler Aspekte dieser Prognose war die Diskussion um „lean production", die vor allem in den 1980er und 90er Jahren geführt wurde und deren Ziel es war, durch die Automatisierung von Arbeitsvorgängen, die Eliminierung bzw. Flexibilisierung vieler Einzelaufgaben und die Ausschaltung von Management-Ebenen Arbeitskraft einzusparen und dadurch Großunternehmen stärker einer Marktsteuerung zu unterwerfen (Castells 2003, S. 175; Deiß und Döhl 1992).

Vorbilder für die neue Netzwerkwirtschaft findet Castells in der dynamischen Wirtschaft in den Tigerstaaten Ostasiens. An Beispielen aus Japan, Korea und Taiwan beschreibt er die Leistungskraft von Unternehmensnetzwerken unter dem Einfluss einer jeweils starken staatlicher Regulierungspolitik. Für Japan verweist er auf die hohe Dichte an horizontalen Netzwerken zwischen sehr unterschiedlichen Sektoren und Branchen und einen ausgeprägten Verbund von vertikalen Netzwerken (Zulieferer und Tochterunternehmen). Der japanische Staat spielte hierbei eine große Rolle als Regulierer und Wirtschaftsförderer. In Südkorea war es der noch stärker staatlich gelenkte, fast schon militärstaatlich organisierte nationale Weg durch die Industrialisierung hin zu einer modernen Exportnation mit stark autoritär-patrilinear geprägten Unternehmensnetzwerken. Für Taiwan stellt Castells ähnliche Beobachtungen an. Hier findet er Belege für eine Kombination aus aktiver Wirtschaftspolitik des Staates (Technologieförderung, strategische Planung und Regulierung) und Unternehmensnetzwerken, die im Kern durch sehr starke familiäre Strukturen funktionieren (Castells 2003, S. 199–218).

Andere Autoren wie die beiden MIT-Informatiker Thomas W. Malone und Robert J. Laubacher gehen weiter. Sie glauben, dass alle Trends darauf hin deuten, dass „sich große, dauerhaft bestehende Erwerbsunternehmen zurückentwickeln, [d. h. sich] in flexible, zeitlich begrenzte Netze von Individuen verwandeln", die sie als „Freelancer" charakterisieren (Malone und Laubacher 1999, S. 29). Beide Prognosen zeigen in dieselbe Richtung, sie unterscheiden sich aber in der Radikalität des prognostizierten Wandels.

Obwohl Castells Ausführungen zu Netzwerk-Unternehmen sich maßgeblich auf Aspekte von interorganisatorischen Unternehmensnetzwerken stützt, zeigen sowohl seine als auch Malones und Laubachers Prognosen, dass der Aufstieg von Unternehmensnetzwerken immer auch Veränderungen auf innerorganisatorischer Ebene implizieren. So werden neben den genannten Eigenschaften wie Wissensmanagement, hoher Flexibilität und „lean production" den Netzwerk-Unternehmen auch Konzepte wie Rationalisierung, Outsourcing oder „Konzentration auf unternehmerische Kernkompetenzen" zugeschrieben (Hirsch-Kreinsen 2002). Castells geht ja davon aus, dass in der neuen Netzwerkgesellschaft in hohem Maß sowohl innerorganisatorische Flexibilität als auch grundsätzlich die

Veränderbarkeit und Steuerbarkeit von Prozessen besteht. Organisation und Institutionen „können durch eine Reorganisation ihrer Komponenten modifiziert und sogar grundlegend verändert werden. Was die Konfiguration des neuen Paradigmas auszeichnet, ist seine Eigenschaft in einer Gesellschaft, die durch bestimmten Wandel und organisatorische Mobilität gekennzeichnet ist. Es ist real möglich geworden, die Regeln auf den Kopf zu stellen, ohne die Organisation zu zerstören, denn die materielle Basis der Organisation kann umprogrammiert und anders ausgestattet werden" (Castells 2003, S. 77).

Im Umfeld des Booms rund um die New Economy fanden Castells Publikationen sowohl in der Fachwissenschaft als auch in der breiteren Öffentlichkeit große Resonanz, boten sie sich doch an als Interpretationsmuster für die stattfindende Transformation von Wirtschaft und Gesellschaft infolge der Internet-Revolution. Folgt man der Erhebung des Social Science Citation Index, dann gehörte Castells im ersten Jahrzehnt des neuen Jahrhunderts zu den fünf weltweit am häufigsten zitierten Sozialwissenschaftlern.

3   Netzwerke als alternative Organisationsform zu Markt und Hierarchie

Mit der gestiegenen Aufmerksamkeit der Publizistik für den Netzwerk-Begriff und für damit verbundene Gesellschaftskonzepte entwickelten sich auch in den Sozialwissenschaften Netzwerktheorien zu einer umfangreichen und eigenständigen Theoriefamilie. Innerhalb der wirtschafts- und politikwissenschaftlich geprägten Organisationswissenschaft präsentiert sich unter dieser Überschrift seit den 1980er Jahren ein durchaus heterogenes und vielfältiges Spektrum an Begriffen, Theorien und Analyseansätzen (Wolf 2000, S. 96).

Mitte der 1980er Jahre legte Gareth Morgan seine Darstellung „Images of Organization" vor, in der er die existierenden Organisationstheorien nach Metaphern-Gruppen ordnete und vorstellte. Morgan legte dar, dass die den Modellen jeweils zugrunde liegenden Metaphern entscheidenden Einfluss auf die wissenschaftliche Arbeit haben. Sie sind ein wichtiges Hilfsmittel und ermöglichen es, Organisationen differenziert zu betrachten, zu beschreiben und ihre Funktionalität zu begreifen (Morgan 1997, S. 15). Morgan beschreibt beispielsweise den Einfluss der Maschinen-Metapher auf die klassische Organisationstheorie oder den Einfluss biologischer Modelle (Organismus, Gehirn etc.) auf neuere Organisationstheorien. Es kann kein Zufall sein, dass sich hier kein Abschnitt über Netzwerk-Metaphern findet. Eine solche Auslassung wäre in einer ähnlichen Darstellung aus der jüngeren Zeit kaum vorstellbar. Vielmehr erschien Morgans Buch noch vor dem eigentlichen Boom der Netzwerkforschung.

Im Jahr 1990, also nur wenige Jahre später, veröffentlichte der Organisationswissenschaftler Walter W. Powell seine für die Netzwerktheorien wegweisende These, dass Netzwerke neben Märkten und Hierarchien als eine dritte, eigenständige (ökonomische) Organisationsform zu verstehen sind. Er wendete sich damit gegen ein bis dahin dominierendes dichotomes Modell von Markt versus Hierarchie. Powell definiert Netzwerke als eigenständige Organisationsform, die sich z. B. durch eine komplementäre und

kooperative Basis sowie einen mittleren Grad an Flexibilität und einen mittleren Grad an
Bindungen zwischen den Akteuren auszeichneten (Powell 1996, S. 224). Netzwerke werden dabei über strukturelle Besonderheiten definiert (Sydow und Windeler 2000; Powell
1996). Sie werden als Kooperationen zwischen relativ gleichrangigen Akteuren gesehen,
die aber über flüchtige Kontakte auf Märkten hinausgehen und dauerhaften und insti-
tutionalisierten Charakter annehmen können. Sie erlauben eine höhere Flexibilität als
Hierarchien und eine höhere Verbindlichkeit als Märkte. Netzwerkartige Organisationen
verfügen in hohem Maß über die Fähigkeit zur Selbstorganisation. Sie verknüpfen Akteure
über bestehende formale Organisationsgrenzen hinaus. Nur wenige Bindungen werden
formal verschriftlicht. Zentrale Ressource von Netzwerken ist Vertrauen, sie funktionieren
deshalb nur über das Prinzip der Gegenseitigkeit (Ripperger 2005; Bosshardt 2001). Für
eine funktionierende Netzwerkorganisation wird vorausgesetzt, dass die beteiligten Akteure ihre wirtschaftliche Beziehung auf einer Basis gemeinsamer Normen und Werte sowie
persönlicher Beziehungen aufbauen.

Zusätzlich zur Aktivierung der Ressource Vertrauen liegen der Entstehung von Netz-
werkorganisationen nach Powell zwei weitere Faktoren zu Grunde: erstens die Notwendigkeit von Wissensaneignung als zentrale Herausforderung in der modernen Wirtschaft
und Gesellschaft und zweitens das Bedürfnis nach (höherer) Geschwindigkeit (in der Ge-
schäftsabwicklung). Netzwerke wären grundsätzlich „leichtfüßiger" als Hierarchien und
würden sich deswegen unter den sich verändernden Rahmenbedingungen weiter ausbrei-
ten, prognostizierte Powell – ganz im Sinne von Castells Netzwerkmodell (Powell 1996,
S. 224, 255).

Powells Modell baute auf Überlegungen des Institutionenökonomen Oliver Williamson
auf, der schon Mitte der 1970er Jahre innerhalb seiner Hypothesen zu den institutionellen
Grundlagen moderner Unternehmen „entdeckte", dass es jenseits von Markt und Hierarchie noch hybride Organisationsformen als weitere Option zur Abwicklung ökonomischer
Transaktionsprozesse gibt (Williamson 1975). Williamsons Veröffentlichung lag damit
weit vor dem Boom der Netzwerk-Modelle, sodass er noch ohne den Netzwerk-Begriff
auskam und seine Forschungen und Theoriebildungen erst im Nachgang als grundlegend
hierfür reklamiert wurden. Williamson Werke gelten heute als wegweisend für den „Insti-
tutional Turn" innerhalb der Wirtschaftswissenschaften.

Die Neue Institutionenökonomik geht grundsätzlich davon aus, dass jede Form von
Transaktion mit Kosten verbunden ist und diese Kosten stark von konkreten institutionel-
len Arrangements beeinflusst werden. Unter Transaktionskosten fasst man in der Regel alle
Formen von Informations- und Kontrollkosten im wirtschaftlichen Prozess zusammen.
Während die Neoklassik solche Kosten grundsätzlich ausblendete, in ihren Modellen deshalb vom Wirtschaftsakteur als immer vollständig informierten und rational handelnden
Marktteilnehmer ausging und damit den Markt zur stets optimalen instituionellen Lösung
erklärte, geht die Institutionenökonomik hier einen grundsätzlich anderen Weg. Schon
die frühen Forschungen von Coase (1937) zur „Nature of the Firm" erkannte die Annahme solcher Transaktionskosten als Grundvoraussetzung für die Existenz von Wirtschaftsunternehmen. Wirtschaftsunternehmen sind nichts anderes als hierarchisch strukturierte

Organisationen, die mit dem Ziel gegründet und betrieben werden, wirtschaftliche Prozesse (transaktions-) kosteneffizient abzuwickeln. Der Blick auf die empirische Wirklichkeit in jeder Wirtschaftsordnung führt uns die große Zahl und Vielfalt von Unternehmensformen vor Augen, die einen Großteil unserer ökonomischen Transaktionen abwickeln. Jedes einzelne von ihnen existiert, weil Akteure entschieden haben, dass es für sie und ihre ökonomischen Absichten besser ist, hierfür eine feste, hierarchische Organisation zu gründen als jede einzelne Transaktionen über Märkte abzuwickeln (Richter und Furubotn 2010, S. 53–86; Voigt 2009, S. 78–97; Blum et al. 2005, S. 48–57). Ob die dahinterstehende Kalkulation in jedem Fall tatsächlich den Realitäten entspricht, müsste im Einzelfall überprüft werden. Für die Modellannahme reicht diese Hypothese aus.

Wenn wir bei Netzwerk-Unternehmen von einer zwischenbetrieblichen Organisationsform sprechen, dann ist diese grundsätzlich durch eine „mehr oder weniger stabile Zusammenarbeit von mehreren rechtlich unabhängigen Unternehmen ausgezeichnet. Netzwerke sind das Ergebnis von arbeitsteiliger Vergabe ökonomischer Aktivitäten innerhalb eines Systemverbundes, das die komplementären Fähigkeiten einzelner Unternehmen aufeinander abstimmt" (Staber 2000, S. 58). Wenn wir das Netzwerk-Unternehmen eher als eine Form innerbetrieblicher Organisation sehen, dann wird die rechtliche Abhängigkeiten der beteiligten Einheiten oder Akteure höher sein. Im Unterschied zu hierarchischen Organisationen werden die Akteure aber in Bezug auf die alltäglichen Kooperationen und Entscheidungsbefugnisse von starken Teilautonomien geprägt und sie agieren in einem System loser Kopplung.

Für Netzwerk-Unternehmen gilt aus institutionenökonomischer Perspektive, dass ihr institutionelles Arrangements Transaktionskostenvorteile sowohl gegenüber Märkten als auch gegenüber Hierarchien aufweisen. Im Unterschied zu Märkten besteht eine intensivere und langfristig angelegte Form der Zusammenarbeit, die die Informationskosten deutlich verringert. Gegenüber hierarchischen Arrangements können Netzwerk zu einem flexibleren System der Kontrolle führen. Risiken und hohe Kosten bzgl. einer zu langfristigen, formalvertraglichen Bindung und damit zu schwer veränderbaren Organisationsstrukturen können begrenzt werden.

In der Institutionenökonomik wird zwischen formgebundenen und formlosen Institutionen unterschieden. Die Gruppe der formgebundenen Institutionen umfasst alle schriftlich-vertraglich, gesetzlichen bzw. juristisch einklagbaren Vereinbarungen bzw. Regelungen. Dem steht der Bereich der formlosen Institutionen gegenüber, der als ein System von ungeschriebenen Normen und Werten, Sitten und Gebräuchen, allgemeiner als unternehmens- oder wirtschaftskulturelles System definiert wird (North 1991, S. 97, 1992, S. 43–64). Netzwerk-Unternehmen wären hier also eine Organisationsform mit einem hohen Anteil zwar formloser aber trotzdem verbindlicher Institutionen anzusehen. Gegenseitiges Vertrauen und ein gemeinsames Normen- und Wertesystem ermöglichen eine längerfristige Zusammenarbeit, ohne dass die eine oder andere Seite einen Missbrauch der hier gebotenen Freiheiten fürchten und damit auf ein formelleres Kontrollsystem setzen müsste. Einig ist sich die Vertrauensforschung, dass es sich bei der Ressource Vertrauen um ein sehr träges Produkt handelt, seine Herstellung mit einem zeitlichen Aufwand verbunden ist und nur unter Einsatz von sozialem Kapital gelingen kann (Hirsch-Kreinsen 2002, S. 113; Reinbacher 2009).

Vor diesem Hintergrund können Castells Thesen einer kritischen Bewertung unterzogen werden. Zunächst fällt auf, dass Castells Begrifflichkeit keineswegs einheitlich und immer konkret fassbar ist. Stattdessen bewegt er sich mit seinem Netzwerkmodell weitgehend auf einer metaphorischen Ebene, die bei den Lesern verschiedene Assoziationen und Interpretationen zulässt (Westermayer 2011). Wenn Castells davon ausgeht, dass die neue „Netzwerklogik" eine Art Konvergenz von technischen und gesellschaftlich-ökonomischen Phänomenen bedeutet, kann dieser Prognose aus institutionenökonomischer Hinsicht nur sehr vorsichtig gefolgt werden. So behauptet Castells: „Wenn Netzwerke sich ausdehnen, wird ihr Wachstum wegen der größeren Anzahl von Verbindungen exponentiell und der Nutzen aus der Teilhabe am Netzwerk ebenfalls, während die Kosten nur linear ansteigen" (Castells 2003, S. 76). Schreibt man solche Trends fort, würde es tatsächlich bedeuten, dass sich Netzwerk-Unternehmen zur dominanten Form der ökonomischen Organisationsform entwickeln und immer stärker die „traditionellen" Formen Märkte und Hierarchien verdrängen werden.

Richtig ist sicherlich die Beobachtung auf technischer Ebene. Gerade der Einsatz von modernen interaktiven Medien lässt Kommunikation und Informationsaustausch in deutlich größerem und zeitlich verdichtetem Umfang zu als in früheren Zeiten. Überträgt man diese aber auf die soziale Welt, dann sind maximal vorsichtige Prognosen möglich. Eine Ausweitung jeder Unternehmensform bedeutet zwangsweise einen Verlust von personeller Nähe und Interaktionshäufigkeit, eine Zunahme von Anonymität und damit den Verlust von Vertrauen. Die Qualität der Kommunikation leidet unter einer derart veränderten Situation, Transaktionskosten bzgl. der Informationsbeschaffung und -überprüfung würden zwangsweise ansteigen. Zumindest die Annahme, dass ein linearer Kostenanstieg von einem überlinearen Nutzenanstieg für die beteiligten Akteure verbunden ist, erscheint zumindest zweifelhaft und müsste einer empirischen Untersuchung unterzogen werden.

Schaut man nun auf die empirische Untermauerung bei Castells, so überzeugen die Verweise auf die ostasiatischen Industrie- und Schwellenländer wenig. Denn in der Herleitung des wirtschaftlichen Aufstiegs Taiwans, Koreas und Japans über den großen Einfluss von Unternehmensnetzwerken und Netzwerk-Unternehmen kann auf den Einflussfaktor der neuen Technologien weitgehend verzichtet werden. Ihr Aufstieg reicht in der Regel auf eine Zeitspanne deutlich vor dem Durchbruch des Internetzeitalters zurück. Auch die konkreten Netzwerkanalysen kommen weitgehend ohne Hinzuziehung der neuen Technologien aus. Castells selbst verweist auf traditionelle Regional- und Familienstrukturen, die auch in und über die industrielle Transformation des Wirtschaftssystem hinaus stabilisierende und dynamisierende Funktionen ausüben. Verallgemeinert man diese Beobachtung, dann wird damit die Neuartigkeit der Netzwerkwirtschaft generell in Frage gestellt. Die Netzwerkwirtschaft wird vielmehr als dauerhafter und bedeutender Bestandteil der meisten Volkswirtschaften, Wirtschaftskulturen und Epochen erkennbar (Berghoff und Sydow 2007). Selbst in den Blütezeiten des Konzern-Kapitalismus findet man vielfältige und keineswegs marginale Formen einer Netzwerkwirtschaft, sodass es empirisch äußerst

zweifelhaft erscheint, für die letzten 20–30 Jahre eine beispiellose Sonderentwicklung an-
zunehmen, hieraus einen Boom für die Gegenwart abzuleiten und in die Zukunft zu extra-
polieren. Selbst für die Kernbranche des Informationszeitalters, die IT-Industrie, fällt die
Diagnose keinesfalls eindeutig aus. Castells anerkennt Arbeiten wie die von Bennet Harrison, die keineswegs einen Trend von Konzern zum Kleinunternehmen feststellen, sondern
für die Schlüsselbranchen der Medien- und Kommunikationswirtschaft eine fortgesetzte
Dominanz hierarchischer Großstrukturen feststellt (Castells 2003, S. 177 f.; Harrison 1994,
S. 22). Was er für die 1990er Jahre beobachtete, kann man sicherlich auch für unsere heu-
tige Situation der Web 2.0-Welt fortschreiben: Internationale Großkonzerne wie Google,
IBM, Facebook, Microsoft oder Apple bestimmen die Märkte für IT-Infrastruktur, Soft-
ware und zentrale Internet-Dienstleistungen. In spezialisierten Märkten wie beispielswei-
se der Bereich Betriebs- und Wirtschafts-Software sind es Unternehmen wie SAP oder
Oracle. Selbst die Kernbereiche des Web 2.0 sind offenbar ohne hierarchisch-strukturierte
Unternehmen kaum denkbar.

4   Entscheidungsfaktoren Transaktionskosten und Spezifität

Jüngst war in der organisationswissenschaftlichen Literatur wieder vom „Ende der Organisationsgesellschaft" die Rede (Walgenbach 2011). Auch wenn in diesen Beiträgen das
Thema Netzwerk-Unternehmen und Netzwerkwirtschaft eine nur marginale Bedeutung
einnimmt, liegen die Kernfragen nahe an den hier vorgestellten Perspektiven zur Zukunft
der Unternehmensorganisation. Ausgangspunkt sind Thesen von Davis (2009), der für
die moderne Industriegesellschaft einen Wechsel weg von der klassischen managergeführ-
ten Unternehmung, also den hierarchisch aufgebauten Industriekonzern, und hin zu einer
Marktsteuerung, genauer durch die Kapitaleigner und die vermittelnden Finanzmärkte,
sieht. Letztlich steht dahinter die Annahme der Agenturtheorie, einer institutionenökonomischen Spielart, die das Unternehmen im Kern auf einen „Knotenpunkt von Verträgen"
zwischen allen beteiligten Individuen reduziert. Hier geht es um Gesellschafterverträge,
Verträge mit Kapitalgebern und Banken, die Arbeitsverträge mit Angestellten, Vertragsbindungen zu Zulieferern, Händlern, Kunden etc. (Walgenbach 2011, S. 424–428). Die
neoklassische Theorieannahme ist, dass Märkte, hier insbesondere Kapitalmärkte, die
grundsätzlich effektivste Institution für wirtschaftliche Transaktionen darstellen. Somit
wird hier ein normatives Modell des Shareholder-Value-Konzepts, also der Ausrichtung
des Unternehmenshandels auf die Eigentümerinteressen, vertreten. Im Kern der Agenturtheorie geht es um eine ökonomisch effektive Gestaltung aller Vertragsbindungen und hier
gewinnen Instrumente einer auf die Kapitaleigner ausgerichteten Marktsteuerung eine dominierende Bedeutung (Jensen und Meckling 1976).

   Auch in Davis Zeitdiagnose wird die Ablösung des klassisch hierarchisch aufgebau-
ten Wirtschaftsunternehmens durch eine neue dominante Institution der ökonomischen
Steuerung, nämlich durch marktförmige Institutionen, prognostiziert. Es ist hier kein
Platz zur Diskussion der berechtigten Skepsis und Gegenargumentation (Walgenbach

2011, S. 431–435). Festzuhalten bleibt, dass gerade auch in dieser Diskussion gute Argumente angeführt werden, warum auch die klassisch hierarchische Unternehmensorganisation gegenüber den Alternativen, seien es nun Netzwerke oder Märkte, weiterhin von zentraler Bedeutung sein wird.

Es wird Zeit, die am Transaktionskostenmodell orientierte Organisationslehre nach Entscheidungskriterien für die richtige Wahl eines institutionellen Arrangements zu befragen. Hierfür wird der Faktor der Spezifität einer Leistung oder eines Geschäfts eingeführt. Diese Unterscheidung geht zurück auf Arbeiten von Williamson (1990) und wurde bei Picot, Reichwald und Wigand weiter ausdifferenziert: „Der Spezifitätsgrad einer Transaktion ist um so höher, je größer der Wertverlust ist, der entsteht, wenn die zur Aufgabenerfüllung erforderlichen Ressourcen nicht in der angestrebten Verwendung eingesetzt, sondern ihrer nächstbesten Verwendung zugeführt werden" (Picot et al. 2003, S. 50). Dabei werden folgende Arten von Spezifität unterschieden:

1. Standortspezifische Investitionen (ortsgebundene Anlagen),
2. Spezifität des Sachkapitals (Maschinen und Technologien),
3. Spezifität des Humankapitals (spezifische Mitarbeiterqualifikationen),
4. Zweckgebundene Sachwerte (bei Wegfall der Transaktion würden Überkapazitäten entstehen) (Picot et al. 2003, S. 51).

Zu ergänzen wäre aus der hier vertretenen Perspektive eine fünfte Art, die soziokulturelle Spezifität, also die Bindung einer Transaktion an personelle Bindungen und kulturelle Prägungen bzw. Gegebenheiten.

Grundsätzlich lässt sich zwischen fixen und variablen Transaktionskosten unterscheiden. Unabhängig vom Spezifitätsgrad gilt, dass Hierarchien die höchsten fixen Transaktionskosten haben, das sind vor allem Kosten für den Verwaltungs- und Managementapparat. Hierarchische Organisationsformen stellen aber viele Anreiz- und Kontrollmechanismen zur Verfügung, die besonders die Durchführung spezifischer Transaktionen erleichtern. Bei Marktinstitutionen gilt umgekehrt die Annahme geringer Fixkosten, da vertragliche Bindungen fehlen. Die variablen Transaktionskosten sind aber wiederum sehr hoch, wenn hohe Spezifität herrscht. In solchen Situationen entstehen auf Märkten hohe Kosten bzgl. der Auswahl von Vertragspartnern, Vereinbarungen und deren Kontrolle. Für Netzwerk-Unternehmen liegt die Mischung von fixen und variablen Transaktionskosten dazwischen. Fixe Kosten sind niedriger als bei Hierarchien und höher als auf reinen Märkten. Variable Kosten können niedriger ausfallen als bei Marktlösungen, sie liegen aber üblicherweise höher als in festen Hierarchien (Picot et al. 2003, S. 54 f.).

Daraus lässt sich ableiten, dass für Leistungen und Geschäfte mit geringer Spezifität eher Märkte und für Situationen mit hoher Spezifität Hierarchien die effizienteren Lösungen darstellen. Für die breiten Aufgaben mittlerer Spezifität können also unter Umständen Netzwerke die kostengünstigeren Lösungen darstellen. Diese Faustformel der Transaktionskostenökonomik ist aber weiterhin recht abstrakt, da die Bestimmung der jeweiligen Spezifität ähnlich schwierig sein kann wie eine konkrete Messung von Transaktionskosten.

Für den zunehmenden Einfluss der modernen Informations- und Kommunikations-technologie können deshalb Hypothesen in verschiedene Richtungen abgeleitet werden. Auf der einen Seite stehen Annahmen, die in Richtung Castells führen (Picot et al. 2003, S. 71). So wird mit der „Move-to-the-Market-Hypothese" argumentiert, dass die neuen Technologien dazu führen, dass die Markttransparenz zunimmt, der Wettbewerb beflü-gelt und damit eine stärkere Arbeitsteilung ermöglicht wird. In diese Richtung weist auch die Annahme von Standardisierung und Automatisierung in den Geschäftsprozessen. Dadurch könnten Unternehmensaufgaben an Netzwerke oder Märkte abgegeben werden. Zusätzlich würden die neuen Kommunikationstechnologien einen weltweiten Zugang zu Kunden ermöglichen und damit Markteintrittsbarrieren absenken, was ebenfalls die Transaktionskosten für Märkte und Netzwerke mindert.

Auf der anderen Seite stehen aber Hypothesen, die für eine (Re-) Hierarchisierung der Transaktionen sprechen (Demsetz 1988; Picot et al. 2003, S. 72 f.): So wird argumentiert, dass die neuen Informations- und Kommunikationstechniken dazu führen, dass der In-formationsanteil in vielen Produkten und damit auch deren Spezifität steigt. Das begüns-tigt Skaleneffekte in der Produktion und damit arbeitsteilige Hierarchien. Zusätzlich wird angeführt, dass die Move-to-the-Market-Hypothese sich immer nur auf klar und explizit geäußerte Informationen bezieht, während der ganze Bereich des impliziten Wissens aus-geblendet bleibt. Bezieht man diesen Bereich in die Transaktionskostenanalyse mit ein, erhöht sich in vielerlei Hinsicht die Spezifität von Leistungen und Prozessen, sodass der Vorteil eher auf der Seite der Hierarchien liegt. Schließlich darf man nicht übersehen, dass durch die stärkere Kommunikations- und Informationsvernetzung unternehmens-übergreifende Steuersysteme für Wertschöpfungsketten entstehen. Damit könnten hierar-chische Mechanismen ausgeweitet und an die Stelle von Markt- und Netzwerksteuerung treten. Schon für die klassische Zeit der Industriellen Revolution gilt die Beobachtung, dass neue Informationsmedien zu sinkenden Transaktionskosten bzgl. einer räumlich ver-teilten Unternehmung führten. Außerdem wurde das Management in seiner Fähigkeit zur Informationsverarbeitung und Kontrolle gestärkt.

Diese Überlegungen zur Veränderung der Transaktionskostenstruktur infolge der neu-en Informations- und Kommunikationstechnologien und zur damit einhergehenden Ver-änderung in der Spezifität von Leistungen und Güter liefert also keinen eindeutigen Trend. Im Ergebnis der bisherigen Diskussion gibt es weiterhin gute Argumente, die gegen das Verschwinden der klassischen Hierarchie-Unternehmen und deren Ablösung durch Netz-werk-Unternehmen sprechen. Stattdessen wird man wohl zum jetzigen Stand von einem Weiterbestand eines bunten Nebeneinanders von hierarchischen, netzwerk- und markt-förmigen Unternehmensorganisationen ausgehen dürfen.

5   Netzwerk-Unternehmen in der Kreditwirtschaft

Als Branchenbeispiel soll hier ein Blick auf die Finanz- und Kreditwirtschaft geworfen wer-den. Gibt es Entwicklungen und Veränderungen der Branche infolge des technologischen Wandels? Haben sich hier Veränderungen oder Verschiebungen bezüglich der Unternehmensorganisation ergeben? Das Banksystem in der Bundesrepublik gehört sicherlich zu den klassischen Sinnbildern für den hierarchisch und arbeitsteilig organisierten Dienstleistungsbereich. Großbanken wie die Deutsche Bank, die Commerzbank oder die großen Landesbanken gehören zu den wichtigsten Großunternehmen hierzulande, die mit ihrem Finanzvolumen eine wichtige Säule der gesamten Volkswirtschaft darstellen. Traditionell gibt es aber auch ein breites, dezentral organisiertes und engmaschiges Bank- und Filialsystem, das wie ein Netzwerk das gesamte Land überzieht. Institutionell wird dieses Mischsystem aus Groß- und Kleininstituten von den drei Säulen der deutschen Kreditwirtschaft getragen: erstens den privaten Geschäftsbanken, zweitens den öffentlich-rechtlichen Instituten (v. a. kommunale Sparkassen) und drittens dem Bereich der Genossenschaftsbanken (vor allem die Volks- und Raiffeisenbanken). Außerhalb der großen Zentren dominieren öffentlich-rechtliche und genossenschaftliche Institute das Finanz- und Kreditgeschäft.

In Hinblick auf unser Interesse an Netzwerk-Unternehmen fällt zunächst auf, dass mit den Genossenschaftsbanken seit den Gründungsjahren des modernen Bankensystems im 19. Jahrhundert eine wichtige Säule existiert, die als eine Form von Netzwerkorganisation beschrieben werden kann (Greve 2001). Sie funktionieren seitdem als freiwilliger, zumeist regional-lokaler Zusammenschluss von Bürgern sowie klein- und mittelständischen Unternehmern mit dem Zwecke der gegenseitigen Selbsthilfe. In ihren Strukturen bündeln sie moderne, arbeitsteilige Strukturen eines professionellen Bankbetriebs mit einem auf die Bedürfnisse der Mitglieder ausgerichteten Geschäftsmodell. Eine wichtige Ressource ist hier die regionale Verankerung im sozialen und ökonomischen Nahraum und die Fähigkeit zur Aktivierung der Ressource Vertrauen zwischen Genossenschaft und Mitgliedern.

Die Kreditwirtschaft gehörte zu den Branchen, die bei der Einführung moderner elektronischer und später digitaler Informations- und Kommunikationsbranchen voneweg gingen und wichtige Schritte auf dem Weg der Automatisierung, der Standardisierung und Rationalisierung des Büro- und Verwaltungswesens vor anderen umsetzten. Banken und Versicherungen gehörten zu den ersten Anwendern kommerzieller Computersysteme ab den 1960er Jahren und sie waren auch als eine der ersten mit dabei, als es ab den 1980er und 1990er Jahren darum ging, über die neue digitalen Technologien eine Fernvernetzung mit den Kunden herzustellen. Zunächst waren es BTX-basierte und schließlich internetgestützte Systeme (Online-Banking), die hier das Verhältnis von Kunden und Geldinstituten auf eine neue, dezentrale Basis stellte. Insofern kann man zweifellos davon ausgehen, dass die modernen digitalen Informations- und Kommunikationstechnologien weitreichende Auswirkungen auf die Arbeitsweise in der Kreditwirtschaft hatten. Es stellt sich aber die Frage, inwieweit hier nicht nur der Marketing-, Vertriebs- und Serviceweg zum Kunden, sondern auch das Kerngeschäft und damit die innere Organisationsstruktur der Institute betroffen waren. Trug dieser technische Wandel zur Entstehung neuer Geschäftsmodelle des Anlagen- und Kreditgeschäfts bei? Inwiefern sind hier für die nähere Zukunft Strukturen zu erwarten, die das klassische Unternehmensmodell der Banken in Frage stellen?

Tatsächlich gab und gibt es Prognosen, dass sich unter den neuen Bedingungen der Netzwerkgesellschaft die Kreditwirtschaft mittelfristig organisatorisch und strukturell verändern wird. Die traditionelle Dominanz von großen Universalbanken wurde schon kurz nach Beginn der Internet-Revolution in Frage gestellt (Miller 1998). Als Ableitung aus der Move-to-the-Market-Hypothese wurde in den späten 1990er Jahren vermutet, dass zukünftig viele ehemals vertikal integrierte Aktivitäten der klassischen Universalbanken „nun effizienter über marktnahe Organisationsformen koordiniert [werden würden]" (Siekmann und Solf 2001, S. 91). Damit wäre – so die Annahme aus der Zeit der New Economy – eine Auflösung und Neustrukturierung der bisherigen Wertschöpfungsketten verbunden. Argumentiert wurde hier mit einer reduzierten Spezifität bestimmter Dienstleistungen, wie Transaktionsdienste und Brokerage, was eine Abgabe dieser Bereiche über den Markt oder in netzwerkartige Kooperationen mit spezialisierten Kooperationspartnern ermöglichte. Immerhin wurden von den gleichen Autoren andere, beratungsintensivere Geschäftsbereiche als so spezifisch eingeschätzt, dass diese auch unter den neuen technischen Bedingungen hierarchisch-integriert angeboten würden.

Eine der sich hieraus ergebenden Prognosen war nicht nur das Aufblühen von Spezialisten wie Internet-Banken, sondern auch das Entstehen ganz neuer Formen von Finanzunternehmen. Hierzu gehören vor allem neue Formen virtueller Finanzgemeinschaften und Web 2.0-basierter Plattformen für Kreditvermittlungen, die teilweise unter dem Schlagwort des Social Banking diskutiert, teilweise auch unter den Begriffen Social-Lending oder Peer-to-Peer-Lending zusammengefasst werden. Im weiteren Text wird der Begriff des Social Lending benutzt. Tatsächlich können in jüngster Zeit diese neuen Akteure der Kreditwirtschaft in verschiedenen Ländern beobachtet werden. Vorreiter sind hier die angelsächsischen Länder, was wesentlich mit der geringeren Regulierungsdichte im Finanzsektor zusammenhängt. So wurden Online-Kreditauktionen gegründet, auf denen Kredite direkt zwischen Privatpersonen vermittelt werden. Bekannte Namen sind hier die Anbieter Prosper.com, Lending Club oder Zopa. Außerdem gibt es auch Mikrofinanzplattformen, die als Mischformen von Kredit- und Spendengeschäften organisiert werden (z. B. Betterplace.org). Professionelle Banken bleiben hier außen vor. Genauso existieren weitgehend internetbasierte Anbieter, die Kredite auch verstärkt an Unternehmen oder Non-Profit-Organisationen vergeben. Schließlich entstanden auch spezialisierte Kreditplattformen für einzelne Zielgruppen (z. B. Bildungs- und Konsumentenkredite). Gemeinsam ist dieser neuen Generation von Finanzdienstleistern, dass sie an den Gestaltungsprinzipien dezentral gesteuerter Internet-Communities anknüpfen und hier auf eine interaktive Einbindung der Kunden mit Hilfe von Web 2.0-Technologien setzt (Lochmaier 2010). Auf den hierarchisch organisierten Kontroll- und Informationsapparat von Banken und damit einhergehende Prüf- und Qualitätssicherungsfunktionen verzichten sie.

Tatsächlich kommen diese Social-Banking-Modelle den beschriebenen Organisationsprinzipien der Netzwerk-Unternehmen sehr nahe. Sie nutzen die neuen Informationsmedien für eine erweiterte Informationstransparenz, sie setzen hier auf die Ressource Vertrauen zwischen Anbieter und Nachfrager von Krediten und können so auf erweiterte Kontroll- und Sanktionsmechanismen verzichten. Populäre Titel sehen hier die Vorboten einer netzwerkbasierten „Finanzdemokratie 2.0". Festzuhalten bleibt allerdings auch, dass es einen großen Graubereich von Privatkrediten gibt, also die direkte Vergabe von Krediten zwischen Bürgern und (Klein-) Unternehmern ohne Hinzuziehung eines Finanzmediators. Dieser Bereich war schon bislang schwer in Zahlen zu fassen, er funktionierte aber auch ohne die moderne Internet-Technologie.

Die Probleme dieser neuen Netzwerk-Unternehmen sind offenkundig. Die Ressource Vertrauen stößt in der weitgehend anonymisierten Umwelt des Internets schnell an ihre Grenze. Die recht attraktiven Zinskonditionen können nicht überdecken, dass faktisch das komplette Kreditausfallrisiko auf die Geldgeber verlagert wird. Im Unterschied zu regionalen und sozial eingebundenen Mikrokreditsystemen, in denen die beteiligten Personen sich tatsächlich kennen, ihre Kreditnehmer und deren Geschäftsmodelle einschätzen können und im Zweifel in den Gemeinschaften auch informelle Sanktionsmechanismen greifen, funktionieren die Online-Systeme anders. Da sich dort auch nicht wenige Schwarze Schafe tummeln, ist das Ausfallrisiko tatsächlich hoch. Von der US-amerikanischen Plattform Prosper.com sind Ausfallraten von über 25 % dokumentiert (Lochmaier 2010, S. 54 f.), sodass sich derartige Geschäfte sicherlich nicht als Strategie für risikoaverse Anleger anbietet. Die Regulierung schreitet im Bereich Social Lending nur langsam voran, sodass der Sektor weiterhin in einem rechtlichen Graubereich verbleibt. Bis heute stellt Social Lending ein Nischenphänomen dar und es deutet vieles darauf hin, dass es dies bleiben und auch mittelfristig keine echte Alternative zur gesetzlich stark regulierten und hierarchisch organisierten Bank darstellen wird. Optimistische Prognosen rechnen mit einem weltweiten Marktvolumen von rund 5 Mrd. US-$ bis 2013. Zum Vergleich entspricht das dem Kreditvolumen einer einzigen größeren regionalen Sparkasse in Deutschland.[2]

Gerade die weltweite Finanzkrise, insbesondere die am Anfang stehende Subprime-Krise 2007/2008, hat der Öffentlichkeit vor Augen geführt, dass das Geschäft mit scheinbar standardisierten Finanzprodukten erhebliche und letztlich unkalkulierbare Risiken birgt. Seitdem hat es auf den Finanzmärkten erhebliche Instabilitäten gegeben, die alles in allem keinen Vertrauensbeweis in die Funktionstüchtigkeit und Krisensicherheit der internationalen Kreditwirtschaft darstellten. Gewinner der Krise waren zweifellos Banken, die sich auf das traditionelle Kreditgeschäft konzentriert und dabei auf explizit renditemaximierende Geschäftsstrategien verzichtet haben. Hierzu gehören sicherlich die genossenschaftlichen Banken, aber auch die Sparkassen, die zwar für große Verluste der ihnen zugehörigen Landesbanken mit in die Verantwortung gezogen wurden, die aber in ihrem regionalen Kundengeschäft stabile Zahlen vorweisen und damit viele Neukunden gewinnen konnten. Das traditionelle Hausbanksystem, also eine regional und sozial eingebundene Bank-Kunde-Beziehung sowie eine langfristig ausgelegte Anlage- und Kreditstrategie, hat sich hier als krisenresistent erwiesen (Then Bergh und Müller 2010). Dieses funktioniert als eine Mischung aus hierarchischer und professioneller Organisation und sozial-regionaler Netzwerkstruktur. Diese Form von Netzwerk-Unternehmen existiert aber schon seit den Anfängen der Industrialisierung, sie funktionierte ohne explizite Einbindung digitaler Technologien sie wurden durch den technologischen Wandel auch nicht grundsätzlich verändert.

---

[2] Zum Vergleich: Die Sparkasse Ravensburg verbuchte im Geschäftsjahr 2010 ein Kreditvolumen von 3,23 Mrd. €, das sind ungefähr 4,1 Mrd. US-$ (Stand Ende 2011).

6   Schluss

Ausgangspunkt der Überlegungen zur Entwicklung unternehmerischer Organisationsformen im 21. Jahrhundert war die Internet-Revolution und die damit einhergehenden
Veränderungen für Technologie, Wirtschaft und Gesellschaft. Im populären Werk Manuel Castells wurde damit die Vision einer neuen Netzwerkgesellschaft verbunden. Für die
Wirtschaft verband er dieses neue Paradigma mit dem Aufstieg von Netzwerk-Unternehmen als eine neue Form von Unternehmensorganisation. Trotz der großen Resonanz auf
Castells Prognosen musste festgehalten werden, dass sein Konzept analytisch schwierig zu
fassen ist und mit dem Netzwerk-Begriff relativ vage in einem metaphorischen Raum ope-
riert. Dies passte in den Zeitgeist der Internet-Euphorie, der mit den neuen Möglichkeiten
des Internets zumeist positive und gesellschaftlich-emanzipatorische Entwicklungen verband.

Die These vom Erfolgsmodell Netzwerk-Unternehmen war deshalb zunächst im zweiten Schritt mit einem institutionenökonomischen Analysemodell zu hinterlegen. Denn
Netzwerke existieren innerhalb der Organisationsforschung seit rund 30 Jahren als eigenständige Organisationsform. Ihnen werden als institutionelle Arrangements spezifische
Eigenschaften zugeschrieben, die sowohl von Hierarchien auf der einen Seite als auch von
Märkten auf der anderen Seite so nicht geleistet werden können. Alle drei Grundarten haben ihre Berechtigung im wirtschaftlichen Prozess und der Blick in die empirische Wirklichkeit zeigt sie in bunter Vielfalt und Dynamik nebeneinander. Die Organisations- und
die Wirtschaftswissenschaften sind jeweils aufgerufen, die genauen Rahmenbedingungen
zu erkunden, unter denen sie ihre spezifischen Eigenschaften am besten ausspielen können. Hierfür erwies sich die Transaktionskostenanalyse als sehr hilfreich. Insbesondere in
der weiteren Diskussion in Kap. 4 konnte mit der Spezifität von Leistungen und Gütern
eine wichtige Kategorie eingeführt werden, die als Erklärungsmodell in den Analysen eingesetzt werden kann.

Es zeigte sich aber auch, dass bezüglich des Einflusses der neuen Informations- und
Kommunikationstechnologien keine eindeutige Ableitung vorgenommen werden konnte.
Es ließen sich sowohl Argumentationen für und wider eines organisatorischen Wandels
weg vom hierarchischen und hin zum Netzwerk-Unternehmen finden. Insofern spricht
einiges für die Notwendigkeit funktions-, situations- und branchenspezifischer Analysen.
Das letzte Kapitel warf deswegen ein Blick auf die Finanz- und Kreditwirtschaft. Hier wurde die Diskussion um neue Formen von Finanzdienstleistern im Bereich Social Lending
dargestellt. Diese neuen Finanzplattformen stellen eine Umsetzung der technischen Möglichkeiten der digitalen Medien auf neue Organisations- und Geschäftsmodelle der Kreditwirtschaft dar. In der Branchenpraxis zeigt sich aber auch, dass sie sich weitgehend auf
Nischenbereiche beschränken und noch keine dynamische Ausbreitung zu beobachten ist.
Das liegt sicherlich auch an der Finanzkrise seit 2007, die wohl klar die Schwächen der
aktuellen Kreditwirtschaft offengelegt hat. Der Bereich Social Lending hat sich aber nicht
als die reale Alternative hierzu anbieten können, sondern der Trend im klassischen An-
lage- und Kreditgeschäft ging eher in Richtung regional- und sozial eingebundenes Haus-

bankmodell. Gerade der genossenschaftliche Sektor weist hier einige Eigenschaften von Netzwerk-Unternehmen aus; der Erfolg ihres Organisationsmodells ist aber nicht Folge der Internet-Revolution, sondern war schon Grundlage ihres Aufstiegs seit dem 19. Jahrhundert.

Literatur

Barkhoff J, Böhme H, Riou J (2004) Netzwerke. Eine Kulturtechnik der Moderne. Böhlau, Köln

Berghoff H, Sydow J (2007) Unternehmerische Netzwerke. Eine historische Organisationsform mit Zukunft? Kohlhammer, Stuttgart

Blum U et al (2005) Angewandte Institutionenökonomik. Theorie – Modelle – Evidenz. Gabler, Wiesbaden

Bosshardt C (2001) Homo Confidens. Eine Untersuchung des Vertrauensphänomens aus soziologischer und ökonomischer Perspektive. Lang, Bern

Capra F (1987) Das neue Denken. Aufbruch zum neuen Bewusstsein. Scherz, Bern

Castells M (2003) Der Aufstieg der Netzwerkgesellschaft: Teil 1 der Trilogie: Das Informationszeitalter. Leske & Budrich, Opladen

Coase R (1937) The nature of the firm. Economica 4:386–405

Davis GF (2009) The rise and fall of finance and the end of the society of organizations. Acad Manag Perspect 23(3):27–44

Deiß M, Döhl V (1992) Vernetzte Produktion. Automobilzulieferer zwischen Kontrolle und Autonomie; mit Beiträgen zu Entwicklungen in Deutschland, Frankreich, Großbritannien, Italien, Japan und Schweden. Campus, Frankfurt a. M.

Demsetz H (1988) The theory of the firm revisited. J Law Econ Organ 4(1):141–161

Evans P, Wurster T (2000) Web Att@ck. Strategien für die Internet-Revolution. Hanser, München

Fröhlich G (1996) Netz-Euphorien. Zur Kritik der digitalen und sozialen Netz(werk)metaphern. In: Schramm A (Hrsg) Philosophie in Österreich. Hölder-Pichler-Tempsky, Wien, S 292–306

Giovannetti E et al (2003) The internet revolution. A global perspective. Cambridge University Press, Cambridge

Greve R (2001) Genossenschaften: Entwicklung und Bedeutung. In: Zimmer A, Weißfels B (Hrsg) Verbände und Demokratie in Deutschland. Leske & Budrich, Opladen, S 107–131

Harrison B (1994) Lean and mean. The changing landscape of corporate power in the age of flexibility. Basic Books, New York

Hirsch-Kreinsen H (2002) Unternehmensnetzwerke revisited. Z Soziol 31(2):106–124

Jensen MC, Meckling WF (1976) Theory of the firm: managerial behavior, agency costs, and ownership structure. J Financ Econ 3(4):305–360

Kaufmann S (2004) Netzwerk. In: Bröckling U, Krasmann S, Lemke T (Hrsg) Glossar der Gegenwart. Suhrkamp, Frankfurt a. M., S 182–189

Kelly K (1995) Out of control. The rise of neo-biological civilization. Perseus, Menlo Park

Kieser A, Walgenbach P (2010) Organisation, 6. Aufl. Schäffer-Poeschel, Stuttgart

Lochmaier L (2010) Die Bank sind wir: Chancen und Perspektiven von Social Banking. Heise, Hannover

Lovelock J (1987) Gaia. A new look at life on earth. Oxford University Press, Oxford

Malone T, Laubacher R (1999) Vernetzt, klein und flexibel – die Firma des 21. Jahrhunderts. Harv Bus Manag 21(2):28–36

Miller G (1998) The obsolescence of commercial banking. J Inst Theor Econ 154(1):61–77

Morgan G (1997) Bilder der Organisation. Klett-Cotta, Stuttgart

North D (1991) Institutions. J Econ Perform 5:97–112

North D (1992) Institutionen, institutioneller Wandel und Wirtschaftsleistung. Mohr Siebeck, Tübingen

Picot A, Reichenwald R, Wigand RT (2003) Die grenzenlose Unternehmung. Information, Organisation und Management. Lehrbuch zur Unternehmensführung im Informationszeitalter, 5. Aufl. Gabler, Wiesbaden

Powell W (1996) Weder Markt noch Hierarchie: Netzwerkartige Organisationsformen. In: Kenis P, Schneider V (Hrsg) Netzwerk und Organisation. Institutionelle Steuerung in Wirtschaft und Politik. Campus, Frankfurt a. M., S 213–271

Reinbacher P (2009) Soziales Kapital in Wissensgesellschaft und Wissensmanagement. Wissensmanagement 10(3):48–51

Richter R, Furubotn E (2010) Neue Institutionenökonomik. Eine Einführung und kritische Würdigung, 4. Aufl. Mohr Siebeck, Tübingen

Rifkin J (2001) Das Ende der Arbeit und ihre Zukunft. Fischer, Frankfurt a. M.

Ripperger T (2005) Ökonomik des Vertrauens. Analyse eines Organisationsprinzips, 2. Aufl. Mohr Siebeck, Tübingen

Schüttpelz E (2007) Ein absoluter Begriff: Zur Genealogie und Karriere des Netzwerkkonzepts. In: Kaufmann S (Hrsg) Vernetzte Steuerung. Chronos, Zürich, S 25–46

Siekmann M, Solf M (2001) Die Rolle traditioneller Finanzintermediäre in der Netzwerkgesellschaft – Bedarf es einer Neudefinition? Z Gesamte Kreditwes 54(2):86–92

Staber U (2000) Steuerung von Unternehmensnetzwerken: Organisationstheoretische Perspektiven und soziale Mechanismen. In: Sydow J, Windeler A (Hrsg) Steuerung von Netzwerken. Konzepte und Praktiken. Westdeutscher, Opladen, S 58–87

Sydow J, Windeler A (2000) Steuerung von und in Netzwerken – Perspektiven, Konzepte, vor allem aber offene Fragen. In: Sydow J, Windeler A (Hrsg) Steuerung von Netzwerken. Konzepte und Praktiken. Westdeutscher, Opladen, S 1–24

Then Bergh F, Müller A (2010) Kredit bedeutet Vertrauen – Vertrauen bedeutet Kredit. Bank und Markt. Z Retailbank 39(9):36–39

Voigt S (2009) Institutionenökonomik, 2. Aufl. Fink, Paderborn

Walgenbach P (2011) Das Ende der Organisationsgesellschaft und die Wiederentdeckung der Organisation. Betriebswirtschaft 71(5):419–438

Westermayer T (2011) Der Netzwerkbegriff in M. Castells „Der Aufstieg der Netzwerkgesellschaft". http://www.till-westermayer.de/uni/tw-castells-essay.pdf. Zugegriffen: 10. Dez. 2011

Williamson O (1975) Markets and Hierarchies: analysis and antitrust implications. A Study in the Economics of International Organization. Free Press, New York

Williamson O (1990) Die ökonomischen Institutionen des Kapitalismus. Mohr Siebeck, Tübingen

Wischermann C, Nieberding A (2004) Die Institutionelle Revolution. Eine Einführung in die deutsche Wirtschaftsgeschichte des 19. und frühen 20. Jahrhunderts. Franz Steiner, Stuttgart

Wolf W (2000) Das Netzwerk als Signatur der Epoche? Anmerkungen zu einigen neueren Beiträgen zur soziologischen Gegenwartsdiagnose. Arbeit 9(2):95–104

Strategische Positionierung auf Informations- und Medienmärkten

Frank Linde

Zusammenfassung

Information hat als Wirtschaftssektor in den letzten Jahrzehnten immer weiter an Bedeutung gewonnen. Vier ökonomische Besonderheiten (First-Copy-Costs, Informationsasymmetrien, Netzwerkeffekte, Öffentliches Gut) von Informationsgütern werden vorgestellt, um die spezielle Funktionsweise von Informationsmärkten näher zu charakterisieren. Zu ihrer Analyse wird das Wertnetz von Nalebuff/Brandenburger als besonders geeignet angesehen. Es geht über Porters Five Forces hinaus, weil es die kooperativen Elemente von Marktbeziehungen explizit berücksichtigt. Informationsanbietern stehen sieben so genannte strategische Variablen zur Verfügung, die ihren Markterfolg beeinflussen. Es sind: Timing des Markteintritts, Preisgestaltung, Kompatibilitätsmanagement, Standardisierung, Komplementenmanagement, Kopierschutz-Management, Signalisierung und Lock-in-Management. Dieses Variablenset wird hergeleitet, in einem Strategiemodell zusammengeführt und von einem Fallbeispiel begleitet.

Inhaltsverzeichnis

F. Linde (✉)
FH Köln, Claudiusstr. 1, 50678, Köln, Deutschland
E-Mail: frank.linde@fh-koeln.de

G. Lembke, N. Soyez (Hrsg.), *Digitale Medien im Unternehmen,*
DOI 10.1007/978-3-642-29906-3_3, © Springer-Verlag Berlin Heidelberg 2012

1 Einleitung

Auf Märkten treffen sich Anbieter und Nachfrager zum Tausch von Gütern gegen Geld. Auf Informationsmärkten werden spezielle Güter gehandelt, nämlich Informationsgüter. Das können so verschiedene Dinge wie Filme, Musik, Softwareprogramme, Spiele oder auch (elektronische) Bücher sein. Informationsgüter unterscheiden sich sehr stark von herkömmlichen Gütern unter anderem, weil sie in zunehmendem Maße digital vorliegen.

Information ist in den vergangenen Jahren zu einem immer wichtigeren Element unseres Wirtschaftens geworden. Trotz seiner steigenden Bedeutung hinkt die wissenschaftliche Auseinandersetzung mit diesem bedeutenden Wirtschaftsfaktor deutlich hinterher. Es ist noch lange kein Allgemeinplatz, dass sich Informationsgüter nicht auf die gleiche Art und Weise erstellen und anbieten lassen wie es für die uns schon lange vertrauten physischen Güter der Fall ist. Es ist eben nicht das Gleiche, ob man einen Bleistift oder eine Information, z. B. über die Marktstellung eines Unternehmens, kauft. Aus einer ökonomischen Perspektive lassen sich vier verschiedene Aspekte identifizieren, die für diese Unterschiede ursächlich sind und dazu führen, dass Anbieter von Informationsgütern anders am Markt agieren müssen.

Wie auf allen Märkten, ist es auch für Informationsanbieter – im „I-Commerce" – von großer Wichtigkeit, sich Wettbewerbsvorteile zu verschaffen. Für die Darstellung der strategischen Positionierung und der Handlungsoptionen von Informationsanbietern sind drei Aspekte von zentraler Bedeutung: Neben den ökonomischen Besonderheiten (Mechanismen), die in Verbindung mit Informationsgütern auftreten, sind es das Wertnetz (Stakeholderkonfiguration) sowie die spezifischen strategischen Variablen, die Informationsanbieter zur Erreichung von Wettbewerbsvorteilen einsetzen können.

Dieses Kapitel gliedert sich folgendermaßen: Als erstes wird genauer bestimmt, was Informationsgüter sind und in welchen Zusammenhang sie zum Medium stehen. Im darauf folgenden Abschnitt wird die wirtschaftliche Bedeutung von Informationsmärkten herausgestellt. Danach wird erläutert, welche vier ökonomischen Besonderheiten Informationsgüter kennzeichnen. Anschließend wird, ausgehend von Porter, das Wertnetz als ein für Informationsgüter geeignetes Instrument der Branchenstrukturanalyse vorgestellt. Darauf folgt die Herleitung der sieben für Informationsanbieter zentralen strategischen Variablen und deren Integration in ein Strategiemodell für Informationsanbieter. In diesem Modell werden dann die bestehenden Wechselwirkungen näher erläutert. Ein ausführliches Fallbeispiel aus dem Markt für digitale Bilder schließt das Kapitel ab.

2 Ökonomische Besonderheiten von Informationsgütern

2.1 Informationsgüter

Was sind nun Informationsgüter? Eine sehr breite Definition geben Shapiro und Varian (2003, S. 49), die als Informationsgut alles bezeichnen, was sich digitalisieren lässt. Erfassen lassen sich damit Fußballergebnisse, Bücher, Filme, Musik, Aktienkurse oder auch Gespräche. So eingängig diese Definition auf den ersten Blick ist, birgt sie doch eine gewisse Problematik, denn als digitalisierbar könnte man – auf den ersten Blick – auch physische Gegenstände bezeichnen, wie eine Banane oder einen Tennisschläger. Sie wären nach dieser Definition dann auch Informationsgüter. Gemeint ist von Shapiro und Varian offensichtlich nicht der digitalisierbare Gegenstand, sondern das Digitalisierte selbst, das Digitalisat. Informationsgüter können bei physischen Gegenständen logischerweise also immer nur deren digitalisierte Reproduktionen sein. Etwas präziser gefasst, muss man also definieren (Linde und Stock 2011, S. 22):

▶　　Ein Informationsgut ist alles, was in digitaler Form vorliegt oder vorliegen könnte und von Wirtschaftssubjekten als nützlich vermutet wird.

Um zu betonen, dass es sich um ein Gut handelt, muss zusätzlich der Aspekt der Nützlichkeit betont werden, die der potenzielle Konsument vermutet. Sie ist in zweierlei Hinsicht bedeutsam: Der Empfänger hofft darauf, dass er kognitiv zur Verarbeitung der Informationen in der Lage sein wird und dass die Informationen ihm darüber hinausgehend auch nützlich zur Befriedigung seiner Bedürfnisse sein werden. Wenn sich z. B. jemand Unternehmensdaten eines chinesischen Unternehmens kauft und dann feststellt, dass er sie nicht verarbeiten kann, weil sie in der Landessprache verfasst sind und er – nach erfolgter Übersetzung – auch noch erfahren muss, dass er die Zahlen schon aus anderer Quelle erhalten hatte, wird die Vermutung der Nützlichkeit doppelt enttäuscht.

Ein Nicht-Gut (engl. „Bad") wäre in diesem Sinne z. B. unerwünschte Fernsehwerbung. Es kann zwar digital vorliegen, stiftet einem Empfänger aber keinen Nutzen, sondern belästigt ihn. Für einen anderen Empfänger mag es anders sein und er genießt die Werbung. Es lässt sich daraus erkennen, dass Informationsgüter für unterschiedliche Verbraucher einen jeweils unterschiedlichen Wert haben. Aus einer positiven Wertschätzung lässt sich eine Zahlungsbereitschaft ableiten.

Die gewählte Definition für Informationsgüter ist zugegebenermaßen extrem pragmatisch, für unsere Zwecke aber hinreichend. Eine ausführliche informationswissenschaftliche Diskussion des Informationsbegriffs findet sich z. B. bei Stock (2007, S. 17).

Geschäfte mit Informationsgütern sind sehr voraussetzungsreich. Es ist keineswegs selbstverständlich, dass Angebot und Nachfrage von Informationsgütern tatsächlich zusammenkommen und Informationsmärkte entstehen. Um marktfähig zu sein, müssen Informationen nicht nur nützlich, definierbar und für ein Wirtschaftssubjekt verfügbar, sondern auch übertragbar sein (Bode 1993, S. 61). Das Angebot, d. h. die Übertragung von Informationsgütern erfolgt immer mediengebunden. Das können nach Pross (1972, S. 127) primäre (Träger-)Medien sein, die den direkten zwischenmenschlichen Kontakt über Sprache, Mimik oder Gestik ermöglichen, sekundäre Medien (z. B. Geräte wie Flaggen, Rauchzeichen oder auch der Buchdruck), die zur Produktion einer Information notwendig sind, tertiäre Medien, die nicht nur für die Produktion, sondern auch für die Übertragung und den Empfang Technik benötigen (z. B. Telefon, CD-ROMs, DVDs) sowie quartäre Medien (Faßler 2002, S. 147), wie z. B. das Internet oder Video-Conferencing-Systeme, bei denen es sich um informationstechnologisch basierte Mittel der Tele-Kommunikation handelt.

Werden Informationen gespeichert, erfolgt das über Speichermedien wie zentrale Server, CDs oder auch gedruckte Bücher oder Zeitschriften. Solche Datenträger sind Kopien eines Informationsgutes, die den vollständigen Inhalt des Gutes in kodierter und dekodierbarer Form enthalten. Dasselbe Gut lässt sich – wenn auch mit unterschiedlichem Aufwand – in beliebig großer Zahl vervielfältigen. Die Nutzung eines gespeicherten Informationsgutes erfolgt im Allgemeinen durch Dekodierung einer Kopie durch den Nutzer selbst (z. B. Lesen einer e-Mail) oder durch die Teilnahme an der Dekodierung einer nicht in seinem Besitz befindlichen Kopie durch einen Dritten (z. B. Videoabend) (Pethig 1997, S. 2).

Informationsgüter weisen also immer einen dualen Charakter auf, denn sie sind immer eine Kombination aus Inhalt bzw. Content (bspw. einer Sportnachricht) und Trägermedium (Schumann und Hess 2006, S. 34). Sie werden dann als Artikel in einer Zeitschrift, als Beitrag im Radio oder in einer Sportsendung im Fernsehen angeboten. Durch die Digitalisierung lassen sich Inhalt und Medium im Vergleich zu früher leicht voneinander trennen. Inhalte können auf diese Weise ohne großen Aufwand auch mehrfach über verschiedenen Medien angeboten werden. Elektronische Informationsgüter bedürfen neben dem Trägermedium immer auch noch eines Endgeräts (z. B. DVD-Spieler, MP3-Player), das die Ausgabe ermöglicht. Es wird im Weiteren deutlich, wie wichtig gerade dieser Aspekt ist, wenn es um Netzwerkeffekte geht. Ein vierter Aspekt im Zusammenhang mit Informationsgütern ist das sie begleitende Recht. Das Eigentum an einem Informationsgut verbleibt immer beim ursprünglichen Eigentümer oder Schöpfer, der beim Verkauf nur bestimmte Nutzungs- oder Verwertungsrechte gewährt (Wetzel 2004, S. 101). Dieser Aspekt wiederum hat eine große Bedeutung für die Weitergabe und Nutzung von Informationsgütern.

Neben den eben bereits genannten Kriterien sind Informationen weiterhin nur als (marktfähige) Wirtschaftsgüter anzusehen, wenn sie außerdem relativ knapp sind (Bode 1993, S. 62). Knappheit kann bei Informationsgütern allerdings eine ganz andere als die bekannte Form annehmen. Üblicherweise geht man bei relativer Knappheit davon aus, dass (unbegrenzten) menschlichen Bedürfnissen nur eine begrenzte Menge an Gütern zu deren Befriedigung gegenübersteht. Informationen sind nun aber häufig im Überfluss vorhanden, so dass die Knappheit an anderer Stelle entsteht, nämlich bei den subjektiven Verarbeitungsmöglichkeiten des Empfängers. Auf der Suche nach einem bestimmten Informationsgut kann man nämlich nicht alles ansehen oder anhören, was verfügbar wäre, weil die menschlichen Informationsverarbeitungskapazitäten begrenzt sind. Knappheit kann also z. B. auch durch den beschränkenden Faktor Aufmerksamkeit (Franck 2007) entstehen.

Ökonomisch fallen unter den Begriff der Güter sowohl Waren als auch Dienstleistungen. Bei Informationsgütern lassen sich analog Informationsprodukte und Informationsdienstleistungen unterscheiden (Kuhlen 1996, S. 83). Konstitutives Merkmal für diese Unterscheidung ist der Einsatz eines externen Faktors, wie z. B. die Auskünfte eines Unternehmens für den Wirtschaftsprüfer (Bode 1997, S. 462). Gibt es solch einen vom Leistungsnehmer bereitgestellten Input, müsste man also von einer Informationsdienstleistung sprechen. Dies ist aber insofern nicht ganz korrekt, weil bei einem Informations-Dienstleistungsprozess immer auch ein Informationsprodukt, z. B. der fertige Prüfbericht, entsteht. Insofern kann eine Online-Datenbank als Informationsprodukt verstanden werden, das durch verschiedene Formen von Informationsarbeit aus anderen Wissens- oder Informationsprodukten entstanden ist, z. B. durch Referieren, Indexieren und datenbankgemäßes Strukturieren von Publikationen (Kuhlen 1996, S. 84).

Von Informationsdienstleistungen wiederum müsste man sprechen, wenn z. B. Recherchen in einer Datenbank vorgenommen werden, die aber dann zu einem Informationsprodukt für einen Auftraggeber zusammengestellt werden. Auch ein Live-Konzert, das man auf den ersten Blick als reine Informationsdienstleistung ansehen würde, gerinnt schlussendlich zu einem Informationsprodukt, d. h. zu etwas Digitalisierbarem.

Es wird schnell deutlich, dass die wirtschaftswissenschaftlich gut nachvollziehbare Trennung von Produkten und Dienstleistungen bei Informationsgütern verschwimmt. Wenn von Informationsgütern die Rede ist, soll das fortan in dem Bewusstsein geschehen, dass es zwar reine Informationsprodukte, nicht aber reine Informationsdienstleistungen gibt. Ein Dienstleistungsanteil liegt immer dann vor, wenn ein externer Faktor an der Erstellung eines Informationsprodukts mitwirkt. Insofern können Informationsgüter und -produkte weitgehend als identisch angesehen werden.

Aus den vorangehenden Ausführungen wird deutlich, worin die Unterschiede zwischen informations- und medienökonomischer Sichtweise liegen. Die Medienökonomie befasst sich als ökonomische Disziplin ebenfalls mit Information, allerdings ist sie – Nomen est Omen – medienbasiert. Das Medium und nicht der Inhalt steht bei ihr im Vordergrund, was dazu führt, dass die Medienökonomie jedes Medium einzeln untersucht und die existierenden Parallelen der verschiedenen (Informations-)Güter aus dem Blick geraten. Die Perspektive hier ist umgekehrt, denn es geht zuvorderst um die Information selbst und erst in zweiter Linie um das Trägermedium. Diese Fokussierung auf Informationsgüter macht es möglich, die Gemeinsamkeiten der verschiedenen Medien in den Vordergrund zu stellen.

2.2 Wirtschaftliche Bedeutung von Informationsmärkten

Die Bedeutung des Informationsmarktes, seiner Produkte und Dienstleistungen für eine Volkswirtschaft ist unter zweierlei Gesichtspunkten zu betrachten. Zum einen geht es um die direkte Bedeutung, ausgedrückt in Beschäftigtenzahlen oder Umsatz. Zum anderen – und dies ist vielleicht sogar der wichtigere Aspekt – ist die indirekte Bedeutung zu betrachten (Linde und Stock 2011, S. 29). Sie zeigt sich darin, dass bei den Käufern auf der Basis erworbener Informationsprodukte wirtschaftlich bedeutsame Entscheidungen getroffen oder Geschäftsprozesse optimiert werden. So kann beispielsweise ein günstig erworbener wissenschaftlicher Artikel bei einem Mitarbeiter der FuE-Abteilung zu einer Idee führen, in deren Folge ein völlig neuer Produktionsprozess entsteht, der dem Umsatz des Unternehmens um mehrere Millionen Euro steigert. Oder ein von einer bibliothekarischen Informationsvermittlungsstelle produziertes Unternehmensdossier hat die Entscheidung fundiert, mit diesem Unternehmen zu kooperieren, was in der weiteren Folge zu hohen Gewinnen für die beteiligten Partner führt. Im umgekehrten Fall können unterlassene Recherchen zu empfindlichen Verlusten bis hin zur Insolvenz führen, wenn man beispielsweise technische Entwicklungen (die für wenige hundert Euro bei Content-Aggregatoren hätten erworben werden können) übersieht, die sich abzeichnen oder man durch die Insolvenz eines Zulieferers oder eines Kunden selbst in Schwierigkeiten gerät, nur weil man es unterlassen hat, ein Bonitätsdossier des ehemaligen Geschäftspartners zu erwerben. Setzt ein Unternehmen, als ein weiteres Beispiel, nur unzureichend Software ein, so kann dies sehr wohl zu Wettbewerbsnachteilen führen. Der Nachteil dieser indirekten volkswirtschaftlichen Bedeutung von Information ist, dass man sie nicht quantitativ ausdrücken kann.

Dies ist bei der direkten volkswirtschaftlichen Bedeutung – zumindest prinzipiell – anders, da hier Schätzwerte zum Marktvolumen vorliegen. In Ermangelung globaler Statistiken legen Linde und Stock eine eigene informierte Schätzung vor, die sie auf der Basis diverser nicht frei zugänglicher Quellen von Marktforschungsinstituten zusammengestellt haben. „Es entfallen auf die Gesamtheit digitaler Güter (weltweit, 2009) folgende Werte:

- Software:164 Mrd. €
- E-Content:15 Mrd. €
- U-Content: 2 Mrd. €
- Online-Werbung: 50 Mrd. €
- Gesamtmarkt: 231 Mrd. €.

Bei der Software entfällt ein großer Teil des gesamten Marktvolumens auf ein einziges Unternehmen: Microsoft; 43 Mrd. € im Geschäftsjahr 2008/2009; ähnlich sieht es bei der Online-Werbung aus: Google; 17,5 Mrd. € im Jahr 2009. Der Markt für E-Content wird vom Teilmarkt der wissenschaftlichen, technischen und medizinischen (WTM) Informationen dominiert. Beim U-Content sorgen vor allem Online-Spiele für nennenswerten Umsatz; andere Teilmärkte wie Web-2.0-Dienste oder Web-TV lassen derzeit keine großen Umsätze erkennen." (Linde und Stock 2011, S. 29).

2.3 Besonderheiten von Informationsgütern

Informationsgüter sind Güter, die besondere ökonomische Eigenschaften aufweisen, die ihre Marktfähigkeit einschränken. Einige Beispiele verdeutlichen die Problematik:

Informationsgüter können von vielen Personen genutzt werden, ohne sich aufzubrauchen, ohne verkonsumiert zu werden. Ein Informationsgut wird nicht weniger, wenn es genutzt wird. Wenn eine Person sich durch die Verarbeitung von Information ein bestimmtes Wissen aneignet, schmälert das nicht die Chancen eines anderen, dasselbe Wissen zu erwerben. Ganz im Gegensatz zu vielen anderen Gütern, man denke nur an ein Paar Schuhe oder einen Schokoriegel, kann dieselbe Information von einer Vielzahl von Personen gleichzeitig genutzt werden. Abnutzungseffekte treten nur dann auf, wenn es um Informationen geht, die Ihren Wert dadurch besitzen, dass sie eben nicht jeder hat. Der Geheimtipp für die kleine Insel in der Karibik verliert schnell an Wert, wenn ihn alle haben. Bei vielen Informationen gibt es aber aus Sicht des Empfängers keinerlei Konkurrenz bei der Nutzung: Es hat für ihn keine Nachteile, egal ob 6.000 oder 600.000 Menschen ein E-Book lesen oder einer Fernsehsendung wie der Oscar-Verleihung beiwohnen.

Einschränkungen kann es allerdings durch die Verpackung der Information geben: Ein gedrucktes Buch kann prinzipiell nur von einem Leser gleichzeitig gelesen werden und auch die Zahl der Fernsehzuschauer einer Sendung in einem Haushalt ist begrenzt. Es ist aber – im Vergleich zu traditionellen Gütern – ungleich schwerer, Kunden, die nicht bereit sind für die Information zu zahlen, von der Nutzung auszuschließen: Ein Buch kann man sich ohne größere Kosten von Freunden oder in der Bibliothek leihen, eine Fernsehsendung kann man bei jemand anderem sehen oder aufnehmen lassen, um sie dann selbst abzuspielen.

Bei Informationsgütern ist die Herstellung im Vergleich zur Vervielfältigung extrem kostspielig. Denkt man an die Produktionskosten für einen Musiktitel oder einen Spielfilm, können schnell mehrere Hunderttausend oder sogar Millionen Euro zusammenkommen. Sind das Album oder der Film aber erst einmal fertig, lassen sich digital weitgehend perfekte Kopien anfertigen, die nur wenige Cent kosten. Darüber hinaus sind auch die Übertragungskosten digitaler Informationsgüter extrem niedrig. Besteht ein schneller Internet-Anschluss in Verbindung mit einer Flatrate, können Dateien gleich welcher Größe ohne zusätzliche Kosten empfangen und versandt werden.

Der Wert eines Informationsgutes, z. B. der Blaupause eines neuen Produktionsverfahrens, lässt sich nur endgültig beurteilen, wenn man die Information erhalten und verarbeitet (erfahren) hat. Hat man die Information aber erst einmal in seinem Besitz, ist es offen, wie hoch die Zahlungsbereitschaft dann noch ist. Anders als bei einem Paar Schuhe kann man Informationen vor dem Kauf meist nicht in Ruhe inspizieren. Jede Art von genauerer Inspektion führt zu einer Preisgabe (von Teilen) der Information und das liegt häufig nicht im Interesse des Anbieters.

Beim Kauf eines Informationsgutes ist es häufig von großer Bedeutung, wie viele andere Nutzer dieses Gutes es schon gibt. Wer sich ein Textverarbeitungs- oder ein Tabellenkalkulationsprogramm zulegen will, wird sich sehr genau überlegen, ob er sich für ein Produkt eines kleinen Anbieters entscheidet, das wenig verbreitet ist oder ob er sich für den Markt-standard entscheidet. Das Programm zu erwerben, das am weitesten verbreitet ist, bietet klare Vorteile beim Austausch von Dateien oder den Möglichkeiten, sich bei auftretenden Bedienungsproblemen gegenseitig zu helfen. Ähnlich ist es bei Filmen, Büchern oder Mu-sik. Richtig Geld verdient wird nur mit den Hits. Das heißt viele Käufer entscheiden sich für Content, den schon viele kennen, bei dem man mitreden kann.

Ökonomisch ausgedrückt liegen bei Informationsgütern folgende Besonderheiten vor (Hutter 2000; Gerpott 2006, S. 318; Klodt 2003, S. 111; Buxmann und Pohl 2004, S. 507):

- Bei Informationsgütern kommt es zu stark sinkenden Durchschnittskosten (First-Co-py-Cost-Effekt), weil die anteiligen Kosten der Produktion die variablen Kosten der Reproduktion dominieren.
- Bei Informationsgütern treten starke Informationsasymmetrien auf.
- Informationsgüter haben die Eigenschaft von Netzwerkgütern.
- Informationsgüter weisen eine starke Tendenz hin zu so genannten öffentlichen Gütern auf.

Informationsgüter weisen damit Merkmale auf, die das Zustandekommen eines Marktes schwierig machen oder zumindest dazu führen, dass die Marktergebnisse nicht optimal sind. Der Ökonom spricht hier von einem Marktversagen. Welche Auswirkungen das auf die strategische Positionierung von Anbietern auf Informationsmärkten hat, wird in den folgenden Abschnitten näher erläutert.

3 Modelle zur Analyse der Branchenstruktur

3.1 Die Five Forces von Porter

Was kennzeichnet eine Branche und was muss man in Augenschein nehmen, wenn man eine Branche untersuchen will? Wegweisend waren hier die Überlegungen von Porter (1980, 2008), der das Modell der fünf in einer Branche wirkenden Kräfte (Five Forces) entwickelte. Bevor wir dieses näher erläutern, ist zu klären, was überhaupt eine Branche ist. Porter (2008, S. 37) definiert als Branche „eine Gruppe von Unternehmen [...], die Produkte herstellen, die sich gegenseitig nahezu ersetzen können." Damit wird von ihm die Substitutionskonkurrenz als Branchenabgrenzung zu Grunde gelegt. Schaut man sich nun aber verschiedene Branchen, wie z. B. die Pharmabranche, die Reisebranche oder eben die Informationsbranche an, lässt sich unschwer erkennen, dass man innerhalb einer Branche eine Vielzahl unterschiedlicher Produktangebote – und damit auch Teilbranchen oder Märkte – findet (Grant und Nippa 2006, S. 125). In der Informationsbranche können dies z. B. Online-Spiele oder Wirtschaftsnachrichten sein, die ganz verschiedene Märkte darstellen und in gar keinem Substitutionsverhältnis stehen. Die Substitutionsbeziehung wird nun üblicherweise auch im Konzept des relevanten Marktes als Abgrenzungskriterium verwendet (Backhaus 2007, S. 127; Hungenberg 2006, S. 98). Insofern erscheint es angebracht, das von Porter entwickelte Modell der fünf Kräfte sowie auch das im Weiteren vorzustellende Modell des Wertnetzes von Nalebuff und Brandenburger (1996) für unsere Analysezwecke nicht nur auf eine Branche als Ganzes zu beziehen, sondern auch auf die in einer Branche existierenden (Teil-)Märkte.

Basis des Porterschen Modells ist der industrieökonomische Ansatz (Tirole 1999). Dieser geht davon aus, dass die Attraktivität eines Marktes aus Unternehmenssicht vor allem von der Marktstruktur abhängig ist. Um die Branche systematisch zu erfassen, empfiehlt Porter fünf verschiedene maßgebliche Kräfte, die so genannten „Five Forces", zu berücksichtigen, die in Summe die Attraktivität der Branche ausmachen. Im Einzelnen sind dies die Rivalität zwischen den bestehenden Wettbewerbern innerhalb der Branche, die Marktmacht der Lieferanten und der Abnehmer sowie die Bedrohung durch Ersatzprodukte und potenzielle Konkurrenten (Porter 2008, S. 36).

Auch wenn Porters Ansatz nur zum Teil empirisch belegt werden konnte (Welge und Al-Laham 2003, S. 204), hatte er prägenden Einfluss auf die wissenschaftliche Diskussion zur Unternehmensstrategie. Ein deutliches Defizit dieses Ansatzes ist aber die Unterstellung, dass sich Unternehmen einer Branche grundsätzlich im Wettbewerb mit den anderen Marktteilnehmern befinden und nur auf diese Weise Vorteile erlangen können. Porter legt ein klassisches Verständnis der Wertschöpfungskette zu Grunde, bei der ein Unternehmen von Zulieferern Bestandteile kauft, veredelt und an seine Kunden weiterverkauft. Die anderen Spieler im Markt, die die gleiche oder eine ähnliche Wertschöpfung erbringen, werden als Profitabilitätsbedrohung wahrgenommen Das tatsächliche Marktgeschehen zeigt nun aber, dass Unternehmen auch über ausgewählte Kooperationen mit Kunden, Lieferanten oder Wettbewerbern versuchen können, sich Wettbewerbsvorteile zu verschaffen (Hungenberg 2006, S. 109). Hier setzt das Modell der Co-opetition von Nalebuff und Brandenburger an.

3.2 Das Wertnetz von Nalebuff und Brandenburger

Nalebuff und Brandenburger (1996) wollen deutlich machen, dass es neben den kompetitiven auch kooperative Beziehungen im Markt gibt, die für den Geschäftserfolg ebenso von großer Bedeutung sind. Diese Kombination aus Competition und Cooperation – eben Coopetition – mündet, anders als bei Porter, in ein etwas abgewandeltes Modell der Marktanalyse. Nalebuff und Brandenburger sprechen nicht nur von Kräften, die die Profitabilität bedrohen, sondern von einem Wertnetz (Value Net), in dem verschiedene Akteure auch gemeinsam Werte schaffen können.

Erinnern wir uns an die Ausführungen in Kap. 2 zu den indirekten Netzwerkeffekten, so können diese – anders als im Porterschen Modell – im Wertnetz berücksichtigt werden. Ein Beispiel hierfür sind komplementäre Güter wie Hard- und Software. Leistungsfähigere Hardware animiert die Kunden, rechnerintensivere Programme zu verwenden. Aufwändigere Programme erfordern im Gegenzug aber schnellere Hardware. Windows7 läuft einfach besser mit einem Core als mit einem Intel-Pentium-Prozessor-betriebenen Rechner. Die Konstellationen können aber auch nicht nur zwei-, sondern sogar vielseitig sein. Nehmen wir das gut dokumentierte Beispiel ProShare von Intel (Nalebuff und Brandenburger 1996, S. 27). Dem Management von Intel ging die Entwicklung von Produkten, die die Prozessorkapazitäten auslasten, nicht schnell genug voran. Um die Kunden dazu zu bringen, ihre Ausrüstung immer wieder auf einen höheren Stand zu aktualisieren, trieb Intel das Angebot einer der CPU-intensivsten Anwendungen voran, nämlich Videoübertragungen, und investierte Mitte der 1990er Jahre in ein System für Videokonferenzen mit dem Namen ProShare (Intel 2002). Intel sah sich in der Anfangsphase mit einem zentralen Problem konfrontiert: Welchen Nutzen stiftet eine Videokonferenzanlage, wenn es keine ausreichende Anzahl an Gesprächspartnern für eine Konferenz gibt? Intels Interesse musste es also sein, Marktpräsenz aufzubauen und die Stückkosten zu senken. Dazu versuchte Intel, andere Unternehmen zu finden, die ein gleichgerichtetes Interesse besaßen. Dies waren zum einen die Telefongesellschaften, die höhere Leitungskapazitäten verkaufen wollten. ProShare war ein gutes Mittel, um ISDN- bzw. heute (V)DSL-Leitungen anzubieten. Schnellere Anschlüsse verkaufen sich entschieden besser, wenn die Kunden bestimmte Anwendungen nutzen wollen. So subventionierten einige Telefongesellschaften ProShare, um ihre Anschlüsse verkaufen zu können (Nalebuff und Brandenburger 1996, S. 28). Als weiteren Kooperationspartner identifizierte Intel den Computerhersteller Compaq, der in alle Computer ProShare vorinstallierte, die für Geschäftszwecke bestimmt waren. Für Compaq ergab sich aus dem Angebot von Videokonferenzen ein Differenzierungsmerkmal gegenüber dem Wettbewerb. Gleichzeitig wurde die Marktpräsenz von ProShare gesteigert und außerdem sanken die Anschaffungskosten der Software für die Endkunden nochmals deutlich. Alle der vorgestellten Spieler hatten ihre komplementären Beziehungen erkannt. Intel wollte den Bedarf an Verarbeitungskapazität der CPUs steigern, die Telefongesellschaften wollten höhere Datenübertragungskapazitäten verkaufen und Compaq suchte nach einem Wettbewerbsvorteil gegenüber der Konkurrenz. Alle drei Interessen ließen sich im Angebot von ProShare bündeln.

Unter dem gleichen Gesichtspunkt erfolgte später die Akquisition des Spieleentwicklers Havok durch Intel (Iwersen 2007). Havok ist ein Software-Entwickler, der weltweit berühmt ist für die Programmierung von so genannten Physics-Engines. Sie liefern physikalisch korrekte, naturgetreue Abbilder der Realität und gelten als Nonplusultra in der Spielebranche. Ihr großer Vorteil aus Sicht von Intel: Sie „fressen" ungeheure Mengen an Rechnerkapazität.

3.2.1 Die Elemente des Wertnetzes

Wie lassen sich solche Komplementärbeziehungen nun im Wertnetz abbilden? Genau wie Porter orientieren sich Nalebuff und Brandenburger zunächst am Güterfluss von den Lieferanten über das betrachtete Unternehmen hin zu den Kunden (Nalebuff und Brandenburger 1996, S. 28). Ressourcen – wie z. B. Rohstoffe oder Arbeitskraft – fließen von Seiten der Lieferanten in das Unternehmen und Produkte und Dienstleistungen von dort weiter zu den Kunden. In entgegengesetzter Richtung verläuft der Geldstrom. Die Lieferanten werden vom Unternehmen für die erbrachten Leistungen bezahlt. Bei den Kunden muss man eine Fallunterscheidung treffen. Klassischerweise zahlen sie dafür, dass sie die Angebote eines Unternehmens nutzen dürfen. Gerade im Informationsmarkt finden sich aber häufig Konstellationen, bei denen nicht die Kunden, sondern Dritte zahlen und damit das Produktangebot finanzieren oder zumindest subventionieren. Dies ist z. B. der Fall beim werbefinanzierten Free-TV: Die Sender finanzieren ihr Angebot über die Einnahmen aus Werbung, und der Kunde „zahlt" nicht mit Geld, sondern mit Aufmerksamkeit.

In einer zweiten Achse werden nicht nur wie bei Porter verschiedene Konkurrenten betrachtet, sondern auch Komplementoren. Das sind Unternehmen, die durch ihr Angebot einen Wertbeitrag zu dem Angebot des im Fokus stehenden Unternehmens leisten. Komplementoren erbringen – im Gegensatz zu Lieferanten – ihre Leistungen meist auf eigene Rechnung.

Bei der Frage, wer die Konkurrenten eines Unternehmens sind, versuchen Nalebuff und Brandenburger außerdem die starre Branchenabgrenzung Porters zu überwinden. Bei ihnen kommen alle auf einem Markt aktiven Spieler als mögliche Konkurrenten in Frage. Sie sagen:

> Je mehr […] danach gestrebt wird, Probleme der Kunden zu lösen, desto mehr verliert die Branchenperspektive an Bedeutung. Die Kunden interessiert das Endresultat, nicht, zu welcher Branche die Firma gehört, die ihnen das gibt, was sie wollen… (Nalebuff und Brandenburger 1996, S. 30)

Ein Beispiel: Betrachtet man zwei Fluggesellschaften wie Lufthansa und British Airways, so wird unter dem erweiterten Blickwinkel deutlich, dass sie nicht nur brancheninternen miteinander konkurrieren, sondern z. B. auch mit Branchenfremden wie dem Videokonferenzanbieter Intel, weil dieser nämlich ein Substitut für Flugreisen anbietet.

Um diesen beiden Aspekten Rechnung zu tragen, arbeiten Nalebuff und Brandenburger explizit spieltheoretisch. Die Spieltheorie (Neumann 2007) geht von einer strukturellen Ähnlichkeit von Gesellschaftsspielen und Märkten aus. Die Spieler versuchen, ihren eigenen Nutzen zu maximieren, sind dabei aber von den anderen Spielern abhängig. Das wissen die Spieler und berücksichtigen diese Interdependenzen bei ihren Entscheidungen. Die Spieltheorie wird im strategischen Management dazu eingesetzt, um die Wirkungen der eigenen Handlungen und/oder der Wettbewerber zu analysieren.

Vor diesem Hintergrund werden sowohl Konkurrenten als auch Komplementoren aus zweierlei Perspektive betrachtet, aus Kundensicht und aus Lieferantensicht.

Für den „Spieler" Konkurrent gilt nun einmal aus Sicht der Kunden und einmal aus Sicht der Lieferanten (Nalebuff und Brandenburger 1996, S. 30):

Ein Spieler ist ihr Konkurrent, sofern Kunden ihr Produkt geringer bewerten, wenn sie das Produkt des anderen Spielers haben, als wenn sie nur ihr Produkt alleine haben.

Ein Spieler ist ihr Konkurrent, wenn es für einen Lieferanten weniger attraktiv ist, sie zu beliefern, wenn er auch den anderen Spieler beliefert, als wenn er sie allein beliefert.

Analog verhält es sich bei den Komplementoren. Nalebuff und Brandenburger definieren wiederum aus zweierlei Perspektive (Nalebuff und Brandenburger 1996, S. 30):

Ein Spieler ist ihr Komplementor, sofern Kunden ihr Produkt höher bewerten, wenn sie das Produkt des anderen Spielers haben, als wenn sie nur ihr Produkt allein haben.

Ein Spieler ist ihr Komplementor, wenn es für einen Lieferanten attraktiver ist, sie zu beliefern, wenn er auch den anderen Spieler beliefert, als wenn er sie allein beliefert.

Der Wettbewerb um Kunden und um Lieferanten, findet oft über Branchengrenzen hinweg statt. Unternehmen konkurrieren um Finanzmittel, Rohstoffe oder auch Arbeitskräfte, inzwischen häufig auf einem globalen Markt. Die Beziehungen zwischen den Unternehmen im Markt können dabei ganz unterschiedlich aussehen. Sie können kompetitiver Art sein, wie das bei Coca Cola und Pepsi Cola der Fall ist, oder komplementär mit sehr stark gleichgerichteten Interessen wie etwa bei Microsoft und Intel, wo beide wechselseitig von den Produktinnovationen des anderen profitieren. Häufig nehmen Unternehmen aber auch mehrere Rollen gleichzeitig ein, sind also gleichzeitig Konkurrenten und Komplementoren (Nalebuff und Brandenburger 1996, S. 32). So konkurrieren Airlines beispielsweise um die begrenzten Landerechte und um Flughafenraum. Gleichzeitig sind sie gemeinsam daran interessiert, dass die Schlüssellieferanten für Fluggerät ihnen günstige Angebote für Flugzeuge der nächsten Generation machen. Für Boeing oder Airbus wäre es viel billiger, ein Flugzeug für beide Fluggesellschaften gemeinsam zu entwerfen, als verschiedene Versionen zu entwickeln. Die Auftraggeber könnten sich kooperativ an den Entwicklungskosten beteiligen. Dadurch ließen sich die Stückkosten deutlich schneller senken, was ihnen wiederum zugute käme.

3.2.2 Wertnetze für Informationsgüter

Das Wertnetz ist ein gutes Grundgerüst, um die Spieler in einem Markt und deren kompetitive wie kooperative Beziehungen zu erfassen. Im Fokus der Untersuchungen stehen nun aber Informationsgüter. Wie oben bereits dargestellt dargestellt wurde, weisen Informationsgüter vier Besonderheiten auf. Konkret sind dies der Charakter des öffentlichen Gutes, die Fixkostendominanz, Informationsasymmetrien sowie (direkte und indirekte).

Diese Besonderheiten lassen sich als Mechanismen betrachten, die auf Informationsmärkten wirksam sind. Sie bergen ein Potenzial für Marktversagen in sich. In einem Wertnetz für Informationsmärkte sind diese Mechanismen explizit zu berücksichtigen.

Insbesondere die Netzwerkeffekte spielen für Informationsgüter eine herausragende Rolle. Dabei kommt es nicht nur darauf an, ob das Informationsgut bereits heute über eine große (Nutzer-)Basis verfügt, sondern ob die Kunden erwarten, dass es künftig weit verbreitet sein wird. Die Erwartungshaltung aller Marktteilnehmer ist der zentrale Faktor (Katz und Shapiro 1985, S. 425). Um diese zu beeinflussen, können Unternehmen Signale senden. Das können z. B. Produktvorankündigungen sein, die dem Kunden signalisieren sollen, dass es sich lohnt, mit dem Kauf zu warten, weil demnächst ein für ihn besseres Angebot verfügbar sein wird. Für das Wertnetz bedeutet das, dass nicht nur Kunden, sondern auch deren Erwartungen explizit berücksichtigt werden sollten.

Damit Informationsmärkte funktionieren können, haben sich im Laufe der Zeit spezielle institutionelle Regelungen herausgebildet wie z. B. das Urheberrecht. Außerdem basiert der Handel mit digitalen Informationsgütern auf einer Vielzahl technologischer Entwicklungen, die deren Austausch erst ermöglicht (Fritz 2004, S. 86). Informationen benötigen zur Speicherung immer einen Träger (CD, DVD, Festplatte), müssen auf eine bestimmte Art formatiert sein, wenn sie übertragen werden sollen (MP3, MP4, HTML) und benötigen Übertragungswege, heutzutage üblicherweise das Internet mit dem zugehörigen Protokoll TCP/IP. Sollen Informationen geschützt werden, sind andere Technologien erforderlich, wie CSS (Content Scrambling System) oder digitale Wasserzeichen. Sowohl institutionelle Regelungen als auch Technologien beeinflussen die Handlungsmöglichkeiten der Spieler im Wertnetz. Sie können aber von diesen selbst nicht direkt beeinflusst werden. Gesetze und Verordnungen entwickeln sich in meistens sehr langwierigen politischen Prozessen. Bei Technologien gilt ähnliches, wenn sie als (öffentliche oder de facto) Standards existieren. Zwar können jederzeit neue Technologien erfunden werden, aber zum einen verändert eine einzelne Erfindung nur selten das gesamte technologische Umfeld und zum anderen ist es ein offener Prozess, ob sie sich am Markt wirklich durchsetzen wird. In jedem Wertnetz, ganz besonders aber für Informationsmärkte sind daher Institutionen und Technologien als Umfeldfaktoren zu berücksichtigen.

3.3   Strategische Variablen zur Gestaltung von Wertnetzen

Wie lassen sich Wertnetze nun unter besonderer Berücksichtigung der Besonderheiten von Informationsgütern so gestalten, dass sich daraus Wettbewerbsvorteile ergeben können? Strategische Betrachtungen münden in jedem Strategielehrbuch letztlich in die Frage: „Auf welcher Grundlage erarbeiten sich Unternehmen ihre Wettbewerbsvorteile?" Auch hier hat der Altmeister der Strategie, Michael Porter, ganz entscheidenden Einfluss ausgeübt. Er prägte das strategische Management durch die Aussage, dass Unternehmen grundsätzlich zwei strategische Alternativen zur Verfügung stünden, um Wettbewerbsvorteile zu erlangen: Die Differenzierungsstrategie und die Kosten-/Preisführerschaftsstrategie.

Die grundsätzlichen Überlegungen zur Positionierung von Porter gelten allerdings für klassische Märkte. Da sich Informationsgüter von herkömmlichen Gütern deutlich unterscheiden, erfordern sie auch andere Wettbewerbsstrategien (Klodt 2003, S. 108). Die Porterschen Strategiealternativen werden damit zwar nicht obsolet, müssen aber auf Informationsmärkten in neuen Varianten eingesetzt werden (Shapiro und Varian 1999, S. 25). In ihrem grundlegenden Werk „Information Rules – A Strategic Guide to the Network Economy" bieten Shapiro und Varian (1999) vielfältige Ansatzpunkte, die für die Strategieentwicklung von Informationsanbietern von großer Bedeutung sind. Ihr Werk hat die Strategiediskussion, vor allem aus Sicht der Softwarebranche, stark beeinflusst. Ihm fehlt es allerdings etwas an Struktur, so gibt es z. B. kein Modell, das ihre Überlegungen systematisiert und veranschaulicht. Es wird daher auch nicht deutlich, welche strategischen Variablen warum ausgewählt wurden und welchen Stellenwert sie haben.

Hier führen die Arbeiten von Suarez (2004) und Van Kaa et al. (2007) weiter. Beide befassen sich intensiv mit der für Informationsgüter zentralen Frage der Standardisierung, also einer erfolgreichen Durchsetzung eines Produkts im Markt.

Nach Suarez (2004) ist Standardisierung in der Branche für Informations- und Kommunikationstechnologien als Prozess zu sehen, der fünf verschiedene Phasen umfasst. Zu Beginn erfolgen die F&E-Arbeiten (Phase eins) und die Demonstration der technischen Machbarkeit (Phase zwei), dann erfolgt in Phase drei die Entwicklung des Marktes durch einen oder auch mehrere Wettbewerber, die darum ringen, eine möglichste große Kundenbasis aufzubauen. In der anschließenden vierten Entscheidungsphase beginnen Netzwerkeffekte zu wirken und das Entscheidungsverhalten der Kunden zu beeinflussen. In der letzten Phase hat sich ein Standard etabliert und wird durch die bestehenden Netzwerkeffekte sowie die Wechselkosten, das sind bei einer Software z. B. Gewöhnungseffekte, stabilisiert. Das macht den Wechsel zu einem anderen Anbieter unattraktiv (Kahneman und Tversky 1979; Tversky und Kahneman 2000).

Van Kaa et al. (2007) haben nun 103 Veröffentlichungen zur Standardisierung darauf hin untersucht, welche Faktoren dort genannt und für wie wichtig sie erachtet werden, um einen Standardisierungskampf zu gewinnen. Ihr Ergebnis sind insgesamt 31 Faktoren, die sich fünf Kategorien zuordnen lassen: überlegenes Produktdesign, Einflussfaktoren des Marktes (Mechanismen), Stakeholder, Stellung des Unternehmens im Markt und die Unternehmensstrategie.

Beide Stränge lassen sich nun gut miteinander kombinieren. Für den Markterfolg ist nach Suarez (2004, S. 283) das strategische Verhalten eines Unternehmens entscheidend. Es ist der Schlüssel für die Beeinflussung der Stakeholder (z. B. der Kunden) und der auf Informationsmärkten geltenden Mechanismen (z. B. den Netzwerkeffekten). Gleicht man nun weiterhin die von Shapiro und Varian (1999) genannten mit den von Van Kaa et al. (2007) ermittelten strategischen Variablen ab, so lassen sich neben der Produktqualität, die ganz generell eine wichtige Rolle spielt, insgesamt sieben strategische Variablen herausarbeiten, die bei Informationsgütern von herausragender Bedeutung sind. Im Einzelnen sind dies:

- Timing des Markteintritts,
- Preisgestaltung,
- Kompatibilitätsmanagement (Standardisierung),
- Komplementenmanagement,
- Kopierschutz-Management,
- Signalisierung,
- Lock-in-Management.

Diese sieben Punkte sind strategische Variablen, weil sie „manageable" sind, also dem unternehmerischen Einfluss unterliegen. Solche Entscheidungsvariablen oder Aktionsparameter können von Unternehmen so eingesetzt werden, dass sich bestimmte Zielsetzungen erreichen lassen, die sich z. B. auf den Marktanteil, den Bekanntheitsgrad oder den Gewinn beziehen.

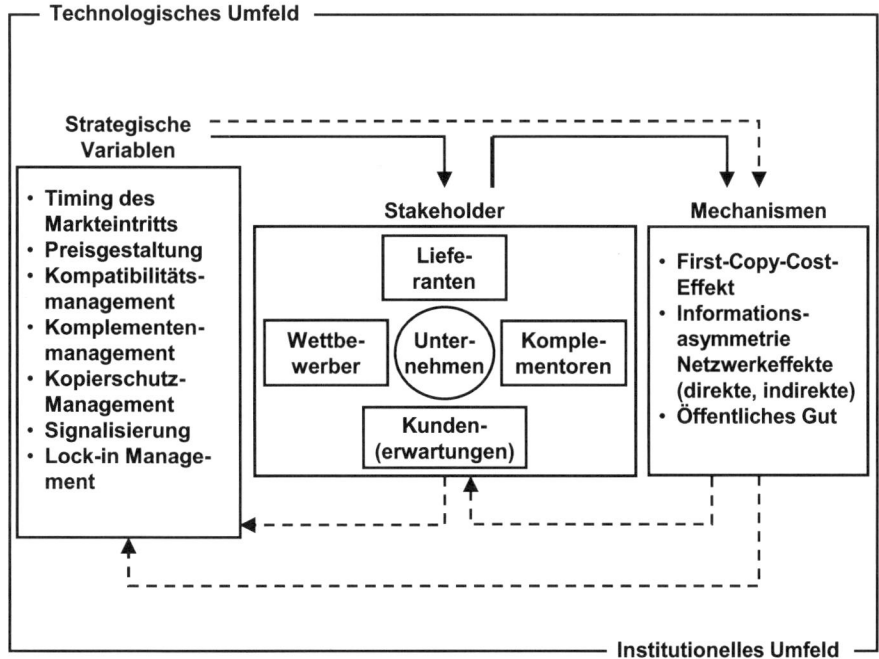

Abb. 1 Strategiemodell für Informationsmärkte. (Quelle: Linde und Stock 2011, S. 351)

3.4   Strategiemodell für Informationsanbieter

Ergänzt um das technologische (z. B. die Versorgung mit Breitbandanschlüssen) und das institutionelle Umfeld (z. B. die Ausgestaltung des Urheberrechts) lassen sich die drei vorgestellten Aspekte in einem Modell zusammenführen (Linde und Stock 2011, S. 351). Mit dessen Hilfe können nun Informationsmärkte analysiert und Gestaltungsempfehlungen abgeleitet werden (Abb. 1).

3.5   Wechselwirkungen der Einflussfaktoren

Anhand einiger Beispiele sollen die (Wechsel-)Wirkungen im Modell erläutert werden. Die Hauptwirkungsrichtung (im Modell fett markiert) geht aus von den strategischen Variablen über die Stakeholder hin zu den Mechanismen. Mit Hilfe der strategischen Variable Timing des Markteintritts ist es beispielsweise möglich, die verschiedenen Stakeholdergruppierungen zu beeinflussen. So wirkt sich z. B. der Zeitpunkt des Markteintritts aus auf die Kaufbereitschaft der Kunden, die Bereitschaft der Lieferanten zur Zusammenarbeit, das Interesse der Komplementoren an der Erstellung komplementärer Produkte sowie die Anstrengungen des Wettbewerbs um Konkurrenzangebote. Die Aktionen der Stakeholder beeinflussen wiederum den Grad, mit dem die ökonomischen Mechanismen bei Informationsgütern wirksam werden. Entscheiden sich viele Kunden ein neues Produkt zu kaufen, zieht das Mitläufer an, die das Produkt ebenfalls haben wollen. Solche direkten Netzwerkeffekte lassen sich beim vor einiger Zeit neu erschienenen iPad gut beobachten. Gleichzeitig hat eine erwartbare große Kundenzahl Auswirkungen auf das Angebot an Komplementen. Es entstehen indirekte Netzwerkeffekte, sichtbar z. B. durch Apps, die Office-Dokumente für Smartphones oder Tablet-PCs kompatibel machen.

Diese Hauptwirkungsrichtung wird ergänzt durch schwächere Beziehungen, die von den strategischen Variablen direkt auf die Mechanismen wirken oder durch die Rückkopplungen, die auftreten.

Die Mechanismen lassen sich durch einige strategische Variablen, wie z. B. das Kopierschutzmanagement, auch direkt adressieren. Eine Software, die beispielsweise frühzeitig in einer Beta-Version ohne Kopierschutz auf den Markt gebracht wird – übrigens eine nicht unübliche Praxis bei Release-Wechseln von Microsoft – kann sich schnell, aber eben auch unkontrolliert verbreiten und ist damit quasi als öffentliches Gut anzusehen. Damit beginnen auch hier wieder Netzwerkeffekte zu wirken. Direkte Netzwerkeffekte entstehen durch den Austausch von Dateien in neuen Formaten oder die beginnende Kommunikation über die Software und indirekte durch komplementäre Produktentwicklungen, wie z. B. sehr schön sichtbar bei der Vielzahl an Apps, die zur Zeit für Apple- oder auch Android-Geräte mit großer Schnelligkeit entwickelt werden und zwar in der Masse nicht durch den Hersteller des Betriebssystems oder des Endgeräts, sondern durch die Netzwerkteilnehmer selbst.

Ein anderes Beispiel für die direkte Beeinflussung der Mechanismen gibt es beim Signaling, wenn z. B. Vorankündigungen einer Produkteinführung gemacht werden. Hiermit lassen sich Informationsasymmetrien abbauen, wenn Kunden erste Informationen über ein neues Produkt und dessen Einführungstermin erhalten. Gleichzeitig können damit aber auch Informationsasymmetrien aufgebaut werden, wenn z. B. die Wettbewerber mit ihren eigenen Neuproduktplanungen unter Zugzwang geraten, weil sie nicht genau einschätzen können, welche Leistungsmerkmale das neue Produkt haben wird.

Rückkopplungen entstehen zum Beispiel von den Mechanismen auf die Stakeholder. Ein breites Angebot an Komplementen (z. B. Filme im HD-Format) fördert den weiteren Absatz von HD-Fernsehgeräten. Eine große Nachfrage wiederum eröffnet für den Anbieter Preissetzungsspielräume. Dies als ein Beispiel für die Rückwirkung einer Stakholdergruppierung auf die strategischen Variablen, hier die Preisgestaltung.

Es gibt aber auch direkte Rückwirkungen der Mechanismen auf die strategischen Variablen. So spielen Netzwerkeffekte eine ganz entscheidende Rolle für einen erfolgreichen Markteintritt. Je stärker sie ausfallen, desto schwerer wird das Überleben als Pionier, weil sich weder Kunden noch Komplementäre frühzeitig binden wollen. Es gibt hier Beispiele für erfolgreiche Innovatoren, die sich im Markt behaupten konnten, wie z. B. Symantec mit seiner Antivirus-Software, als auch für gescheiterte Fälle, wie Palm mit seinem PDA (Srinivasan et al. 2004).

4 Anwendungsbeispiel: flickr vs. iStockphoto

flickr (flickr.com) und iStock International Inc. (iStockphoto.com) sind zwei konkurrierende Anbieter im Markt für digitale Bilder. Beide haben eine sehr starke Marktposition, flickr im Consumer-to-Consumer-Markt (C2C) und iStockphoto im Business-to-Consumer-Markt (B2C). Flickr ist eine kommerzielle Fotoplattform mit Social Network Charakter. Unternehmensgegenstand sind der Online-Austausch von Fotos und Videos mit Freunden, Familie und Gleichgesinnten sowie die Möglichkeit zum Erwerb von Bildern. Flickr wurde 2004 von der kanadischen Firma Ludicorp gegründet und wurde 2005 von Yahoo übernommen. Mit Stand 08/2011 hat Flickr über 40 Mio. registrierte User und es befinden sich mehr als 6 Milliarden Bilder auf der Plattform.

iStockphoto ist eine kostenpflichtige Internet-Bilddatenbank, eine sogenannte Microstock Agentur, die von ihren Mitgliedern mit Fotos, Grafiken, Videos, Audiodateien und Flashanimationen beliefert wird und diese zu günstigen Konditionen anbietet. Das Unternehmen verfolgt das Ziel, auf seiner Online-Plattform als Mittler zwischen Käufer und Verkäufer zu agieren. iStockphoto wurde 2001 gegründet und 2006 durch Getty Images übernommen.

Mit Hilfe des oben vorgestellten Strategiemodells lassen sich bestehende Gemeinsamkeiten und Unterschiede der jeweils verfolgten Wettbewerbsstrategie gut verdeutlichen (Heer 2009). Im Vordergrund des Vergleichs stehen die Bildangebote von flickr und iStockphoto. Neben den ökonomischen Besonderheiten des Gutes Bild werden die Wertnetze der beiden Anbieter verglichen und das Pricing als ein Beispiel für den Einsatz einer strategischen Variablen vorgestellt.

4.1 Ökonomische Besonderheiten

Bei digitalen Bildern sind die ökonomischen Besonderheiten sehr deutlich ausgeprägt. Die Fixkosten sind gegenüber den variablen Kosten dominant. Der „Löwenanteil" der Kosten entsteht für das Angebot der First-Copy. Die Bereitstellung der Bilder bzw. Videos erfordert hohe Investitionen in die Infrastruktur in Form von Hard- und Software, Mitarbeitern, Räumlichkeiten etc. Das Produzieren, Hochladen und Verschlagworten der Bilder erfolgt nutzerseitig, so dass für den Anbieter außerdem (fixe) Qualitätssicherungskosten entstehen. Variable Kosten treten immer dann auf, wenn Bilder verkauft werden. Die Fotografen als Inhaber der Rechte an den Bildern erhalten nämlich eine Beteiligung an den Lizenzierungserlösen in Höhe von mindestens 15 % bis hinauf zu 45 %. Bei beiden Anbietern ist ein ausgeprägter Degressionseffekt der Fixkosten erkennbar.

Die für Informationsgüter typischen Informationsasymmetrien werden bei beiden Anbietern dadurch überwunden, dass alle Bilder vor dem Kauf angesehen werden können. Die Qualität des Bildes selbst kann jeder potenzielle Käufer abschließend einschätzen, das heißt, dass es sich um eine Sucheigenschaft handelt. Was die Aufnahmequalität angeht, also die Auflösung (Pixel) und damit die Möglichkeit der Bildvergrößerung, lässt sich dieses mit einiger Erfahrung auch direkt erkennen. Dort, wo das nicht der Fall ist, läge eine Erfahrungseigenschaft vor. Das bedeutet, der Kunde kann nach dem Kauf die Qualität des Produkts durch die Erfahrung, die er damit macht, abschließend einschätzen. Ob das Informationsparadoxon auftritt, also der Verlust der Zahlungsbereitschaft, wenn man Zugang zu einem Informationsgut bekommen hat, hängt von der Verwendungsabsicht ab. Möchte der Nutzer ein Bild nur einmal ansehen, hätte er sein Bedürfnis direkt befriedigt und wäre zu einem Kauf nicht mehr bereit. Möchte er es dagegen mehrfach nutzen, also z. B. um es an die Wand zu hängen oder für Illustrationszwecke, ist der Kauf erforderlich.

Direkte Netzwerkeffekte treten vor allem bei flickr sehr stark auf. Je größer die Teilnehmerzahl in der Community, die Bilder und Videos beisteuert, desto wahrscheinlicher ist es, ein spezielles Objekt zu finden, einen Gleichgesinnten zur Kommunikation zu finden oder ein Feed-back von einem Experten zu bekommen. All das bedeutet eine Nutzensteigerung für die Mitglieder der Community. Im Falle von iStockphoto entstehen direkte Netzwerkeffekte nur für die jeweilige Marktgegenseite. Wenn zusätzliche Verkäufer Bilder anbieten, schafft das einen Mehrwert für die Nachfrager, nicht jedoch für die konkurrierenden Verkäufer. Ebenso verhält es sich mit neuen Käufern, die zwar wertvoll für die bestehenden Verkäufer sind, für die bestehenden Käufer aber keinen zusätzlichen Nutzen schaffen. Die Marktnebenseite profitiert hier also nicht von (direkten) Netzwerkeffekten. Indirekte Netzwerkeffekte entstehen durch ein wachsendes Angebot an Komplementen. Indirekte Netzwerkeffekte werden bei beiden Anbietern z. B. durch entsprechende Apps erzeugt, mit Hilfe derer man mobil auf die jeweilige Datenbank zugreifen kann. Flickr bietet zudem einen Flickr-Button an, der das Sharing von Bildern befördert, und es bestehen Schnittstellen (APIs), die die Verwendung eigener, selbst geschriebener Softwareprogramme ermöglicht.

Die auf den beiden Plattformen angebotenen Bilder sind dann als öffentliche Güter zu bezeichnen, wenn positive Netzwerkeffekte vorliegen und das Ausschlussprinzip nicht durchgesetzt werden kann oder soll. Die Existenz positiver Netzwerkeffekte ist bereits konstatiert worden. Das Ausschlussprinzip wird bei flickr immer dann durchgesetzt, wenn ein Nutzer entscheidet, dass seine Bilder für andere nicht sichtbar und/oder kopierbar sein soll. Frei zur Verfügung gestellte Bilder sind bei flickr als öffentliches Gut anzusehen (Commons). iStockphoto dagegen bietet seine Bilder entweder nur in kleinen Voransichten an, die nicht skalierbar und damit uninteressant sind, oder die Bilder tragen das Logo von iStockphoto als Wasserzeichen, was eine freie Nutzung ausschließt. Die Angebote von iStockphoto sind als Marktinformationen anzusehen, da das Ausschlussprinzip – bei positiven Netzwerkeffekten – realisiert wird. Wie bei allen Informationsgütern besteht nach dem Verkauf allerdings die Gefahr, dass die von Wasserzeichen befreiten Bilder unter der Hand weitergegeben werden.

4.2   Wertnetze von flickr und iStockphoto

Die Wertnetze von flickr und iStockphoto weisen bei aller Ähnlichkeit doch einige fundamentale Unterschiede auf. Beginnen wir bei den Kunden. Die Kunden von flickr erwarten

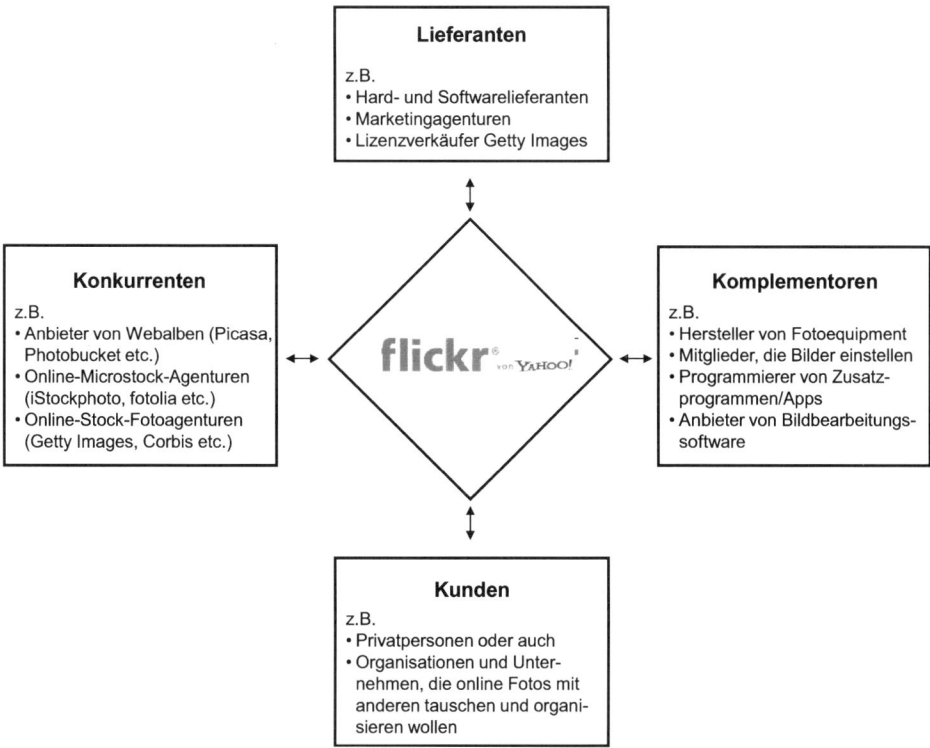

Abb. 2 Wertnetz von flickr. (Quelle: Eigene Darstellung)

ein stabiles, nutzerfreundliches System, auf dem sie ihre hochgeladenen Bilder und Videos speichern, organisieren und tauschen können. Ganz wichtig sind dabei die Community-Funktionalitäten für den Austausch mit anderen Mitgliedern (Abb. 2).

iStockphoto-Kunden hingegen erwarten vor allem eine große, gut sortierte Bildauswahl, die es ihnen ermöglicht, zielgerichtet geeignetes Bildmaterial zu finden. Die soziale Interaktion der Mitglieder spielt auf der Plattform selbst bislang keine Rolle. Die Lieferanten, als Bereitsteller der Infrastruktur, sind vom Prinzip her identisch. Komplementoren sind für beide Anbieter Hersteller von Fotoequipment, wie z. B. Digitalkameras von Canon, Fotohandys von HTC, Drucker von HP aber auch Softwareprogramme zur Bildbearbeitung. Ein ganz zentraler Unterschied liegt bei den Mitgliedern als Komplementoren. Bei flickr stellen sie Bilder ein, verschlagworten, kommentieren und tauschen sie aus. Veröffentlichte Bilder können kostenfrei angesehen werden. Je nach Lizenzbedingungen stehen sie als Commons bzw. Creative Commons allgemein zur Verfügung oder sie sind urheberrechtlich geschützt, und es besteht die Möglichkeit des käuflichen Erwerbs über Getty Images als Dienstleister (Abb. 3).

Anders bei iStockphoto, wo die Mitglieder zwar auch Bilder bereitstellen, diese aber ausschließlich zum Verkauf angeboten werden. Die beiden Anbieter stellen füreinander in

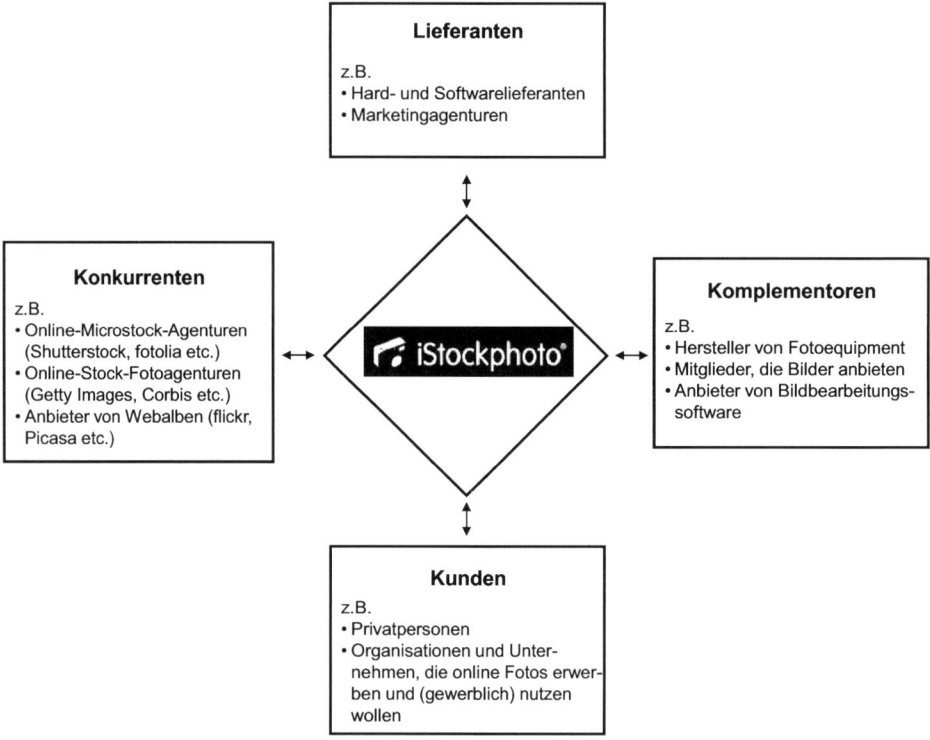

Abb. 3 Wertnetz von iStockphoto. (Quelle: Eigene Darstellung)

begrenztem Maße Konkurrenz dar. Zum einen beim reinen Ansehen von Bildern und zum anderen beim Bilderwerb. Als Community stehen sie nicht miteinander im Wettbewerb, weil iStockphoto hier keine Angebote bereithält.

4.3 Die strategische Variable Preisgestaltung

Die Preisgestaltung bei iStockphoto setzt sehr stark auf das bei Informationsgütern häufig vorzufindende Versioning. Bei dieser Form der leistungsorientierten Preisdifferenzierung werden dem Kunden verschiedene Varianten eines Produkts in unterschiedlichen Qualitäten zu einem jeweils anderen Preis angeboten (Linde und Stock 2011, S. 286). In diesem Falle sind es unterschiedliche Bildqualitäten unter denen der Kunde wählen kann. Je nach Verwendung stehen Bilder mit geringer Auflösung, z. B. für eine Präsentation, oder mit hoher Auflösung, z. B. für einen Plakatdruck, mit einem unterschiedlichen Preis zur Verfügung. Es werden fünf Qualitätsstufen von XS bis XL angeboten. Bezahlt wird mit Credits, die in Paketen mit einer Rabattstaffel angeboten werden. Zusätzlich gibt es Tagesabonnements mit einer festlegbaren Creditzahl sowie ein Site-Abonnement. Für Firmenkunden gibt es weitere spezielle Angebote, die vor allem die Verwaltung erleichtern.

Auch flickr bietet Versionierung in verschiedenen Formen an. Zum einen gibt es eine Basis- und eine Premiumversion, die sich aber nicht auf die Bildqualität sondern auf den Funktionsumfang bezieht. Als Premiumkunde zahlt man $ 1,87 pro Monat und erhält dafür gegenüber der kostenfreien Basisversion u. a. unbegrenzten Speicherplatz und unbegrenzte Upload-Möglichkeiten sowie Werbefreiheit. Die Finanzierung des Basisangebots erfolgt indirekt über Werbeeinblendungen. Hier nutzt flickr Erlöse, die über Dritte generiert werden. Seit 2008 besteht bei flickr zusätzlich die Möglichkeit, seine Bilder über Getty Images mit einer Lizenz zu versehen und kommerziell verwerten zu lassen. Getty Images hostet eine Community, bei der Mitglieder Bilder einreichen können. Sie werden begutachtet und dann ggf. in die Sammlung der kostenpflichtigen Angebote aufgenommen. Hier wird dann verfahren wie bei iStockphoto. Die Bilder besitzen ein Wasserzeichen, das erst durch den Kauf eliminiert wird. Je nach Bildqualität und/oder Verwendungsabsicht ergeben sich dann als zweite Variante der Versionierung unterschiedliche Bildpreise.

4.4 Erfolgsvergleich

Bilder als ein spezielles Informationsgut weisen in der hier dargestellten Angebotsform als ökonomische Besonderheiten eine ausgeprägte Fixkostendegression, relativ geringe Informationsasymmetrien, die Tendenz, sich unkontrolliert zu verbreiten und damit zum öffentlichen Gut zu werden, sowie, im Falle von flickr, durch die Community-Funktionalitäten ausgeprägte Netzeffekte auf.

Die Analyse der Wertnetze zeigt, dass beide Anbieter ganz stark von ihren Mitgliedern als Komplementoren abhängig sind. Bei iStockphoto wirken sie allerdings nur als Bildlieferanten, wohingegen sie bei flickr zusätzlich intensiv am Community-Leben teilnehmen können und dadurch deutliche Mehrwerte für alle schaffen. flickr fährt insgesamt eine offenere, kooperativere Strategie. Die Bereitstellung von Programmierschnittstellen, Apps und Kooperationen mit anderen Unternehmen, wie z. B. die Kooperation mit snapfish als Fotodruckpartner seit 2009 belegen diesen offenen Ansatz.

Welches Unternehmen kann nun als erfolgreicher gelten? Da Börsenkursnotierungen nicht zur Verfügung stehen, können hilfsweise die Verkaufspreise herangezogen werden, die beim Verkauf der beiden Unternehmen erzielt wurden (Heer 2009). flickr wurde 2005 für $ 35 Mio. an Yahoo! verkauft und iStockphoto 2006 für $ 50 Mio. an Getty Images. Pro Mitglied wurde damit auf der Basis der Zahlen von 2008 bei flickr ein Preis von ca. $ 1,35 und bei iStockphoto von ca. $ 18,50 gezahlt. iStockphoto ist es damit gelungen, aus einer kleinern Kundenbasis mehr Umsatz zu generieren als es bei flickr der Fall ist. Vor allem flickr hat seit dem viel verändert. Die Werbeeinblendungen sind verstärkt worden und vor allem die kommerzielle Verwertung von Bildern ist hinzugekommen.

Als ein zentraler Unterschied bleibt nach wie vor der Community-Aspekt bestehen. iStockphoto hat bisher keine Absichten gezeigt, das eigene Angebot in diese Richtung weiter zu entwickeln. Beim Bildangebot hat eine Erweiterung stattgefunden. Es werden neuerdings auch redaktionelle Bilder angeboten, die von Zeitungen und Verlagen genutzt werden sollen. Zusätzlich erweitert iStockphoto das Angebot an kostenlosen und niedrig aufgelösten Bildern und Illustrationen für Microsoft Office Online User. Die breite Angebotspalette bleibt damit ein wichtiger Mehrwert, den iStockphoto gegenüber flickr aufzuweisen hat.

Literatur

Backhaus K (2007) Industriegütermarketing. 8., vollst. neu bearb. Aufl. Vahlen (Vahlens Handbücher der Wirtschafts- und Sozialwissenschaften), München

Bode J (1993) Betriebliche Produktion von Information. DUV Dt. Univ.-Verlag, Wiesbaden

Bode J (1997) Der Informationsbegriff in der Betriebswirtschaftslehre. Z Betriebswirtsch Forsch 49(5):449–468

Buxmann P, Pohl G (2004) Musik online – Herausforderungen und Strategien für die Musikindustrie. WISU 4:507–520

Faßler M (2002) Was ist Kommunikation, 2. Aufl. Fink, München

Franck G (2007) Ökonomie der Aufmerksamkeit – Ein Entwurf. Ungekürzte Ausg., Lizenzausg. Dt. Taschenbuch-Verlag, München

Fritz W (2004) Internet-Marketing und Electronic Commerce – Grundlagen – Rahmenbedingungen – Instrumente; mit Praxisbeispielen, 3., vollst. überarb. und erw. Aufl. Gabler (Gabler-Lehrbuch), Wiesbaden

Gerpott TJ (2006) Wettbewerbsstrategien – Überblick, Systematik und Perspektiven. In: Scholz C (Hrsg) Handbuch Medienmanagement. Springer, Berlin (Springer-11775/Dig. Serial]), S 305–355

Grant RM, Nippa M (2006) Strategisches Management. Analyse, Entwicklung und Implementierung von Unternehmensstrategien, 5., aktualisierte Aufl. (der amerikan. Ausg.). Pearson Studium (wi – wirtschaft), München

Heer D (2009) Das Geschäft mit den Bildern. Marktstrategien von iStockphoto und flickr. Social-Media-Verlag (Linde F (Hrsg) Information economics, 1), Köln

Hungenberg H (2006) Strategisches Management in Unternehmen – Ziele – Prozesse – Verfahren, 4., überarb. und erw. Aufl. Gabler (Lehrbuch), Wiesbaden

Hutter M (2000) Besonderheiten der digitalen Wirtschaft – Herausforderungen an die Theorie. WISU 12:1659–1665

Intel (2002) http://lists.debian.org/debian-user-german/2002/04/msg01925.html. Zugegriffen: 18. Juli 2011

Iwersen S (2007) Spieler sind bessere Kunden. Handelsblatt. Ausgabe 180, 18.09.2007, S 12

Kahneman D, Tversky A (1979) Prospect theory: an analysis of decision under risk. Econometrica 47(2):263–291

Katz ML, Shapiro C (1985) Network externalities, competition, and compatibility. American Economic Review 75(3):424–440

Klodt H (2003) Wettbewerbsstrategien für Informationsgüter. In: Schäfer W, Berg H (Hrsg) Konjunktur, Wachstum und Wirtschaftspolitik im Zeichen der New Economy. Duncker & Humblot (Schriften des Vereins für Socialpolitik, Gesellschaft für Wirtschafts- und Sozialwissenschaften, N.F., 293), Berlin, NF 293, S 107–123

Kuhlen R (1996) Informationsmarkt – Chancen und Risiken der Kommerzialisierung von Wissen, 2. Aufl. UVK, Konstanz

Linde F, Stock WG (2011) Informationsmarkt – Informationen im I-Commerce anbieten und nachfragen. Oldenbourg, München

Nalebuff BJ, Brandenburger AM (1996) Coopetition – kooperativ konkurrieren – Mit der Spieltheorie zum Unternehmenserfolg. Campus, Frankfurt a. M.

Neumann J v. (2007) Theory of games and economic behavior, 60th-anniversary ed., 4. print., and 1. paperback print. Princeton University Press (Princeton Classic Edition), Princeton

Pethig R (1997) Information als Wirtschaftsgut in wirtschaftswissenschaftlicher Sicht. In: Fiedler H, Ullrich H (Hrsg) Information als Wirtschaftsgut – Management und Rechtsgestaltung. Schmidt, Köln, S 1–28

Porter ME (1980) Competitive strategy – techniques for analyzing industries and competitors, 52. Printing. Free Press, New York

Porter ME (2008) Wettbewerbsstrategie – Methoden zur Analyse von Branchen und Konkurrenten (Competitive strategy), 11., durchges. Aufl. Campus, Frankfurt a. M.

Pross H (1972) Medienforschung – Film, Funk, Presse, Fernsehen. Habel, Darmstadt

Schumann M, Hess T (2006) Grundfragen der Medienwirtschaft. Dritte, aktualisierte und überarbeitete Auflage. Springer, Berlin (Springer-11775/Dig. Serial])

Shapiro C, Varian HR (1999) Information rules – a strategic guide to the network economy, [Nachdr.]. Harvard Business School Press, Boston Mass

Shapiro C, Varian HR (2003) The information economy. In: Hand JRM, Lev B (Hrsg) Intangible assets. Values, measures, and risks. New York, S 48–62

Srinivasan R et al (2004) First in, first out? – the effects of network externalities on pioneer survival. Journal of Marketing 68:41–58

Stock WG (2007) Information Retrieval – Informationen suchen und finden. Oldenbourg, München

Suarez FF (2004) Battles for technological dominance: an integrative framework. Research Policy 33(2):271–286

Tirole J (1999) Industrieökonomik, 2., dt.-sprachige Aufl. Oldenbourg (Wolls Lehr- und Handbücher der Wirtschafts- und Sozialwissenschaften), München

Tversky A, Kahneman D (1992) Advances in prospect theory: cumulative representation of uncertainty. In: Kahneman D, Tversky A (Hrsg) (2000), Choices, values and frames. Cambridge University Press, Cambridge, S 44–66

Van Kaa G de, Vries HJ De, Heck E van, Ende J van den (2007) The emergence of standards: a meta-analysis. In: Sprague RH (Hrsg) 40th Annual Hawaii International Conference on System Sciences, HICSS 2007, 3–6 Jan. 2007. IEEE Computer Society, Los Alamitos

Welge MK, Al-Laham A (2003) Strategisches Management 4., aktualisierte Aufl. Gabler (Lehrbuch), Wiesbaden

Wetzel A (2004) Geschäftsmodelle für immaterielle Wirtschaftsgüter: Auswirkungen der Digitalisierung – Erweiterung von Geschäftsmodellen durch die neue Institutionenökonomik als ein Ansatz zur Theorie der Unternehmung. Kovac Hamburg

Web 2.0 und digitale Geschäftsmodelle

Bernd W. Wirtz, Robert Piehler und Linda Mory

Zusammenfassung

Die zunehmende Akzeptanz und Verbreitung des Internets als moderne Informations- und Kommunikationstechnologie hat die kommerzielle Nutzung gefördert und die Entstehung von digitalen Geschäftsmodellen ermöglicht. Seit 2005 lassen sich in diesem Kontext zunehmend Internet-Angebote verzeichnen, die dem Phänomen Web 2.0 zugeordnet werden können und die Internetökonomie verändern. Der Beitrag analysiert die strategischen Implikationen der Veränderungen von digitalen Geschäftsmodellen durch Web 2.0. Dazu werden zunächst Geschäftsmodelle im Internet anhand der 4C-Net-Business-Model-Typologie klassifiziert, der Begriff Web 2.0 definiert sowie ein empirisch validiertes Erklärungsmodell zu strategisch relevanten Komponenten des Web 2.0 dargestellt. Anhand dieser Komponenten wird der Einfluss von Web 2.0 auf einzelne Internetgeschäftsmodelle erklärt. Dabei werden verschiedene Web-2.0-Anwendungen den Geschäftsmodellen zugeordnet, die Wirkung der einzelnen Web-2.0-Komponenten auf die Anwendungen erläutert sowie Implikationen für die Praxis abgeleitet.

Inhaltsverzeichnis

B. W. Wirtz (✉) · R. Piehler · L. Mory
Deutsche Universität für Verwaltungswissenschaften Speyer,
Freiherr-vom-Stein-Str. 2, 67346, Speyer, Deutschland
E-Mail: wirtz@dhv-speyer.de

G. Lembke, N. Soyez (Hrsg.), *Digitale Medien im Unternehmen,*
DOI 10.1007/978-3-642-29906-3_4, © Springer-Verlag Berlin Heidelberg 2012

1   Einführung Geschäftsmodelle im Internet

Das Geschäftsmodell stellt ein ganzheitliches Management-Konzept dar, das die grundlegende Wertschöpfungslogik, -architektur und Funktionsweise eines Unternehmens
abbildet (Vgl. Timmers 1998). Dabei können verschiedene Sub-Modelle betrachtet werden, die sich der Strategischen Domäne, der Kunden- und Marktdomäne oder der Wert-
schöpfungsdomäne zuordnen lassen. Geschäftsmodelle haben sich seit Ende der 1990er
zu einem etablierten Management-Tool entwickelt und haben dementsprechend auch
eine zunehmende Bedeutung innerhalb des wissenschaftlichen Schrifttums erlangt (Vgl.
Ghaziani und Ventresca 2005, S. 543; Wirtz 2011a, S. 6 ff.).

Zur weiteren Analyse ist eine Strukturierung der verschiedenen Geschäftsmodelle im
Internet sinnvoll. Für den B2C-Sektor lassen sich im Internet vier Basis-Geschäftsmodelle
identifizieren, die sich durch unterschiedliche Leistungsangebote auszeichnen. Da diese
die Bereiche Content, Commerce, Context und Connection umfassen, wird die Einteilung
als 4C-Net Business Model-Typologie bezeichnet (Vgl. Wirtz 2000, S. 218). Die einzelnen
Bereiche zielen darauf ab, untereinander einen hohen Grad an Heterogenität aufzuweisen,
intern jedoch über möglichst homogene Elemente zu verfügen. Die Typologie entspricht
folglich einem ganzheitlichen Ansatz und bildet damit die Mehrheit an Geschäftsaktivi-
täten im Internet prototypisch ab. In der Praxis finden sich häufig Mischformen dieser
Prototypen in den entsprechenden Leistungsangeboten, die als hybride oder integrierte
Geschäftsmodelle bezeichnet werden (Vgl. Friedman und Langlinais 1999, S. 38). Dennoch kann die Typologie auch in diesen Fällen angewendet werden, um Rückschlüsse aus
der Kombination verschiedener Bereiche zu ziehen oder einen Schwerpunkt in der strategischen Ausrichtung zu setzen. Eine Übersicht zur 4C-Net Business Model-Typologie ist
in Tab. 1 dargestellt (Vgl. im Folgenden Wirtz 2011b, S. 445 ff.).

Internet Business Models, die sich primär aus dem Bereich Content zusammensetzen,
konzentrieren ihre Aktivitäten auf die Sammlung, Auswahl, Systematisierung, Aufbereitung und Distribution von Informationen. Diese werden auf eigenen Online-Plattformen
bereitgestellt. Die zentrale Value Proposition ist in diesem Geschäftsmodelltyp der auf den
Nutzer abgestimmte Zugang zu relevanten Inhalten. Erlöse werden über Werbung, Abonnements sowie Entgelte für Einzelinhalte erzielt. Die Varianten des Content-Geschäftsmo-
dells unterscheiden sich durch ihre unterschiedliche Akzentuierung von Unterhaltungs-
und Informationsangeboten. Als Beispiel für ein Unternehmen, das sich auf diesen Typ
von Internetgeschäftsmodellen konzentriert, kann das Wallstreet Journal Online genannt
werden.

Das Internet-Geschäftsmodell Commerce zielt dagegen auf die Anbahnung, Unterstützung oder Abwicklung von Geschäftstransaktionen ab. Eine Marktplattform, die sowohl

Tab. 1 Die 4C-Net Business Model-Typologie

	Content	Commerce	Context	Connection
Definition	Unternehmen, die Inhalte archivieren, auswählen, kompilieren, distribuieren oder online präsentieren	Unternehmen, die Geschäftstransaktionen anbahnen oder abwickeln	Unternehmen, die Informationen sortieren und aggregieren	Unternehmen, die physische und virtuelle Netzwerkinfrastruktur bereitstellen
Value Proposition	Benutzerfreundlicher und bequemer Zugang zu verschiedenen Inhalten	(Kosten-)Effiziente Marktplattform für Verkäufer und Käufer	Reduktion von Intransparenz und Komplexität für Nutzer	Voraussetzungen zum Informationsaustausch über das Internet
Erlösformen	Werbung	Verkaufserlöse	Werbung	Werbung
	Abonnements	Provisionen		Abonnements
	Pay-per-use			zeit-/volumenbasierte Abrechnung
BM-Varianten	E-Information	E-Attraction	E-Search Engines	E-Intra-Connection (Community)
	E-Entertainment	E-Bargaining/-Negotiation	E-Web Catalog	E-Inter-Connection
	E-Education	E-Transaction		
	E-Infotainment			
Beispiel	Wallstreet Journal Online	Amazon	Google	Intra: Facebook
				Inter: Vodafone

Verkäufer als auch Käufer eine effiziente Umgebung bietet, stellt folglich in diesem Kontext die Value Proposition dar. Erlöse werden entweder direkt durch Verkäufe oder als Intermediär durch Provisionen erzielt. Eine weitere Differenzierung dieses Geschäftsmodelltyps ist durch die verschiedenen Phasen einer Kauftransaktion möglich, die durch die Online-Plattform unterstützt werden (Anbahnung, Verhandlung, Durchführung). Exemplarisch kann für das Internetgeschäftsmodell Commerce das Unternehmen Amazon genannt werden, das sowohl direkte Verkaufserlöse als auch Provisionen durch seine Marketplace-Plattform erzielt.

Internet-Unternehmen, die sich auf den Geschäftsmodelltyp Context spezialisiert haben, zeichnen sich in ihrer Wertschöpfung vor allem durch die Aggregation, Sortierung und Aufbereitung von Informationen aus. Die zentrale Value Proposition ist dabei die Reduktion von Intransparenz sowie Komplexität zwischen verschiedenen Internetangeboten für den Nutzer, die sich zum Beispiel durch einen kürzeren Informationsverarbeitungsprozesses manifestiert. Die Erlöse werden dabei weitgehend durch Werbung erzielt und als Varianten des Geschäftsmodells stehen der Suchmaschinen- und der Katalog-Ansatz zur Verfügung. Beispielhaft für den Internetgeschäftsmodelltyp Context kann das Unternehmen Google genannt werden.

Internet Business Models, deren Wertschöpfung primär auf die Bereitstellung von physischer oder virtueller Netzwerkinfrastruktur ausgerichtet ist, werden der Kategorie Connection zugeordnet. Diese Infrastruktur stellt die Voraussetzung von Informationsaustausch über das Internet als wesentliche Value Proposition bereit. Grundlegend kann dabei zwischen zwei Varianten dieses Geschäftsmodells unterschieden werden. Zum einen gibt es Intra-Connection-Anbieter, die kommunikative Dienste innerhalb des Internets anbieten und im weitesten Sinne über ein Community-Konzept verfügen. Zum anderen gibt es Inter-Connection-Unternehmen, die vorrangig den Zugang zu den physischen Netzen herstellen und vermarkten. Erlöse werden im Connection-Geschäftsmodell über Werbung, Abonnements oder eine zeit- bzw. volumenbasierte Abrechnung realisiert. Als Beispiel für ein Unternehmen, das vorrangig durch Intra-Connection geprägt ist, kann Facebook angeführt werden. Für den Bereich Inter-Connection wird dagegen exemplarisch auf Vodafone verwiesen.

2   Web 2.0 als ein Game-Changer

Seit 2005 hat sich im Kontext von Internetangeboten ein nachhaltiger Trend entwickelt. Es entstand eine zunehmende Anzahl von Plattformen und Services, die eine neuartige Kombination bestehender Web-Technologien aufweisen und durch einen hohen Grad von Partizipation, Vernetzung und sozialer Interaktion in ihren Leistungsangeboten geprägt sind. Dieses Phänomen wird als Web 2.0 bezeichnet.

Der Begriff geht auf Eric Knorr sowie Dale Dougherty und Craig Cline zurück, die ihn bereits Ende 2003 bzw. 2004 verwendeten. Etabliert wurde das Konzept in der Öffentlichkeit schließlich 2005 durch einen vielbeachteten Artikel von O'Reilly (Vgl. O'Reilly 2005). Die wissenschaftlichen Definitionen von Web 2.0 sind bislang sehr heterogen (Vgl. Song 2010, S. 249 f.). Dennoch lassen sich eine Reihe von grundlegenden Dimensionen, wie Plattformen, Netzwerke oder Partizipation, häufig im Schrifttum finden (Vgl. Koh et al. 2007; Park 2007). Unter Berücksichtigung subjektbezogener, funktionaler und zielbezogener Aspekte kann folgende Definition abgeleitet werden: Web 2.0 umfasst innovative Anwendungen und Plattformen im Internet, die ein hohes Gestaltungspotenzial aufweisen. Durch die aktive Gestaltung der Inhalte und die Kooperation von Nutzern und Anbietern sowie Nutzern untereinander entstehen soziale Netze, die der permanenten Vernetzung der Nutzer sowie der Distribution von Inhalten dienen (Vgl. Wirtz 2010, S. 328 f.).

Unternehmen, die klassische Internet-Geschäftsmodelle einsetzen, müssen auf diese Veränderungen reagieren und entsprechende Anpassungen vornehmen, da es sich bei dem Wirtschaftssektor Internet um einen High-Velocity-Markt handelt. Dabei ist insbesondere eine systematische Analyse der wesentlichen Trends, Einflüsse sowie veränderten Nutzererwartungen der Ausgangspunkt für eine erfolgreiche Implementierung von hoher Bedeutung.

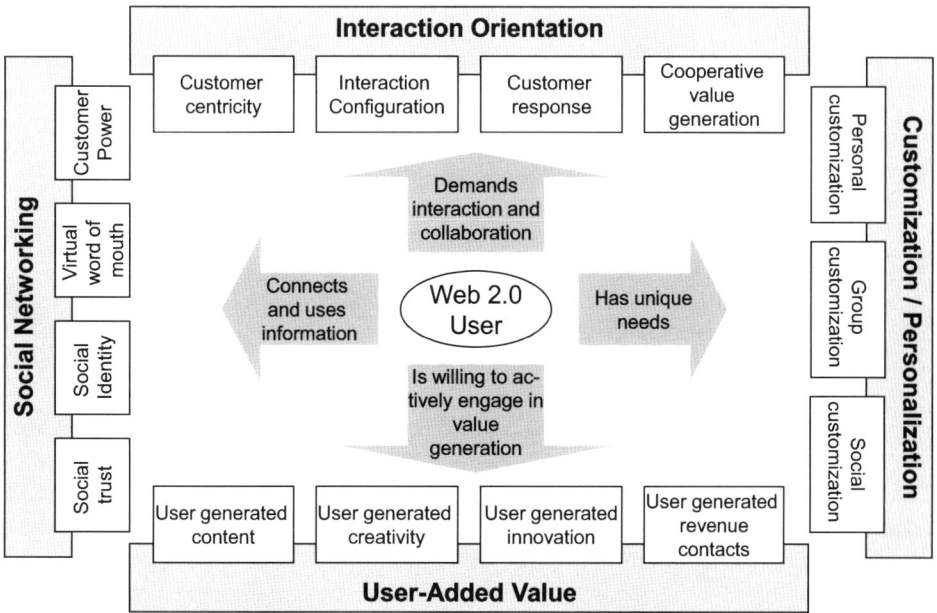

Abb. 1 Web-2.0-4-Factor-Modell. (Vgl. Wirtz et al. 2010, S. 279)

2.1 Das Web-2.0-4-Factors-Model

Zur Strukturierung und Bewertung der relevanten Veränderungen, die durch Web 2.0 in Internet-Geschäftsmodellen induziert werden, kann das Web-2.0-Factor-Model herangezogen werden (Vgl. im Folgenden Wirtz et al. 2010). Es umfasst vier zentrale Impact-Dimensionen, die aus mehreren Subfaktoren bestehen. Dabei handelt es sich um Social Networking, Interaction Orientation, Customization and Personalization sowie User-Added Value. Durch technische Weiterentwicklungen und Veränderungen in den Erwartungshaltungen von Internetnutzern haben diese vier Faktoren eine zunehmende Bedeutung für Internetgeschäftsmodelle erlangt. Sie stehen in einer engen inhaltlichen Verbindung zueinander, sodass eine trennscharfe Abgrenzung nicht immer einfach herzustellen ist. Das Web-2.0-4-Factors-Model ist in Abb. 1 dargestellt.

Das Konstrukt Social Networking umfasst Konzepte, die Strukturen der direkten Interaktion zwischen Internetnutzern beschreiben. Die entsprechenden Services zielen auf eine möglichst dauerhafte Verbindung von Nutzern, die durch die Behandlung spezieller Themen, die Abbildung von real bestehenden Verwandschafts- und Bekanntheitsgraden sowie Bewertungsinstrumente erreicht werden. Social Networking generiert für die Anwender verschiedene Nutzen, darunter Möglichkeiten zur Selbstreflektion, Imagepflege, Unterhaltung sowie Zugang zu wichtigen Informationen. Die relevanten Trends in diesem Bereich umfassen die vier Unterkategorien Social trust (Vgl. Valenzuela et al. 2009), Social Identity

Tab. 2 Kategorien von Social Networking

	Definition
Social trust	Bezeichnet das Vertrauen von Web-2.0-Nutzern in reziproke Interaktionen, die auf Partizipation und Kontrolle basieren
	Beispiele: Wikipedia, Produktbewertungen im Internet
Social Identity	Bezeichnet das Image-Management und die Zugehörigkeit zu sozialen Gruppen im Internet, die auf soziale Bestätigung und Selbstverwirklichung abzielt
	Beispiele: Second Life, Gruppenfunktion bei Facebook
Virtual word of mouth	Bezeichnet den informellen Transfer von Informationen zwischen verschiedenen Stakeholdern durch Internet- Anwendungen
	Beispiele: Blogs, Review-Webseiten, E-Mail
Customer power	Bezeichnet den zunehmenden Einfluss von Konsumentenmeinungen auf Entscheidungsprozesse in Unternehmen
	Beispiele: Open Innovation, Bewertung von Supportanfragen

Tab. 3 Kategorien von Interaction Orientation

	Definition
Customer centricity	Bezeichnet die zentrale Ausrichtung von Geschäftsaktivitäten auf die Kundenperspektive
	Setzt organisationale Change-Prozesse voraus um die Kundeninteraktion zu vereinfachen
	Beispiel: Amazon Bestellvorgang
Interaction Configuration	Bezeichnet die Struktur der Interaktionsmöglichkeiten eines Unternehmens
	Umfasst Informationsarten, Zuständigkeiten und Standardisierte Vorgehensweisen (Routinen, Codes of Conduct)
	Beispiel: Dell Support
Customer response	Bezeichnet die Fähigkeit eines Unternehmens den Kundendialog durchzuführen
	Reaktionsmuster für individuelles Kundenfeedback und die Sammlung von relevanten Daten zur Verbesserung des Kundendialogs sind wesentliche Bestandteile
	Beispiel: Amazon Produktvorschläge
Cooperative value generation	Bezeichnet die Fähigkeit eines Unternehmens die Kunden in Geschäftstransaktionen als gleichwertige Partner einzubinden
	Entwicklung und Erhaltung eines kundenbasierten Wettbewerbsvorteils durch direkte Informationen zur Verbesserung der Leistungsangebote
	Beispiel: Apple App Store

(Vgl. Gangadharbatla 2008), Virtual word of mouth (Vgl. Dwyer 2007) sowie Customer Power (Vgl. Constantinides und Fountain 2008). Diese Kategorien werden in Tab. 2 erklärt.

Den zweiten bedeutenden Faktor im Web 2.0 stellt Interaction Orientation dar. Dieses Konstrukt beschreibt die Fähigkeit eines Unternehmens, einen authentischen Kundendialog auf Basis einzelner Interaktionen aufzubauen und zu erhalten (Vgl. Ramani und Kumar 2008) und erfasst damit interaktive Phänomene zwischen Unternehmen und Kunden. Diese Fähigkeit setzt sich aus vier Bestandteilen zusammen, die in Tab. 3 dargestellt sind und anhand eines Beispiels jeweils verdeutlicht werden.

Tab. 4 Kategorien von Customization/Personalization

	Definition
Personal customization	Bezeichnet die Möglichkeit zur individuellen Anpassung von Internetangeboten an spezifische Bedürfnisse und Präferenzen durch die Nutzer
	Beispiele: Avatare in Communities
Group customization	Bezeichnet Anpassungsmöglichkeiten von Internetangeboten durch Gruppen
	Beispiele: Rankings von Leistungsangeboten durch Nutzer
Social customization	Bezeichnet Leistungsangebote im Internet, die zur Darstellung von Zugehörigkeit zu sozialen Schichten dienen
	Beispiele: Second Life

Der Faktor Customization/Personalization des Web-2.0-4-Factor-Modells bildet Anpassungsphänomene sowie segmentgenaue Ausrichtung ab und setzt sich aus den Unterkategorien Personal-, Group- und Social customization zusammen. Diese Konstrukte erfassen die Möglichkeiten Leistungsangebote im Internet zu individualisieren (Vgl. Kumar 2007). Dabei geht der inhaltliche Fokus jedoch über vergleichbare Betrachtungen im Kontext von E-Business oder Information Systems hinaus. Die einzelnen Bestandteile sind in Tab. 4 dargestellt.

Der letzte Faktor des Web-2.0-4-Factor ist User-added value. Dieses Konstrukt bildet die zunehmende Bedeutung von Wertschöpfung durch die Kunden ab. Dabei handelt es sich um eine Reihe von Phänomenen, die intensiv im Schrifttum diskutiert werden (Vgl. Franke et al. 2006; Füller et al. 2006; Bilgram et al. 2008; Daugherty et al. 2008; Strube et al. 2011). Tabelle 5 stellt die einzelnen Unterkategorien dar.

Im Zusammenspiel der Komponenten des Web-2.0-4-Factors-Model ergibt sich eine Reihe von spezifischen Implikationen für die Internetgeschäftsmodelle nach dem 4C-Net-Business-Model-Ansatz. Diese werden im nächsten Abschnitt dargestellt.

2.2 Auswirkungen der Faktoren auf Internetgeschäftsmodelle

Die vier Web-2.0-Faktoren weisen für einzelne Internetgeschäftsmodelle eine unterschiedliche Erfolgsbedeutung auf. Daher werden sie anhand der 4C-Net-Geschäftsmodelltypen separat bewertet. Die Zuordnung basiert in diesem Kontext auf konzeptuellen Überlegungen und der Analyse von bestehenden Internetangeboten. Tabelle 6 stellt die Ergebnisse in einer Übersicht dar.

Im Content-Geschäftsmodell zeigt sich für alle vier Web-2.0-Faktoren eine hohe oder sehr hohe Relevanz. So wirkt sich Social Networking etwa auf das Leistungsangebot sowie die Distribution aus. Durch die Integration von Social Networking-Tools wie Blogs oder Chats werden einerseits die Kern-Inhalte erweitert und andererseits in der Außenwirkung die Reichweite erhöht. Darüber hinaus können sie auch als Mittel zur Aufrechterhaltung von Kundenbeziehungen eingesetzt werden. Interaction Orientation wirkt sich bei Unternehmen im Content-Sektor vor allem in der Leistungserstellung und der Distribution aus. Der direkte Kundenkontakt und die entsprechende Fähigkeit Kundenfeedback adäquat zu

Tab. 5 Kategorien von User-added value

	Definition
User generated content	Bezeichnet von Internetnutzern erstellte Inhalte unterschiedlicher Ausprägung, die zu Information oder Unterhaltung dienen können
	Beispiele: Profile, Webseiten, Videos
User generated creativity	Bezeichnet Nutzerfeedback zur Verbesserung von Unternehmensprozessen, Leistungsangeboten und Organisation
	Beispiele: Open Innovation (Produkt- & Prozessinnovation)
User generated innovation	Bezeichnet Innovationsprozesse außerhalb des Unternehmens, die in Bezug zu Leistungsangeboten des Unternehmens stehen
	Beispiele: Open Software
User generated revenue/contacts	Bezeichnet die Erweiterung und Optimierung der Leistungsangebote eines Unternehmens durch den Einbezug von Nutzern als Entrepreneure mithilfe einer Plattform
	Beispiele: App Stores

Tab. 6 Auswirkungen der Web-2.0-Faktoren auf Internetgeschäftsmodelle. (In Anlehnung an Wirtz et al. 2010, S. 285)

Web 2.0 factors / Business models	Social networking	Interaction Orientation	User-Added Value	Customization/ Personalization
Content	◕ • Value offering model • Distribution model	◑ • Value generation model • Distribution model	◕ •Sourcing model •Value offering model	◕ • Value offering model • Distribution model
Commerce	◔	◕ • Value generation model • Distribution model	◑	◑ • Value offering model • Distribution model
Context	◑ • Value offering model	◔	◐	◐ • Value offering model • Distribution model
Connection	◕ • Value offering model	◑ • Value generation model • Distribution model	◑	◑ • Value offering model • Distribution model
Legende:	◔ – Geringe Auswirkung	◑ – Moderate Auswirkung	◕ – Hohe Auswirkung	● – Sehr hohe Auswirkung

integrieren ist für jede Wertschöpfungsstufe relevant. Den wichtigsten Einflussfaktor für content-basierte Geschäftsmodelle im Internet stellt jedoch User-Added Value dar. Dabei kann nicht nur User-Generated Content als Quelle für die eigenen Content-Plattformen dienen, sondern auch das Leistungsangebot insgesamt durch User-Generated Innovation/ Creativity erweitert werden. Ein Beispiel dafür ist etwa die Einbindung von Twitter-Reaktionen als Ergänzung von Meinungsbildern in News-Elementen. Darüber hinaus verfügt auch der Bereich Customization/Personalization über ein wesentliches Einflusspotenzial auf Content-Geschäftsmodelle. Die Anpassungsmöglichkeiten der Präsentation und segmentgenaue Ausrichtung von Inhalten verbessern den wahrgenommenen Wert des Contents.

In commerce-basierten Internetgeschäftsmodellen stellt dagegen Interaction Orientation den wichtigsten Einflussfaktor dar. In diesem Zusammenhang dient die Fähigkeit die Leistungserstellungs- und Distributionsprozesse auf den Kunden zuzuschneiden als Unterscheidungsmerkmal zu Wettbewerbern. Dies ist insbesondere für eine langfristige Kundenbindung relevant. Doch auch Aspekte der Personalization/Customization können zur Differenzierung der Leistungsangebote eines Commerce-Internetgeschäftsmodells genutzt werden. Insbesondere vor dem Hintergrund der zunehmenden Massenausrichtung von Internethandel und -dienstleistungen stellen diese beiden Aspekte den Ausgangspunkt für mögliche Wettbewerbsvorteile dar (Vgl. Artefact Group 2008). So wurde beispielsweise der Erfolg von Amazon maßgeblich durch den Einsatz von intelligenten Produktempfehlungsalgorithmen, die Suchprozesse der Kunden verkürzen, personalisierte Wunschlisten sowie einer Vereinfachung des Bestellprozesses (One-Click-Checkout, Warenkorb-Metapher) beeinflusst.

Internetgeschäftsmodelle aus dem Bereich Context können von den Entwicklungen im Bereich Web 2.0 vorrangig durch eine Fokussierung auf Social Networking und Customization/Personalization profitieren. Ein Beispiel dafür ist Suchmaschinenmarktführer Google, der durch die Einführung der Social-Networking-Plattform Google + sowie die Bewertung von Suchergebnissen durch die Funktion + 1 die Nutzerbindung und Nutzungsdauer erhöht. Darüber hinaus wird durch individualisierte Suchergebnisse eine stärkere Value Proposition etabliert.

Intra-Connection-basierte Geschäftsmodelle im Internet werden insbesondere durch das Phänomen Social Networking beeinflusst. Während klassische Intra-Connection-Anbieter in ihren Leistungsangeboten vor allem One-to-one-Kommunikation, wie beispielsweise E-Mail oder Instant Messaging, angeboten haben, erfährt durch das Web 2.0 Many-to-many-Kommunikation eine stärkere Bedeutung. Darüber hinaus sind für Intra-Connection-Anbieter auch Personalization und Customization relevant. Als Beispiel kann Hotmail angeführt werden, der E-Mail-Dienst von Microsoft. Das Angebot wurde 2005 in die umfangreichere Windows-Live-Plattform integriert, die neben E-Mail und Kontakt-Management, auch Messenger-Support sowie Schnittstellen zur Integration von sozialen Netzwerken wie Facebook oder LinkedIn bietet. Für Unternehmen, die Geschäftsmodelle im Bereich Inter-Connection verfolgen, sollten sich dagegen auf den Bereich Interaction Orientation konzentrieren. Insbesondere stark erklärungsbedürftige Produkte aus den Kategorien Triple bzw. Quadruple Play setzen eine reaktionsschnelle Vor- und Nachkaufskommunikation voraus.

Zusammenfassend kann festgehalten werden, dass Unternehmen, die über ein internetbasiertes Kerngeschäft verfügen, ihre Umwelt beständig nach neuen Trends und Entwicklungen scannen sollten. Dabei sind nicht nur technologische Entwicklungen relevant, sondern insbesondere auch Veränderungen im Nutzerverhalten. Die Bereitschaft

Veränderungen zu erkennen und zur Grundlage von Wettbewerbsvorteilen weiterzuentwickeln sollte dabei auf allen Ebenen der Unternehmen verankert werden. In diesem Zusammenhang ist auch die Integration von Innovation, die außerhalb der Unternehmen entstehen, relevant, beispielsweise durch Open Innovation. Darüber hinaus sind ein grundlegendes Wissen über das Geschäftsmodell und entsprechende Strukturen sowie Prozesse für ein effektives Change-Management unternehmensintern die Voraussetzung für eine Weiterentwicklung. Insbesondere in der Implementierungsphase von Geschäftsmodellmodifikationen oder -neuentwicklungen ist ein hoher Bedarf an unterstützenden Managementaktivitäten gegeben.

3   Anwendungen von Web-2.0-Geschäftsmodellen

Im Web 2.0 hat sich eine Reihe von neuartigen interaktiven Anwendungen und Instrumenten entwickelt, die jeweils verschiedene Kundennutzen bereitstellen. Sie basieren auf der Verknüpfung verschiedener bestehender Internettechnologien mit dem Ziel die Kommunikation im Netz zu verbessern. Die entsprechenden Anwendungen, ihre Leistungsangebote und ihr Nutzen werden in der nachfolgenden Tabelle dargestellt (Tab. 7).

Blogs stellen eine Form von chronologischen Web-Tagebüchern dar, die meist themen- oder personenbezogen gestaltet sind und über Kommentar- sowie Journalfunktionen verfügen. Darüber hinaus können auch Linksammlungen sowie What's-New-Bereiche Teil eines Weblogs sein. Interaktion findet durch Kommentare sowie Verlinkungen zu anderen Blogs statt. File Exchange & Sharing umfasst dagegen Plattformen, die multimediale Inhalte verbreiten. Bekannte Beispiele sind unter anderem Youtube für Videos, Flickr für Bilder oder Slideshare für Präsentationen. Die Angebote werden durch Kommentar- und Abonnementfunktionen ergänzt, die eine Interaktion mit den Nutzern ermöglichen.

Im Zusammenhang mit modernem technologiegestütztem Wissensmanagement haben Wikis als Web-2.0-Anwendung eine besondere Bedeutung erfahren. Sie stellen ein Set von webbasierten Instrumenten zur Content-Erstellung sowie -Weiterentwicklung in Gruppen dar. Ihre Ausrichtung liegt folglich auf dem Veröffentlichen und Teilen von Wissen. Podcasts stellen dagegen themenspezifisch Audio- oder Videoinformationen bereit, die durch eine Abonnementfunktion automatisch aktualisiert werden können. Sie sind bezüglich ihrer Charakteristika dem Instrument Weblog sehr ähnlich.

Mash-Ups können als eine Art Meta-Angebot verstanden werden. Sie ermöglichen die nutzerspezifische Integration von Daten sowie Teilen von verschiedenen Leistungsangeboten im Web 2.0. So können beispielsweise Adressdaten aus der Kontaktanwendung des sozialen Netzwerks Windows Live direkt innerhalb der Plattform auf einer virtuellen Karte des Microsoft-Suchanbieters Bing Maps dargestellt werden. Tagging-Anwendungen zielen dagegen auf eine redaktionelle Aufarbeitung von Favoritenlisten und Links durch die Internetnutzer ab. Dabei werden Meta-Informationen generiert und mit anderen Nutzern geteilt.

Tab. 7 Übersicht der Web-2.0-Anwendungen. (Vgl. Enderle und Wirtz 2008, S. 37)

	Leistungsangebot	Kundennutzen
Blogs & RSS-Feeds z. B. Blogger.com	Bereitstellung eines Authoring-Tools zur Erstellung von Blogs	Ungefilterte und persönliche Publikationsmöglichkeit für „jedermann"
	Hosting von Blogs	
	Kategorisierung von Blogs	
File Exchange & Sharing z. B. Youtube.com	Bereitstellung von Online- Speicherplatz	Broadcasting für „jedermann"
	Systematisierung von Inhalten, z. B. durch Kategorien und Bewertungen	Bereitstellung eines Publikums
Wikis z. B. Wikipedia.com	Tools zur Erstellung und Editierung von Inhalten durch die Nutzer	Aggregation themenspezifischer Informationen
	Bereitstellung einer Plattform zur Suche und Darstellung von Informationen/ Wissen	Freiheit hinsichtlich der Inhalte und Autoren
		Nutzer als kollektive Redaktion
Podcasts	Themenspezifische Audio-und Videoinhalte	Orts- und zeitungebundener Konsum von Inhalten
	Möglichkeit eines Abonnements	Automatische Aktualisierung
Mash-Ups z. B. WindowsLive	Verknüpfung von Basisdaten (meist Landkarten) mit zusätzlichen Informationen (Adressen, Bilder, Events etc.)	Mehrwert durch Verknüpfung relevanter Informationen
Tagging z. B. del.icio.us	Zentrale Archivierung und ubiquitäre Verfügbarkeit von Bookmarks	Individuelle redaktionelle Aufarbeitung des Internets
	Verschlagwortung von Bookmarks	
	Zugriff auf Linksammlungen anderer User	
Social Networking z. B. Facebook.com	Selbstpräsentation der Nutzer	Mediation sozialer Kontakte durch virtuelle Interaktion
	Vernetzung von Nutzern untereinander	
	Vernetzung von Nutzer und Inhalten	
Bewertungsportale z. B. Ciao.com	Aggregation von Produktinformationen	Unabhängige Produktbewertungen von Nutzern
	User-generierte Produktbewertungen	Vereinfachung und Unterstützung von Entscheidungs- und Kaufprozess
	Preisvergleich mit Links zu Onlineshops	

Social Networking stellt eine der bedeutendsten Web-2.0-Anwendungen dar. Unter diesem Begriff werden Angebote subsumiert, die Plattformen für soziale Interaktion sowie Informationsvermittlung bereitstellen und auf eine Vernetzung der Nutzer abzielen. Beispiele dafür stellen etwa Facebook oder Twitter dar. Häufig werden dabei Nutzerprofile, Chat-Systeme, Gruppenfunktionen, Kommentarfunktionen sowie Schnittstellen zur Informationsübertragung aus externen Quellen, wie zum Beispiel Spielekonsolen, eingesetzt. Bewertungsportale sind dagegen vor allem themenspezifisch ausgerichtet. Die zentrale

Funktion der Nutzerintegration und -interaktion stellt die Erstellung und Bewertung von Feedback zu Leistungsangeboten von Unternehmen dar. Dazu werden vorrangig Kommentarfunktionen und Vergleichslisten eingesetzt. Im nächsten Abschnitt wird die Bedeutung der einzelnen Web-2.0-Faktoren für die spezifischen Anwendungen erläutert.

4   Einfluss der Web-2.0-Factors auf die Anwendungen

Die einzelnen Web-2.0-Anwendungen sind in unterschiedlichem Maß durch die strategischen Charakteristika des Web 2.0 geprägt. In Tab. 8 wird dies zusammenfasst und im Folgenden anhand von Beispielen erklärt.

Blogs & RSS Feeds verfügen in den Bereichen Social Networking und Interaction Orientation nur über ein geringes Gestaltungspotenzial. Sie können beispielsweise für Virtual-Word-of-Mouth-Kampagnen oder als ein Bestandteil der Interaction Configuration eingesetzt werden. Im Bereich User-Added Value kann ein breites Spektrum an User Generated-Content-Angeboten in diesem Instrument integriert werden. Die Möglichkeiten zur Personalisierung sind dagegen gering. File Exchange & Sharing-Plattformen werden vorrangig für die Verbreitung von User Generated Content und die Gewinnung von User Know-How eingesetzt. Dabei bestehen über Kommentarfunktionen und Bewertungssystem auch Möglichkeiten zur sozialen Interaktion. Diese werden zwar sehr häufig genutzt, der Grad der Interaktion ist jedoch nicht übermäßig stark. Durch eine themenspezifische Auswahl der Plattformen ist auch die Möglichkeit zur Personalisierung gegeben.

Da Wikis als partizipative Wissenspeichertools eingesetzt werden, liegen ihre Stärken in den Bereichen User-Added Value und Interaction Orientation. Dabei steht insbesondere die Nutzbarmachung von User Know-How im Vordergrund. Social Networking und Customization können über diese Anwendung jedoch nur begrenzt genutzt werden. Podcasts weisen durch ihre massenmedial geprägte Struktur kaum Interaktionspotenzial auf. Sie ermöglichen lediglich einfache Formen individueller Customization. Daher ist ihre Bedeutung im Web 2.0 als zunehmend geringer einzustufen.

Auch Mash-Ups weisen für Unternehmen ein geringes Interaktionspotenzial auf. Die Integration von Schnittstellen zu anderen Internet-Leistungsangeboten kann jedoch einen Zusatznutzen für das eigene Angebot darstellen. So erweitert etwa ein Karten-Ausschnitt von Google Maps das Angebot eines Adresssuchanbieters. Im Bereich Mash-Up sind insbesondere Schnittstellen zu Diensten mit einem hohen Zusatznutzen, wie beispielsweise Google Maps, und Schnittstellen zu Web-2.0-Angeboten mit einer hohen Nutzerzahl, wie etwa Facebook, relevant. Tagging- oder Social Bookmarking-Anwendungen sind insbesondere im Bereich Personalization/Customization von Bedeutung. Es besteht bei dieser Anwendung jedoch ein geringes Einflusspotenzial seitens der Unternehmen.

Social Networking Communities, wie Facebook oder Twitter, wirken durch alle Web-2.0-Faktoren. Sie stellen auch das am häufigsten genutzt Instrument dar. Die strategische Ausrichtung des Internetgeschäftsmodells auf diese Anwendung erfordert jedoch auch eine Berücksichtigung von weiteren Inhalten und Diensten, damit ein tatsächlicher

Tab. 8 Match von Web-2.0-Faktoren und Web-2.0-Instrumenten

Web 2.0 instruments \ Web 2.0 factors	Social networking	Interaction Orientation	User-Added Value	Customization/ Personalization	Gesamt-bewertung
Blogs & RSS Feeds	◔ • Geringe Dialogfähigkeit	◔ • Geringe Interaktionsmöglichkeiten	◑ • User Reviews • User Generated Content	◔ • Eher Ansprache der „Massen"	◔
File Exchange & Sharing	◑ • Partielle Dialogfähigkeit	◑ • Häufige Interaktion zwischen Unternehmen und Nutzern	● • User Generated Content • Gewinnung von User Know how	◑ • Spezifische Communities ermöglichen individualisierte Ansprache	◑
Wikis	◔ • Dialogfähigkeit kaum gegeben	◑ • Nutzer als kollektive Redaktion	● • User Generated Content • Gewinnung von User Know how	◔ • Eher Ansprache der „Massen"	◑
Podcasts	○ • Kein Dialog mit Usern	○ • Keine Interaktion	○ • Kein User Added Value	◔ • Abonnement von Podcasts individuell bestimmbar	○
Mash-Ups	○ • Kein Dialog mit Usern	○ • Keine Interaktion	◔ • Geringer User Added Value	◔ • Geringe Möglichkeiten zur Customization vorhanden	◔
Tagging	○ • Kein Dialog mit Usern	○ • Keine Interaktion	◔ • Geringer User Generated Content	◕ • Individuelle redaktionelle Aufarbeitung von Content	◔
Social Networking Communities	● • Unternehmenspartizipation • Dialog mit Usern	◕ • Starke Interaktion zwischen Unternehmen und Nutzern	◕ • User Reviews • Media Uploads	◕ • Ausrichtung von Leistungsangeboten auf Kundenbedürfnisse möglich	◕
Bewertungs-portale	◔ • Dialogfähigkeit kaum gegeben	○ • Bewertung nur kundenseitig	◕ • User Reviews	○ • Keine Möglichkeiten zur Customization vorhanden	◔

Legende: ○ – Keine Auswirkung ◔ – Geringe Auswirkung ◑ – Moderate Auswirkung ◕ – Hohe Auswirkung ● – Sehr hohe Auswirkung

Kundennutzen entsteht, der über eine statische Webseite hinausgeht. Bewertungsportale, wie Google Shopping, sind für Unternehmen insbesondere im Bereich User-Added-Value relevant, da die Möglichkeit zur Analyse von Kundenfeedback besteht. Darüber hinaus können auch Support-Aktivitäten über diese Plattformen ausgeführt werden.

Zusammenfassend lässt sich festhalten, dass für eine erfolgreiche Ausrichtung von Internetgeschäftsmodellen im Kontext des Web 2.0 ein integrativer Einsatz verschiedener Anwendungen notwendig ist. Dadurch wird für alle Web-2.0-Faktoren ein entsprechender Kundennutzen geschaffen. Folgende Punkte stellen in diesem Zusammenhang die zentralen Erkenntnisse des Beitrags dar:

- Internetgeschäftsmodelle sind durch die vier strategisch relevanten Faktoren des Web 2.0, Social Networking, Interaction Orientation, User-Added Value und Customization/ Personalization, einem Anpassungsdruck unterworfen.
- Verschiedenen Arten von Internetgeschäftsmodellen weisen dabei eine unterschiedliche Sensitivität für die Einflussfaktoren auf.

- Zur Nutzung der Web-2.0-Faktoren steht eine Reihe von unterschiedlichen Anwendungen bzw. Instrumenten zur Verfügung.
- Auch die Anwendungen/Instrumente können bezüglich ihrer Wirkung in unterschiedlichem Maß den Web-2.0-Faktoren zugeordnet werden.
- Eine erfolgreiche strategische Anpassung von Internetgeschäftsmodellen setzt daher in Abhängigkeit vom Geschäftsmodelltyp ein integratives Set von Anwendungen/Instrumenten voraus.

5   Implikationen für die Praxis

Die Umwelt eines Unternehmens hat einen maßgeblichen Einfluss darauf, welche Geschäftsmodelle auf einem spezifischen Markt zu einer erfolgreichen Wertschöpfung führen. Da in einer Vielzahl von Branchen ein hohes Maß an stetiger Umweltveränderung vorherrscht, stellt die Fähigkeit diese Veränderungen zu erkennen und das Geschäftsmodell entsprechend anzupassen oder weiterzuentwickeln die Grundlage für einen nachhaltigen Wettbewerbsvorteil dar. Exemplarisch hat dieser Beitrag gezeigt, wie das Phänomen Web 2.0 Internetgeschäftsmodelle beeinflusst und welche Aktionsparameter zur Adaption zur Verfügung stehen. Dabei wurde Web 2.0 konzeptionell in Teilcharakteristika zerlegt und anhand des spezifischen Einflusses in eine managementorientierte Bewertungssystematik überführt. Damit können verschiedene Trends und Entwicklungen im Bereich Web 2.0 bzw. Social Media bezüglich Ihrer Bedeutung für Internetunternehmen eingeordnet werden. Darüber hinaus wurden praktische Anwendungen dargestellt und bewertet, die als Reaktionsmuster für eine Integration von Web 2.0-Charakteristika in bestehende Internetgeschäftsmodelle dienen können.

Für die praktische Anwendung der dargestellten Bewertungsinstrumente sind drei Aspekte zentral: Umwelt-Scan, Systematisierung und Implementierungskontrolle. Zunächst muss innerhalb des Unternehmens ein umfassendes Verständnis aller relevanten Aspekte von Umweltveränderungen hergestellt werden. Dafür sind nicht nur Investitionen in Forschung & Entwicklung sowie Business Development von Bedeutung, sondern auch die routinemäßige Auswertung von Kundenbedürfnissen sowie technologischen Neuentwicklungen außerhalb des Unternehmens (Vgl. Teece 2007). Idealerweise bleibt dieser Scan-Vorgang nicht auf das Top-Management oder einen Beraterstab beschränkt, sondern bezieht über die Unternehmenswerte alle Mitarbeiter ein. Auch unternehmensexterne Ressourcen sollten dabei genutzt werden, wie die besondere Bedeutung von User-Added Value im Web 2.0-Kontext oder das Phänomen Open Innovation (Vgl. Chesbrough und Appleyard 2007) am Beispiel der Kunden zeigen.

Als zweites muss ein Abgleich zwischen den erhobenen Umweltveränderungen und den einzelnen Aspekten des betroffenen Geschäftsmodells anhand der dargestellten Web-2.0-Bewertungsinstrumente vorgenommen werden. Das Ziel ist es dabei, Marktchancen und Herausforderungen frühzeitig zu erkennen, um durch eine Modifikation des Geschäftsmodells Gegenmaßnahmen zu antizipieren. Voraussetzung dafür ist jedoch eine exakte Kenntnis des Geschäftsmodells, die durch Systematiken wie die 4C-Net-Business Model-Typologie erleichtert wird. Die strukturierte Darstellung von Kernaspekten des Geschäftsmodells erleichtert es auf Umweltveränderungen angemessen zu reagieren.

Als letzter Aspekt ist das Tracking des Implementierungsstandes der Geschäftsmodell-modifikationen relevant für eine erfolgreiche Anwendung der Konzepte in der Management-Praxis. Insbesondere veränderte Geschäftsprozesse und organisationale Strukturen erfordern von den verantwortlichen Managern ein besonderes Maß an Durchsetzung und Kontrolle. Dabei ist es wichtig, dass eine positive Haltung an die Mitarbeiter kommuniziert wird, damit die Veränderungen tatsächlich als Möglichkeit zur Verbesserung der Unternehmenslage wahrgenommen werden und eine Motivationswirkung entfalten. Insgesamt ermöglichen die in diesem Beitrag dargestellten Instrumente die Früherkennung von relevanten Handlungsfeldern im Kontext des Web 2.0 für Internetgeschäftsmodelle und unterstützen die Entscheidungsfindung zur Anpassung des Geschäftsmodells.

Literatur

Artefact Group (2008) Time for e-commerce window dressing, highlighting brand value. http://www.practicalecommerce.com/blogs/post/459-Time-for-E-Commerce-Window-Dressing-Highlighting-Brand-Value. Zugegriffen: 28. Sept. 2011

Bilgram V, Brem A, Voigt K-I (2008) User-centric innovations in new product development – systematic identification of lead users harnessing interactive and collaborative online-tools. Int J Innov Manag 12(3):419–458

Chesbrough HW, Appleyard MM (2007) Open innovation and strategy. Calif Manag Rev 50(1):57–76

Constantinides E, Fountain SJ (2008) Web 2.0: conceptual foundations and marketing issues. J Direct Data Digit Mark Pract 9(3):231–244

Daugherty T, Eastin M, Bright L (2008) Exploring consumer motivations for creating user-generated content. J Interact Advert 8(2):16–25

Dwyer P (2007) Measuring the value of electronic word of mouth and its impact in consumer communities. J Interact Mark 21(2):63–79

Enderle M, Wirtz BW (2008) Weitreichende Veränderungen – Marketing im Web 2.0. Absatzwirtschaft 51(1):36–39

Franke N, Hippel E von, Schreier M (2006) Finding commercially attractive user innovations: a test of lead-user theory. J Product Innov Manag 23(4):301–315

Friedman JP, Langlinais TC (1999) Best intentions: a business model for the economy. Accent Outlook 1:34–41

Füller J, Bartl M, Ernst H, Mühlbacher H (2006) Community based innovation: how to integrate members of virtual communities into new product development. Electron Commer Res 6(1):57–73

Gangadharbatla H (2008) Facebook me: collective self-esteem, need to belong, and internet self-efficacy as predictors of the iGeneration's attitudes toward social networking sites. J Interact Advert 8(2):1–28

Ghaziani A, Ventresca MJ (2005) Keywords and cultural change: frame analysis of business model public talk, 1975–2000. Sociol Forum 20(4):523–559

Koh J, Kim Y-G, Butler B, Bock G-W (2007) Encouraging participation in virtual communities. Commun ACM 50(2):68–73

Kumar A (2007) From mass customization to mass personalization: a strategic transformation. Int J Flex Manuf Syst 19(4):533–547

O'Reilly T (2005) What is Web 2.0? Design patterns and business models for the next generation of software. http://www.oreilly.de/artikel/web20.html. Zugegriffen: 22. Sept. 2011

Park JY (2007) Empowering the user as the new media participant. Digit Creat 18(3):175–186

Ramani G, Kumar V (2008) Interaction orientation and firm performance. J Mark Manag 72(1):27–45

Song FW (2010) Theorizing Web 2.0. Inf Commun Soc 13(2):249–275

Strube M, Knuth I, Wellbrock C-M (2011) User motivation on generating content – a critical review of recent research and an analysis of motivation for different UGC types. In: Vukanovic Z, Faustino P (Hrsg) Managing media economy, media content and technology in the age of digital convergence. Media XXI, Lissabon

Teece DJ (2007) Explicating dynamic capabilities: the nature and microfoundations of (sustainable) enterprise performance. Strateg Manag J 28(13):1319–1350

Timmers P (1998) Business models for electronic markets. Electron Mark 8(2):3–8

Valenzuela S, Park N, Kee FK (2009) Is there social capital in a social network site?: facebook use and college students' life satisfaction, trust, and participation. J Comput Mediat Commun 14(4):875–901

Vukanovic Z, Faustino P (2011) Managing media economy, media content and technology in the age of digital convergence. Media XXI, Lissabon

Wirtz BW (2000) Electronic business. Gabler, Wiesbaden

Wirtz BW (2010) Electronic business, 3 Auf. Gabler, Wiesbaden

Wirtz BW (2011a) Business model management. Design – instruments – success factors. Gabler, Wiesbaden

Wirtz BW (2011b) Media and internet management. Gabler, Wiesbaden

Wirtz BW, Schilke O, Ullrich S (2010) Strategic development of business models: implications of the Web 2.0 for creating value on the internet. Long Range Plan 43(2/3):272–290

Teil II

Praxisbeispiele für die Einführung von digitalen Medien

Project Governance – oder: Anmerkungen über die Art und Weise, Medienprojekte zum Erfolg zu führen

Martin Gläser

Zusammenfassung

Governance meint die Art und Weise, wie ein System gesteuert wird. Bei „Project Governance" geht es also um die Mechanismen der Steuerung, Lenkung und Koordination von Projekten, um den Modus, wie die Handlungen von Akteuren („Stakeholder") integrativ zusammengeführt werden. Im vorliegenden Beitrag werden einige grundsätzliche Überlegungen angestellt, was dies für Medienprojekte bedeuten könnte. Gerade Medienprojekte weisen eine Reihe von Besonderheiten auf, die eine kritische Betrachtung des Managementkonzepts erforderlich machen. Als wichtiger Ansatz sollte zunächst die Art der Leistungserstellung im Projekt kritisch hinterfragt werden und hier ganz speziell der Typus des zugrunde zu legenden Vorgehensmodells. Ferner wird die Notwendigkeit hervorgehoben, von alt hergebrachten mechanistisch-technokratischen Steuerungsmodellen abzurücken und die Managementfrage aus unterschiedlichen Perspektiven anzugehen. Als zentraler Erfolgsfaktor für eine hohe Performance und für eine „gute Project Governance" von Medienprojekten ist einem systemtheoretisch fundierten Managementkonzept eine herausragende Bedeutung beizumessen.

Inhaltsverzeichnis

M. Gläser (✉)
Hochschule der Medien, Nobelstraße 10, 70569 Stuttgart, Deutschland
E-Mail: glaeser@hdm-stuttgart.de

G. Lembke, N. Soyez (Hrsg.), *Digitale Medien im Unternehmen*,
DOI 10.1007/978-3-642-29906-3_5, © Springer-Verlag Berlin Heidelberg 2012

1 Relevanz der Thematik

Die Steuerung von Projekten ist traditionell stark technokratisch determiniert. Das ist nicht verwunderlich, werden von alters her mit dem Begriff „Projekt" typischerweise Bauvorhaben wie der Bau einer Brücke, eines Fernsehturms, von Straßen, eines Bahnhofs („Stuttgart 21") oder von Gebäuden assoziiert. „Projekt" und „Management" provozieren in unseren Gehirnwindungen quasi automatisch die Vorstellung eines mechanistisch-technokratisch beherrschbaren Ablaufs von Konzeption, Planung, Durchführung und Schlüsselübergabe an den Auftraggeber. In weiten Bereichen der Projektmanagement-Lehre ist die „Maschinen"-Perspektive vorherrschend – ein Blick in die „How to do-Publikationen" genügt.

Das Management von Projekten mit der Bedienung einer Maschine zu assoziieren, muss man nicht unbedingt als schlecht und verwerflich brandmarken. Die **Systemtheorie** lehrt uns, dass es auf die **Situation** ankommt, welche Problemlösungsmethoden jeweils am besten geeignet sind. Situationen lassen sich wie folgt unterscheiden (Quelle: Ulrich und Probst 1995, S. 109) (Abb. 1):

- Einfache Problemlösungssituationen: Ohne langes Überlegen weiß man, wie mach sich verhalten muss, um das Problem zu lösen. Typisch sind gleichartige Situationen, die einem schon häufig begegnet sind, mithin alltägliche Routine-Vorgänge.
- Komplizierte Problemlösungssituationen: Hierbei ist es schwierig, die für eine rationale Entscheidung notwendigen Informationen zu gewinnen. Das Problem ist „schwierig" zu lösen, weil die Situation neu ist. Man weiß nicht im Vorhinein, wie sich die Situation zusammensetzt und worauf man zu achten hat.

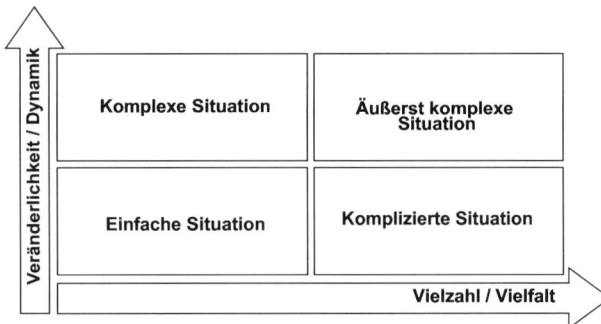

Abb. 1 Lokalisierung alternativer Problemsituationen

	Einfache Situation	Komplexe Situation
Charakteristik	wenige, gleichartige Elemente geringe Vernetztheit wenig Verhaltensmöglichkeiten der Elemente determinierte, stabile Wirkungsverläufe	viele, verschiedene Elemente starke Vernetztheit viele verschiedene Verhaltens-möglichkeiten der Elemente viele veränderliche Wirkungsverläufe
Erfassbarkeit	vollständig analysierbar quantifizierbar Verhalten prognostizierbar = analytisch erklärbar = Sicherheit erreichbar	beschränkt analysierbar beschränkt quantifizierbar Verhaltensmuster erkennbar = synthetisch verstehbar = Unsicherheit reduzierbar
Geeigneter Modellierungsansatz	Vorbild: Maschine Systemtyp: Triviales System	Vorbild: „Ökosystem" Systemtyp: Nicht-triviales System
Geeignete Denkweise	Kausalanalytisches Denken	Ganzheitliches Denken
Geeignete Problem-lösungsmethoden	„Exakte, quantitative Methoden" Algorithmen	„Unexakte, qualitative Methoden" Heuristiken
Faktische Beeinflussbarkeit	konstruierbar beherrschbar mit „Restrisiko"	beschränkt gestaltbar beschränkt lenkbar / „kultivierbar"

Abb. 2 Bedeutung der Situation für das Vorgehenskonzept

- Komplexe Problemlösungssituationen: Die Situation ist nicht nur in ihrem Aufbau kompliziert, sondern sie weist auch rasche und vielfältige Veränderungen im Zeitablauf auf. Die Veränderung der Situation weist eine hohe Dynamik auf.

Der geeignete Modellierungsansatz in der einfachen Problemlösungssituation ist das sog. „triviale System", in der komplexen Situation das „nicht-triviale System". Die Metapher einer Maschine als Lösungsansatz kann also durchaus zielführend sein, freilich nur bei den nicht-komplexen Problemen. Triviale Systeme sind mit exakten, quantitativen Methoden plan- und steuerbar, nicht-triviale hingegen verlangen nach heuristischen, ganzheitlichen und „unscharfen" Vorgehenskonzepten. Die nachfolgende Abb. 2 verdeutlicht die Zusammenhänge (Quelle: Ulrich und Probst 1995, S. 110):

2   Besonderheiten von Medienprojekten

Das Spektrum der Medienprojekte reicht von einfachen, relativ leicht beherrschbaren Projekten wie die Durchführung einer PR-Veranstaltung bis zu komplexen Projekten wie z. B. die Entwicklung einer neuen crossmedial angelegten Produktkonzeption für Fernsehen,

Online, Print, Events und Social Media wie etwa eines neuen Casting-Show-Formates. Als weitere Beispiele herausfordernder **Medienprojekte** können z. B. gelten:

- Entwicklung und Einführung eines neuen Zeitschriften-Titels
- Großer Kino- und TV-Spielfilm
- Crossmediales Produktkonzept, z. B. eine Dschungel-Show
- Programmstrukturreform eines Radiosenders
- Marketing-Projekte, Werbekampagne
- Corporate Publishing-Konzept
- Durchführung und Verwertung großer Musik-Events
- Relaunch des Web-Auftritts eines Rundfunksenders
- IT-Projekte, Software Engineering
- Business Process Reengineering im Verlag
- Fusion, Kooperation von Medienunternehmen
- Kulturveränderungsprojekte, Change Management

Medienprojekte weisen eine Reihe von Besonderheiten auf, die sie nicht selten besonders schwer handhabbar machen. Hauptgrund ist die Tatsache, dass es sich um die **kreative Entwicklung von Content** handelt. Dies stellt insofern eine Herausforderung dar, als solche Projekte nur durch ein beträchtliches Maß an Freiraum für die Beteiligten „gestemmt" werden können und in hohem Maße interdisziplinäres Arbeiten gefordert ist. Das Produkt ist zudem immateriell und entsteht in einem komplexen Wertschöpfungsprozess. Besonders gefordert ist daher professionelles Komplexitätsmanagement.

Vor einem solchen Hintergrund empfiehlt die Systemtheorie, sich am „Grundsatz der erforderlichen Vielfalt" nach Ashby zu orientieren, der besagt (vgl. Beck 1996, S. 151 f.): Je komplexer die Projektaufgabe ist, desto komplexer muss auch die erforderliche Organisationsstruktur für dieses Projekt sein. Die komplexe Organisationsstruktur ist quasi die Antwort auf die komplexe Problemstellung. Die Begründung lautet, dass vielfältige Einflüsse nur dann verarbeitet werden können, wenn entsprechend vielfältige Handlungsmuster zur Verfügung stehen – Vielfalt kann einzig durch Vielfalt bewältigt werden. Je komplexer eine Projektaufgabe ist, desto heterogener muss die Projektgruppe sein und desto mehr muss sie ein verkleinertes Abbild der Projektaufgabe sein. So kann es nicht verwundern, dass z. B. die Herstellung eines Spielfilms oder die Fernsehsendung „Wetten dass…?" nur von einer sehr komplizierten Team-Konfiguration bewältigt werden kann.

Bei Medienprojekten steht man – dies ein zweites wichtiges Merkmal – nicht selten vor der Situation, dass sich die Konzeptions- und Produktionsbedingungen als wenig stabil und nur schwer planbar erweisen und oft ein hohes Maß an **Improvisation** erforderlich machen. Man denke etwa an die Unwägbarkeiten in der Filmproduktion, wie sie bei der Entwicklung eines Drehbuchs oder beim Dreh im Außenbereich gegeben sind. Der Bedarf an flexibler Planung, Steuerung und Controlling ist damit bei Medienprojekten tendenziell sehr hoch.

Hinzu kommt ein tendenziell hohes Maß an **Virtualisierung** der Projektarbeit. Ein virtuelles Team ist gegeben, wenn die Teammitglieder permanent oder phasenweise an verteilten Standorten arbeiten, ein Tatbestand, der bei Medienprojekten häufig gegeben ist. Man denke z. B. an die Arbeit von Kreativagenturen, an Film, Radio und TV, insbesondere aber an Online- und Multimedia-Projekte. Gerade hier ist es häufig so, dass externe Dienstleister (z. B. Grafiker, Designer), die nicht am gleichen Ort agieren, maßgeblich in die Projektarbeit eingebunden sind. Die folgenden Fragen stellen sich typischerweise: Wie kann man die kommunikative Verbindung und den Transfer von explizitem, aber auch von implizitem Wissen zwischen den Teammitgliedern erhalten? Wie lässt sich maximale Effizienz und Kooperation sicher stellen? Was muss man tun, um die virtuelle Gruppe zu einem tatsächlichen Team „zusammenzuschweißen"? Wie kann man die Teamkultur positiv beeinflussen?

Über die genannten Aspekte hinaus ist festzustellen, dass Medienprojekte grundsätzlich ein **besonders hohes Erfolgsrisiko** in sich tragen. Der Hauptgrund liegt neben sehr hohen First Copy Costs in der Schwierigkeit der Definition von Erfolgsgrößen und deren Messbarkeit. Fragen wie diese mögen dies beleuchten: Nach welchen Kriterien will man den Erfolg einer Werbekampagne für den neuen „VW Tuareg" messen? War der PR-Film anlässlich des Jubiläums von Siemens erfolgreich? Wie lässt sich ausdrücken, ob der Erfolg der Einführung eines Intranets bei einem großen Dienstleistungsunternehmen erfolgreich war?

Zu ergänzen ist schließlich die Erkenntnis der Medienökonomie, dass bei Medienprodukten **Qualität** nicht immer ein verlässlicher Garant für den Markterfolg ist, vielmehr dass **Erfolgsfaktoren** nur sehr schwer dingfest gemacht werden können. Als Erfolgsfaktoren werden bei einem Kino-Spielfilm z. B. die Verpflichtung von Stars, die Anzahl des Screens oder die Location genannt, vieles bleibt jedoch ungewiss und der Effekt ist schwer kalkulierbar. Hauptgrund ist die Tatsache, dass Medienprodukte sog. Erfahrungs- und Vertrauensguteigenschaften aufweisen, was bedeutet, dass die Qualität des Medienproduktes von den Nutzern erst nach dem Konsum beurteilt werden kann (Erfahrungsgut), oder u. U. – wie bei ärztlichen Leistungen oder einer Autoreparatur – auch nach dem Konsum nicht beurteilt werden kann (Vertrauensgut).

Als Folge ist – verallgemeinernd – festzustellen, dass bei Medienprojekten das Risiko des Scheiterns relativ hoch ist. So kann es nicht verwundern, dass z. B. die Sicherung der Finanzierung eines Kinofilms stets eine extreme Herausforderung darstellt, die oft nur über massive Subventionierungen oder sonstige Sicherungsnetze gelingt.

Erwähnt sei an dieser Stelle auch an weitere – medienökonomisch bekannte – Eigenschaften von Medienprodukten, vor allem an den **Öffentlichen-Gut-Charakter** (Nicht-Rivalität im Konsum, Versagen des Ausschlussprinzips) und die Tatsache, dass Medienprodukte (v. a. Fernsehen, Internet) hohe **externe Effekte** für Politik (Demokratiesicherung, Meinungsbildung, Vielfalt der Themen) und Gesellschaft (Integration, Sozialisation) mit sich führen.

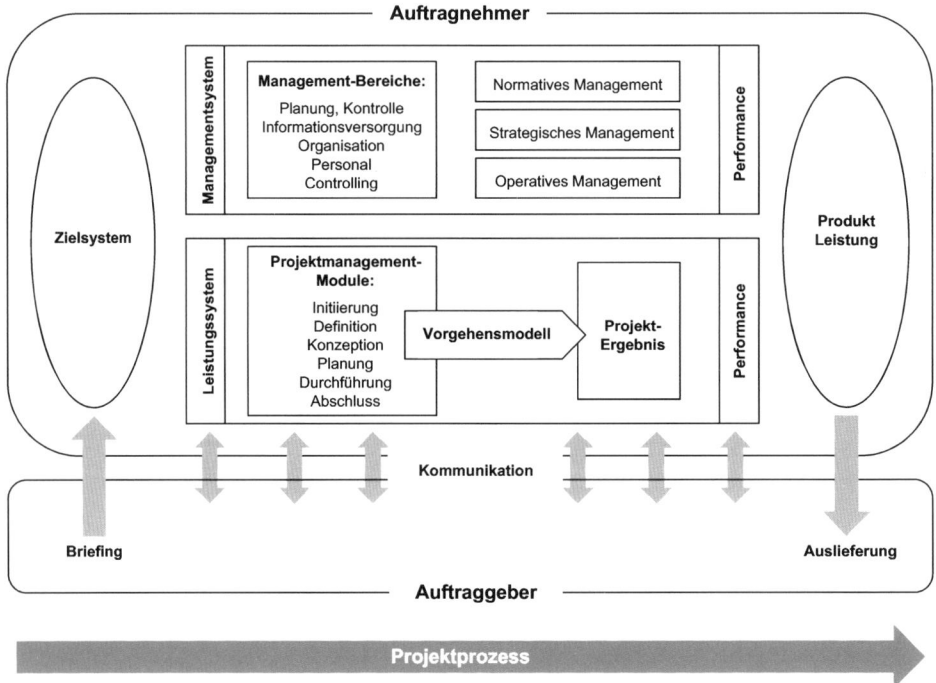

Abb. 3 Projektmanagement-Referenzmodell

3   Ansätze zur Beschreibung von Project Governance

Der Kontext des Managements von Projekten lässt sich trefflich mit dem **Zusammenspiel von Auftraggeber und Auftragnehmer** charakterisieren. Im Briefing erfolgt die Präzisierung der Projektgrundlagen und der Zielvorstellungen. Auf der Grundlage des Zielsystems setzt der Auftragnehmer den Projektleistungsprozess in Gang („Leistungssystem"), den er durch Führungskonzepte wirkungsvoll steuern muss („Managementsystem"). Die Performance des Projekts steht und fällt mit der Performance des Auftragnehmers als Realisator der Projektleistung bzw. des Projektprodukts. Es wird von der These ausgegangen, dass die Art, wie das Projekt geführt wird, ein besonders wichtiger **kritischer Erfolgsfaktor** („critical success factor") ist. Die Project Governance als kritischer Erfolgsfaktor gilt es abzuprüfen. Abbildung 3 liefert Ansatzpunkte für ein Analysekonzept.

    In einem ersten Schritt wird empfohlen, die Project Governance anhand des zugrunde gelegten Konzeptes der Leistungserstellung zu überprüfen, wie es sich im **Leistungssystem** abbildet. Die entscheidende Frage ist, mit welchem Vorgehensmodell das Projekt-Ergebnis erzeugt werden soll und wie das Vorgehensmodell mit den zentralen Projektmanagement-Modulen wie Konzeption, Planung und Durchführung umgeht. Je nach dem Komplexitätsgrad der Aufgabenstellung sind unterschiedliche Modellansätze zu erwarten. Nur wenn ein „Fit", eine Passgenauigkeit zwischen Komplexitätsgrad und Vorgehensmodell gegeben ist, wird hohe Performance zu erwarten sein.

Die Frage der Gestaltung eines effektiven Leistungssystems ist auf Unternehmensebene mit der Frage des geeigneten Geschäftsmodells („Business Model") vergleichbar. Das Geschäftsmodell ist die modellartige Abbildung des Leistungssystems und beschreibt die Produktarchitektur, das Wertschöpfungskonzept und das Erlösmodell (vgl. Gläser 2010, S. 48 f.).

Im zweiten Schritt ist das **Managementsystem** auf den Prüfstand zu stellen. Ein wirkungsvolles Managementsystem besteht in funktionaler Hinsicht aus den folgenden fünf Bausteinen: 1) Planung und Kontrolle, 2) Informationsversorgung, 3) Organisation, 4) Personalführung, 5) Controlling (vgl. Gläser 2010, Kap. 3). In steuerungslogischer Hinsicht ist normatives, strategisches und operatives Management zu unterscheiden. Die Performance des Managementsystems zeigt sich darin, wie professionell die einzelnen Bausteine ausgestaltet, gehandhabt und koordiniert werden und ob sie Teil eines integrierten Gesamtführungskonzepts sind.

4 Leistungssystem

Kern des Projekt-Leistungssystems ist das **Vorgehensmodell**. Die Frage nach dem Typus des Vorgehensmodells ist für die Beurteilung der Project Governance als besonders kritisch zu bezeichnen. Grundsätzlich können die folgenden Vorgehensmodelle unterschieden werden (vgl. Bunse und von Knethen 2008, S. 3 ff.):

- Sequenzielles Vorgehensmodell
- Prototypisches Vorgehensmodell
- Wiederholendes Vorgehensmodell
- Wiederverwendungsorientiertes Vorgehensmodell

Im Kontext des weiten Feldes der Medienprojekte ist zu kritisieren, dass die Frage nach dem Vorgehensmodell häufig nicht aufgeworfen wird, da den Beteiligten im Grunde nur das – dem menschlichen Denken offensichtlich nächstliegende – „Wasserfallmodell" in den Sinn kommt, die einfachste Form eines sequenziellen Vorgehensmodells. Dass auch andere Konzepte dem Projekt zugrunde gelegt werden könnten, bleibt unreflektiert.

4.1 Sequenzielle Vorgehensmodelle

Angenommen wird bei den sequenziellen Modellen („Wasserfallmodell", „Life Cycle-Modell"), dass sich die Projektmanagement-Module in einer linearen Abfolge von klar ab-

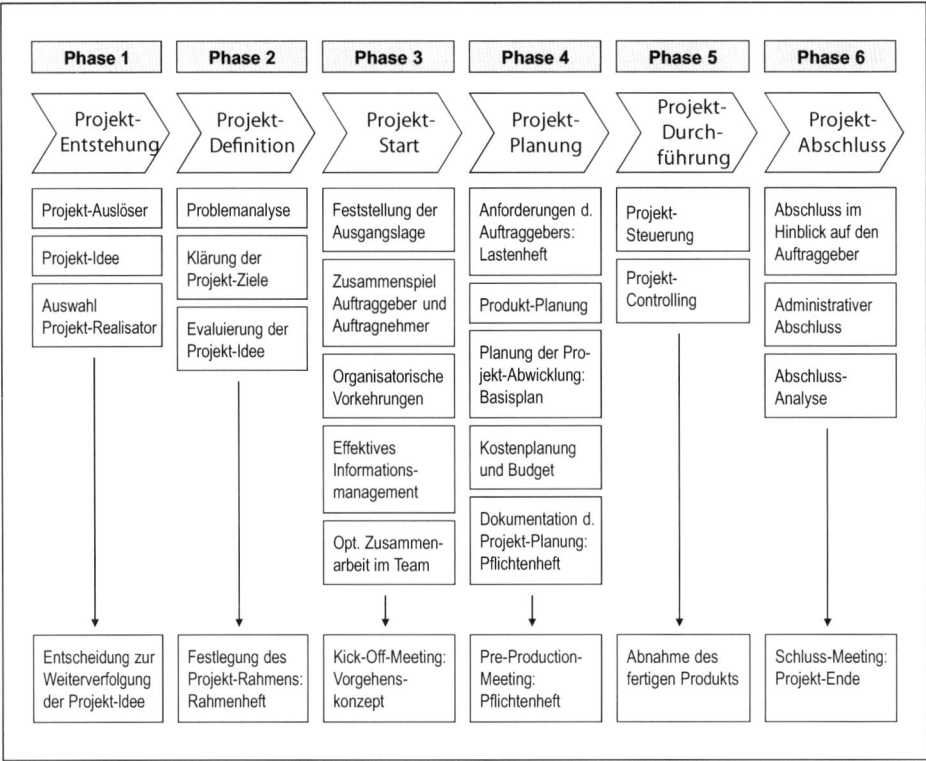

Abb. 4 Sequentielles Vorgehensmodell

grenzbaren Phasen bearbeiten lassen. Rücksprünge oder Iterationen von einer Phase in frühere Phasen sind ausgeschlossen. Ein Beispiel bietet die nachfolgende Abb. 4 (Quelle: Gläser 2010, S. 887):

Diese – auf Medienprojekte, insbesondere Film- und TV-Vorproduktionsprojekte aus-gerichtete – Darstellung folgt der Denkfigur eines Wasserfalls, da es versucht, die Projekt-aufgaben in klar voneinander unterscheidbare Phasen aufzuteilen. Damit einher geht die Empfehlung, das Ende jeder Phase als einen Meilenstein zu betrachten und zu diesem Zeitpunkt die Entscheidung für die weiteren Projektschritte zu treffen („Go-" oder „No-Go-Entscheidung").

4.2 Prototypische Vorgehensmodelle

Nahe an der Denkfigur sequenzieller Modelle bewegen sich die prototypischen Vorgehens-modelle (auch „Schleifenmodelle" genannt). Hierbei werden zwar immer noch die Phasen in linearer Abfolge geplant, zu bestimmten Zeitpunkten der Entwicklung eines Systems

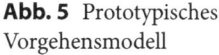

Abb. 5 Prototypisches
Vorgehensmodell

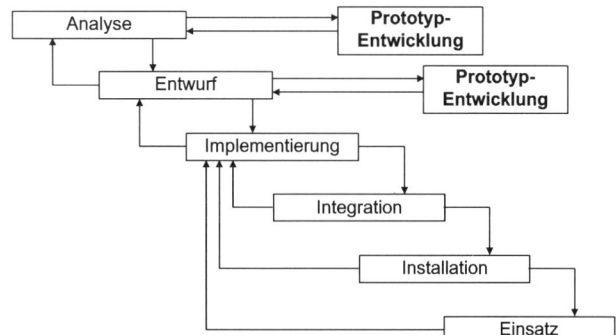

werden jedoch kontrollierte Rückschritte und die Wiederholung vorangegangener Phasen vorgesehen. Nachfolgende Abbildung verdeutlicht das Konzept (Quelle: Bunse und von Knethen 2008, S. 8 ff.) (Abb. 5):

Der zu einem bestimmten Zeitpunkt gefertigte Prototyp dient als vereinfachtes Modell oder Version und hat den Vorteil, dass schon frühzeitig ein lauffähiges – freilich noch nicht einsatzfähiges – System vorliegt, anhand dessen man Erfahrungen sammeln und Schlüsse für den weiteren Entwicklungsprozess ziehen kann. Dies kann die Mitarbeitermotivation erhöhen, die Abstimmung mit dem Auftraggeber erleichtern und das (vom Projektteam stets einzukalkulierende latente) Misstrauen des Managements gegenüber dem Projekt abbauen helfen. Sinnvoll sind prototypische Vorgehensmodelle immer dann, wenn die Anforderungen des Auftraggebers unklar sind oder funktionale Zusammenhänge des Produktes nicht ex ante geklärt werden können. Als Sonderfall ist das Vorgehensmodell des „Rapid Prototyping" zu sehen, bei dem ein Wegwerf-Prototyp zum Einsatz kommt, der nur zur Abstimmung mit dem Kunden verwendet wird.

4.3 Wiederholende Vorgehensmodelle

Dieser Typus von Vorgehensmodellen sieht vor, dass einzelne Phasen des Projektmanagements wiederholt durchlaufen werden. Man spricht auch von inkrementellen, evolutionären, rekursiven oder iterativen Vorgehensmodellen. Die Grundidee der wiederholenden Vorgehensmodellen ist es, dass der Projektprozess in Entwicklungszyklen geplant und abgewickelt wird, die jeweils gleiche Phasen durchlaufen. Besonders bekannt geworden ist in diesem Zusammenhang das evolutionäre „Spiralmodell" von Boehm (vgl. Abb. 6, Quelle: Wikipedia-Darstellung im Stichwort „Spiralmodell", vgl. auch Bunse und von Knethen 2008, S. 13), bei dem insbesondere das Management der Risiken (Zeit, Kosten) prominente Beachtung findet.

Der entscheidende Aspekt des Spiralmodells nach Boehm ist, dass in jeder Projektphase der mögliche Abbruch des Projekts als denkbare Alternative einkalkuliert wird („Besser ein Ende mit Schrecken als ein Schrecken ohne Ende!").

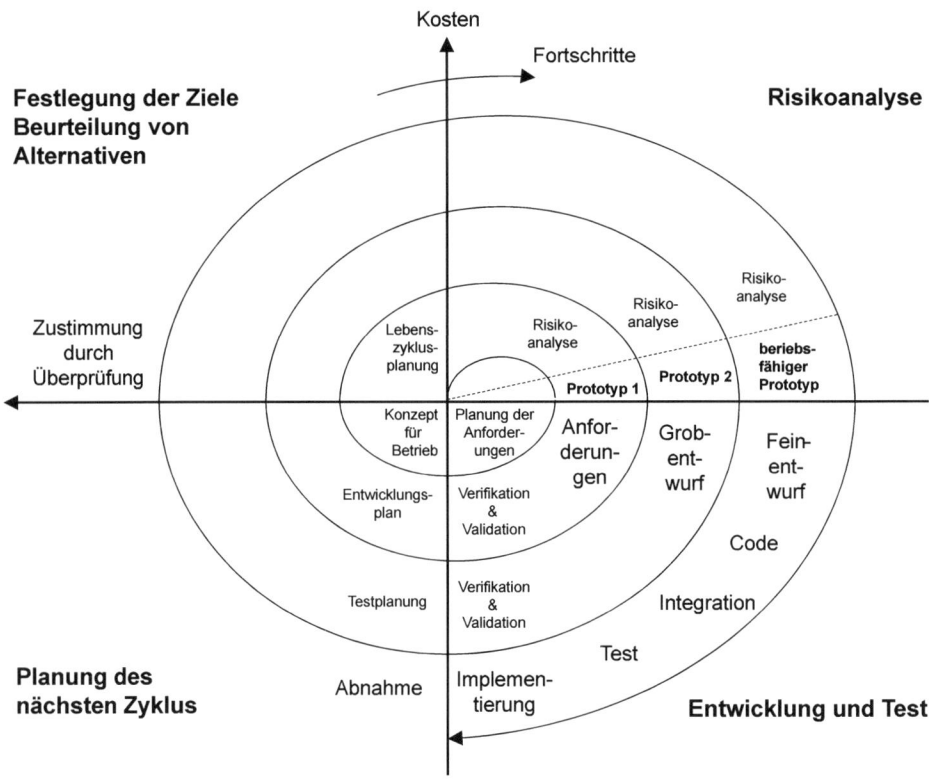

Abb. 6 Spiralmodell nach Boehm

4.4 Wiederverwendungsorientierte Vorgehensmodelle

Bei diesem Vorgehenskonzept werden gezielt die Erfahrungen und Ergebnisse vorangegangener Entwicklungen und Projekte genutzt. Bereits erarbeitete Module und Muster
werden in einer „Bibliothek" vorgehalten und projektgerecht zum erneuten Einsatz gebracht. Wiederverwendungsorientierte Vorgehensmodelle lassen sich wie folgt visualisie-
ren (Quelle: Bunse und von Knethen 2008, S. 16) (Abb. 7):

Im Zusammenhang von wiederholenden und wiederverwendungsorientierten Vorgehensmodellen kann der Begriff „Agiles Projektmanagement" nicht unerwähnt bleiben. Im
IT-Bereich spricht man von „Agiler Softwareentwicklung". Hierbei handelt es sich um den
gewollten Einsatz von „Agilität", also Flinkheit bzw. Beweglichkeit, der den Entwicklungsprozess flexibler und schlanker machen soll. Vor allem wird die reine Entwurfsphase so
kurz wie möglich gehalten. Anders als bei den klassischen Vorgehensmodellen rückt man
konsequent die zu erreichenden Ziele, die technischen Probleme und den sozialen Kon-

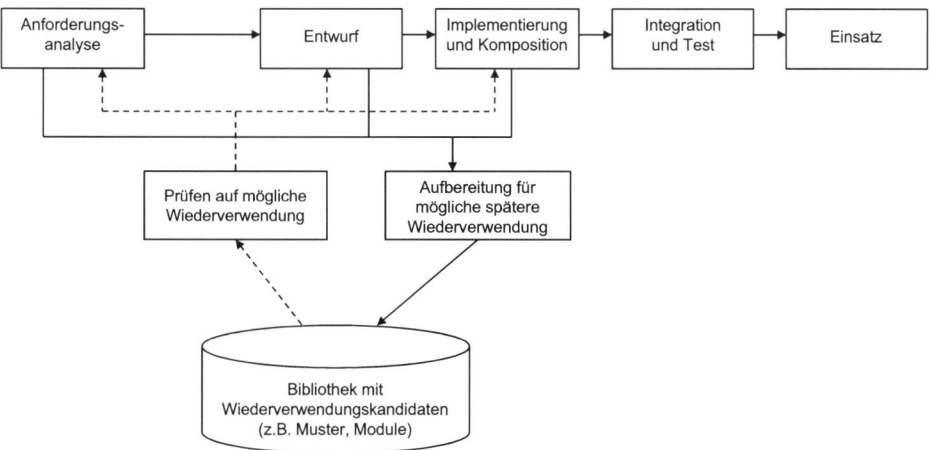

Abb. 7 Wiederverwendungsorientiertes Vorgehensmodell

text (teaminterne Kooperation, Kundenwünsche, Kundenzufriedenheit usw.) in den Fokus. Agiles Projektmanagement versteht sich als konträres Konzept zu den traditionellen Prozessmodellen, die oft als zu schwerfällig und bürokratisch wahrgenommen werden.

5 Managementsystem

Gute Project Governance entscheidet sich neben dem Leistungssystem-Konzept naheliegenderweise im Managementsystem. Wie dieses zu beurteilen ist, hängt maßgeblich vom **Managementverständnis** der beteiligten Akteure ab. Vier basale **Perspektiven** lassen sich unterscheiden (vgl. Gläser 2010, S. 17 ff.):

- Management in wirtschaftstheoretischer Perspektive
- Management in verhaltenstheoretischer Perspektive
- Management in politiktheoretischer Perspektive
- Management in systemtheoretischer Perspektive

5.1 Traditionelle wirtschaftstheoretische Perspektive

Die traditionelle wirtschaftstheoretische Perspektive beruht auf der klassischen Schule des Managements mit den Hauptvertretern Taylor (Scientific Management), Max Weber (Bürokratiemodell) und Fayol (Administrationstheorie). Im Fokus steht der Management-Prozess mit den Schritten Planung, Ausführung und Kontrolle, den es funktionsorientiert und als logische Abfolge von Einzelaufgaben zu analysieren und zu optimieren gilt. Die Annahmen der klassischen Schule lassen sich mit den folgenden Attributen umschreiben:

- Reduktionismus: Verständnis der Organisation als Maschine, mechanistisches Weltbild, reduktionistisches Managementdenken im Sinne der Maschinen-Metapher der Organisation;
- Rationalismus: Dominanz der Rationalität, Anlehnung an naturwissenschaftliches Ursache-Wirkungs-Denken, sachtechnische Bestimmung der Effizienz einer Organisation, Betonung von ökonomischem Rationalismus und technokratisch-ökonomischer Funktionalität; starkes Übergewicht des analytisch-zerlegenden Denkens;
- Anmaßung von Wissen: Erkenntnisse über Führung sind reproduzierbar, die Ergebnisse sind prognostizierbar;
- Machbarkeitsideologie: Primat der Planung, Primat des Wollens, Denken in Machbarkeit, Illusion der vollständigen Beherrschbarkeit und Steuerbarkeit soziotechnischer Systeme;
- Zentralisierung: (objektives) Wissen wird zum dominanten Machtfaktor;
- Verantwortung: Handeln muss nicht selbst verantwortet werden;
- Determinismus: Die Produktionsfaktoren sind beherrschbar, Dominanz von Regelhaftigkeit und Präzision.
- Spezialisierung: fachliche Überspezialisierung und organisatorische Zersplitterung.

Vor diesem Hintergrund ist es verständlich, dass der Ansatz auch als Theorie der administrativen Verwaltungs- und Unternehmensführung bezeichnet wird. Fragt man nach dem zugrunde liegenden **Menschenbild**, so lässt es sich mit den folgenden Annahmen charakterisieren:

- Es besteht die Notwendigkeit, den Einzelnen zu disziplinieren, da ihm der Überblick zur eigenverantwortlichen Gestaltung der Arbeitsbeziehungen fehlt.
- Der Mensch hält sich nicht verlässlich an die Vorschriften.
- Quelle aller Weisungsbefugnisse muss die Unternehmensspitze sein.
- Der Mensch ist Teil eines Mensch-Maschine-Systems, das Produktivität dadurch erzeugt, dass eine Spezialisierung auf eng begrenzte Aufgabenbezüge notwendig ist.

5.2   Management in verhaltenstheoretischer Perspektive

Dieser Ansatz markiert die radikale Abwendung vom technisch-mechanistischen Management-Denken der klassischen Ansätze und rückt die sozialen Aspekte der Organisation in das Zentrum der Betrachtung. Dies bedeutet einen grundlegenden Paradigmenwandel im Menschenbild von einem mechanistisch agierenden Aufgabenträger hin zum „complex man", der eine vieldimensionale Betrachtung erfordert. Von besonderem Interesse sind die Beziehungen zwischen den Arbeitnehmern, die zu einem wichtigen Produktionsfaktor werden, ein Gedanke, der in der sog. Human-Relations-Bewegung (Hawthorne-Experimente) aufgegriffen wurde.

5.3 Management in politiktheoretischer Perspektive

Begreift man eine Organisation – so auch eine Projektorganisation – als politisches System, stellen sich neue Fragen, nun die Fragen nach Macht und Interessen. Ausgangspunkt ist die Feststellung, dass das Projektgeschehen als ein hoch spannungsgeladenes Gebilde anzusehen ist, das ein ständiges Austarieren unterschiedlicher Interessen und der relativen Machtposition erforderlich macht. Die Vertreter der divergierenden Interessenspositionen werden „Stakeholder" genannt. Management versteht sich vor diesem politiktheoretischen Hintergrund als Lehre von den Machtinstrumenten und deren konstruktivem Gebrauch. Im Projektgeschehen stehen sich als Stakeholder verschiedenartigste Personenkreise gegenüber (vgl. Schulz-Wimmer 2002, S. 111 f.):

- Interne Stakeholder: Geschäftsführung, Betriebsrat, Gremien, Projektleiter, Mitarbeiter, Nutzer des Projektergebnisses (interner Endkunde). Auftraggeber, betroffene Abteilungen, informelle Meinungsbildner, Projektteam.
- Externe Stakeholder: Lieferanten, Aktionäre, Kunden, Medien, Verbände, Behörden, Wettbewerber, Bürgerinitiativen, Lieferanten, Anwohner, Kammern, Politik, Partnerfirmen, Branche, Banken.

Auch wenn diese Liste etwas merkwürdig erscheinen mag, Fakt ist, dass die Analyse der Stakeholder-Beziehungen und deren wirkungsvolle Gestaltung in der Praxis oft sträflich vernachlässigt wird. Oft mangelt es an guter Kommunikation, an professionellem Konfliktmanagement, an Offenheit und konstruktiver Kooperation.

Die Governance-Perspektive lenkt im Zusammenhang mit der Frage nach Macht und Interessen das Augenmerk auf die **Verfassung**. So wird „Corporate Governance" primär als Gestaltung der Unternehmensverfassung interpretiert. Eine Verfassung ist „System von Grundnormen, das die Grundfragen des Bestands (Existenzzweck, Veränderungs- und Auflösungsmodalitäten), der Zugehörigkeit (Mitgliedschaftsbedingungen), der unentziehbaren Grundrechte aller Beteiligten (Freiheits-, Teilnahme-, Sozial- und Klagerechte), der Organisation (Organe und ihre Befugnisse, Wahl- und Kontrollverfahren) und der Verantwortlichkeiten (Haftung) einer Institution regelt" (Ulrich und Fluri 1995, S. 74). In der Unternehmensverfassung soll geregelt werden, in welcher Form die Anteilseigner und die Arbeitnehmer an den unternehmenspolitischen Entscheidungen beteiligt werden. Gegenstand der Unternehmensverfassung ist die Gestaltung einer inneren Ordnung, auf deren Grundlage die Machtverhältnisse der Stakeholder bestimmt werden. Die Unternehmensverfassung legt die Kompetenzen der beteiligten Gruppen bei den zu treffenden unternehmerischen Entscheidungen fest.

Übertragen auf das Projektmanagement ist die Verfassung eines Projektes als Gesamtheit aller geschriebenen und ungeschriebenen Normen, Regeln, Rechten aller Beteiligten zu verstehen. Die Verfassung stellt den Basiskonsens aller vom Projekt Betroffenen her und trägt zum fairen Ausgleich der Interessen bei. Kernpunkt ist die innere Ordnung, nach der sich die Kompetenzen der Interessen- und Anspruchsgruppen bestimmen. Die Verfassung sorgt wenn nötig für eine institutionalisierte Konfliktregelung.

5.4 Management in systemtheoretischer Perspektive

Aus systemtheoretischer Sicht ist ein Projekt ein komplexes und dynamisches Gebilde mit einer sinnvollen Anordnung von **Elementen** (personell, sachlich), die in **Austauschbeziehungen** zueinander stehen. Die Systemtheorie erhebt den Anspruch, eine allgemeine Theorie für alle sozialen Systeme bereitzustellen, so auch für Projekte, die insofern als sozio-technische Systeme verstanden werden, eine Sichtweise, die sich besonders deutlich von den funktionalistisch-mechanistischen Vorstellungen der klassischen Managementlehren abhebt.

Die Beschreibung des Wesens eines Systems kann über **Kernmerkmale** erfolgen. Zu nennen sind (vgl. Wolf 2008, S. 158 f.):

- Systeme bestehen aus Elementen, bei einem Unternehmen z. B. die einzelnen Mitarbeiter, Abteilungen, Werke oder Maschinen.
- Innerhalb der Vielzahl der Systemelemente besteht eine hierarchische Gliederung (z. B. in Element, Subsystem, System, Supersystem).
- Zwischen den Elementen findet eine große Zahl an vielfältigen Beziehungen statt, seien sie materiell oder in Form von Informationen.
- Die Elemente, Subsysteme und Beziehungen zwischen ihnen bestimmen die Zustände und die Verhaltensweisen des Systems (These vom permanenten Wandel).
- Das Beziehungsgefüge zwischen den Elementen und Subsystemen präsentiert sich als Systemstruktur, weisen also eine Stabilität auf.

Wendet man die Systemtheorie auf den Kontext von Projekten und deren Management an, können die folgenden **zehn Grundaussagen der Systemtheorie** herausgestellt werden (in Analogie zu Wolf 2008, S. 164 ff.):

- Projekte sind als offene Systeme zu verstehen, die einen intensiven Austausch materieller und immaterieller Ressourcen vollziehen. Dies führt zur Frage der Systemgrenze, die nicht immer einfach zu klären ist.
- Eine dominante Eigenschaft eines Projekts als System ist deren Komplexität, bestimmt durch Vielschichtigkeit, Vernetzung und Folgelastigkeit (Anzahl der in Gang gesetzten Kausalketten).

- Nur durch ganzheitliches Denken und Handeln im Gesamtzusammenhang sind überzeugende Managementlösungen denkbar.
- Es ist nicht möglich, über den Einzelfall hinausgehende Wirkungsmuster zu erkennen. Wirkungsbeziehungen lassen sich immer nur im Hinblick auf das jeweilige System und die jeweilige Situation formulieren (Kontingenz-These).
- Die Bildung von Subsystemen ist einem System immanent und eine Methode, um Komplexität und Ungewissheit zu beherrschen. Es gilt das „Ashby-Gesetz": Nur jene Systeme sind überlebensfähig, deren Ausmaß an Eigenkomplexität (interner Varietät) der Komplexität der sie umgebenden Umwelt entspricht.
- In menschenzentrierten sozialen Systemen erfolgt die Beherrschung von Komplexität und Ungewissheit zusätzlich über die Herausbildung symbolischer Strukturen und Sinn-Stiftung für die Mitarbeiter. Ideen, Werte, Ideale, Modelle im Kontext von Unternehmenskultur sind wesentliche Attribute der Systemsteuerung.
- Die Austauschbeziehungen zwischen dem System und der Umwelt sind im Zeitablauf einem Wandel unterworfen, was eine permanente Modifikation der systemimmanenten Prozesse erforderlich macht.
- Offene Systeme sind in der Lage, einen Zustand des Gleichgewichts (Fließgleichgewicht, Homöostase) zu erreichen. Bei Störungen kann das Unternehmen wieder in den Gleichgewichtszustand zurückkehren und Stabilität erreichen.
- Gefordert werden eine große Praxisnähe und eine gestaltungsorientierte Ausrichtung, wie sie z. B. in der Management-Konzeption St. Gallen gepflegt wird.
- Gefordert wird auch eine intensive interdisziplinäre Zusammenarbeit. Die Systemtheorie kann nicht in den alleinigen Dienst einer Wissenschaft gestellt werden, sondern legt stets die disziplinübergreifende Perspektive nahe.

Diese Liste der wirft ein grelles Licht auf die Notwendigkeit, bei der Entwicklung von Management-Konzepten – so auch im Projektmanagement – ein **ganzheitliches Verständnis** zugrunde zu legen. Eine Denkweise, die sich an den Naturwissenschaften ausrichtet und die als „exakt, mathematisch, quantifizierend, isolierend, kausalanalytisch, mechanistisch und materialistisch" zu charakterisieren ist, muss in die Irre führen (vgl. Ulrich und Probst 1995, S. 295). Die Eigendynamik und die Komplexität des Systems müssen anerkannt werden. Projekte sind als Ganzheit zu verstehen, um die Gefahr einer reduktionistischen Sichtweise zu bannen.

Im Kontext des St. Galler Management-Modells wird darauf hingewiesen, dass üblicherweise mit dem traditionellen Unternehmungsverständnis ein ebenso traditionelles **Führungsverständnis** einhergeht, das als antiquiert anzusehen ist: „Im *traditionellen Führungsbild* spielt die Fähigkeit des Führers, das Verhalten einer Vielzahl anderer Menschen zu bestimmen und unter Kontrolle zu halten, eine überragende Rolle. Nicht das Gestalten und Lenken einer ganzen Institution, sondern das Bewirken eines bestimmten Verhaltens von Menschen steht im Zentrum dieser Vorstellung, also nicht eigentlich die Unternehmungs-, sondern die Mitarbeiterführung. Nach traditionellen Bildern erfolgt diese personale Führung im Rahmen einer klaren und einfachen hierarchischen Ordnung, welche die Durchsetzung des Willens einer obersten Führerpersönlichkeit bei den vielen ausführenden Mitarbeitern sichern soll" (Ulrich und Probst 1995, S. 297).

Antiquierte Vorstellungen sind auch zu vermuten, wenn vom „idealen Manager" die Rede ist. Malik – ebenfalls ein Vertreter der St. Galler Schule – hat dabei zwei „Irrlehren" geradezu geächtet, die zu fehlgeleiteten und schädlichen Managementauffassungen beitragen (vgl. Malik 2000, S. 27):

- Pursuit-of-Happiness-Approach: Der Hauptzweck einer Organisation besteht nach diesem Ansatz darin, Menschen zufrieden und glücklich zu machen.
- Vorstellung von der „Großen Führerpersönlichkeit": Der Ansatz vertritt die These, Organisationen brauchten kein Management, sondern Leadership. „Leader", der „große Mann" sei gefragt. Man vertritt die „Große Mann-Theorie".

Damit stellt sich für die Project Governance die wichtige Frage, welche Rolle die Projektleitung einnimmt. Weder „Happiness" noch die „große Führerpersönlichkeit" sind geeignete Ansätze. Gefordert ist das ganze Team. Jeder Einzelne muss seiner Verantwortung für das Gelingen des Projekts gerecht werden.

6   Ein Fazit

Dem Management von Medienprojekten steht ein breites Spektrum an Herangehensweisen zur Verfügung. Die Art des Herangehens und die Art der Steuerung des Projektgeschehens wird mit dem Begriff „Project Governance" trefflich charakterisiert. Es wird von der Vorstellung ausgegangen, dass Projektmanagement nur im Wege einer ganzheitlichen Konzeption erfolgreich sein kann, die die ganze Breite der unterschiedlichen Betrachtungswinkel berücksichtigt. Eine mechanistisch-technokratisch geprägte Governance-Konzeption ist zum Scheitern verurteilt. Umgekehrt lohnt es sich, aufbauend vor allem auf systemtheoretisch geprägten Management-Konzepten wie dem St. Galler Management-Modell in das „schwierige Geschäft" von Projektmanagement einzusteigen.

Literatur

Beck T (1996) Die Projektorganisation und ihre Gestaltung. Duncker & Humblot, Berlin
Benz A, Lütz S, Schimank U, Simonis G (Hrsg) (2007) Handbuch Governance. Theoretische Grundlagen und empirische Anwendungsfelder. VS Verlag für Sozialwissenschaften, Wiesbaden
Bunse C, Knethen A von (2008) Vorgehensmodelle kompakt, 2. Aufl. Spektrum Akademischer Verlag, Heidelberg
Gläser M (2010) Medienmanagement, 2., akt. u. überarb. Aufl. Vahlen, München

Malik F (2000) Führen, leisten, leben. Deutsche Verlagsanstalt, Stuttgart

Schulz-Wimmer H (2002) Projekte managen. Haufe, Freiburg im Breisgau

Ulrich H, Fluri E (1995) Management, 7., verb. Aufl. Haupt, Bern

Ulrich H, Probst GJB (1995) Anleitung zum ganzheitlichen Denken, 4. unverä. Aufl. Haupt, Bern

Wolf J (2008) Organisation, Management, Unternehmensführung, 3., vollst. überarb. u. erw. Aufl. Gabler, Wiesbaden

Neue Wertschöpfungsoptionen für Unternehmen am Beispiel von Crowdsourcing

Nora S. Stampfl

Zusammenfassung

Mit der Entwicklung der digitalen Medien ändert sich auch die Rolle des Konsumenten: Dieser wird aktiv in den Wertschöpfungsprozess einbezogen. Unternehmen integrieren immer öfter Arbeitsleistungen von Konsumenten als Wertschöpfungsressource. Durch diese Öffnung der Wertschöpfungskette nach außen verschwimmt die Grenze zwischen Produktion und Konsum. Wertschöpfung verändert sich radikal, sie demokratisiert und dezentralisiert sich. In diesem Umfeld müssen Unternehmen völlig neue Fähigkeiten entwickeln: Unternehmen müssen lernen, sich auf Interaktionen mit Kunden einzulassen – und zwar nach den Spielregeln der Kunden. Die neuen Medien eröffnen mit Crowdsourcing Unternehmen eine neue Form der Arbeitsteilung mit vielfältigen Einsatzmöglichkeiten. Zwar existieren auch andere Konzepte, die Externe in den Wertschöpfungsprozess einbinden und damit die traditionellen Unternehmensgrenzen erweitern, mit Crowdsourcing ändert sich die Qualität der Kundenintegration jedoch grundsätzlich: Nicht mehr dient die Beteiligung ausschließlich dem eigenen Konsum, sondern Beiträge von Konsumenten werden vom Unternehmen genutzt, um neue oder veränderte Leistungen für Dritte zu erzeugen. Somit werden Internetnutzer zu Mit-Produzenten. Der folgende Beitrag zeigt Optionen auf, wie Unternehmen durch die Integration von Kunden die Wertschöpfung neu gestalten können und beleuchtet, wie sich dadurch die Rolle als auch die Kernkompetenzen von Unternehmen verändern.

N. S. Stampfl (✉)
f/21 – Büro für Zukunftsfragen, Rosenheimer Straße 35, 10781, Berlin, Deutschland
E-Mail: nora.stampfl@f-21.de

G. Lembke, N. Soyez (Hrsg.), *Digitale Medien im Unternehmen,*
DOI 10.1007/978-3-642-29906-3_6, © Springer-Verlag Berlin Heidelberg 2012

Inhaltsverzeichnis

1   Einleitung

Ob als Kunde, Angestellter oder Bürger – der informierte und vernetzte Mensch von heute hat stark gewandelte Erwartungen an Hersteller, Arbeitgeber und Regierungen. Immerzu mit den neuesten Informationen versorgt und mit anderen vernetzt, tauscht sich der moderne Konsument heute über Erfahrungen mit Produkten und Dienstleistungen aus. Er will gehört werden, sich am Design der Leistungen beteiligen und wünscht eine fortwährende Kommunikation mit Unternehmen sowie anderen Nutzern. Zudem wird die Schaffung von Erfahrungen und Erlebnissen eine immer bedeutendere Komponente des Werts, den Unternehmen für ihre Kunden schaffen. Nicht mehr das Produkt selbst mit seinen Eigenschaften und Funktionalitäten ist für den Kunden das Maß der Dinge, sondern die Erfahrungen, die das Produkt verschafft. Viel stärker als die Herstellung standardisierter Leistungen setzt dies aber einen Austausch mit dem Kunden voraus, weil Erlebnisse in jedem Fall maßgeschneidert werden müssen und dies bedingt Einsichten in die Kundenwünsche und -erfahrungen. Trotzdem halten viele Unternehmen an ihren alten Vorstellungen von Wertschöpfung fest. Dabei werden Kunden als Teil einer passiven Masse betrachtet, anstatt sie in den Prozess der Entwicklung besserer Produkte und Dienstleistungen aktiv einzubeziehen. So kommen zwar immer neue Produkte auf den Markt, aber nur selten gehen Unternehmen wirklich den wahren Wünschen ihrer Kunden nach. Klare Folge einer solchen Weigerungshaltung ist der frustrierte Kunde, die Kundenzufriedenheit sinkt in vielen Branchen und der loyale Kunde ist immer mehr eine Erscheinung aus längst vergangenen Tagen.

2   Neue Formen der Arbeitsteilung: Von der tayloristischen Industrieproduktion zur Massenkooperation

Zumeist sind Unternehmen heute immer noch in Vorstellungen von der Betriebsführung verhaftet, wie sie vor einem Jahrhundert in der aufkommenden Industriegesellschaft entstanden. Vor allem Frederick Winslow Taylor legte mit seinem Ansatz des „Scientific Management" die Basis für alle nachfolgenden Entwicklungen und lenkte den Fokus auf die internen Arbeitsabläufe und deren detaillierte Prozesssteuerung. Dabei werden Abläufe in möglichst viele Teilschritte aufgespalten und sodann soll mit Hilfe der Methoden der „wissenschaftlichen Betriebsführung" die Effizienz jedes einzelnen Teilschritts erhöht werden. Erst in den 1970er Jahren machte diese rein nach innen gerichtete Sichtweise einer stärker systemischen Herangehensweise Platz. Grund hierfür war zum einen die zunehmende Verbreitung von just-in-time Prinzipien der Produktionsgestaltung, was ein Abgehen vom Streben nach „Insel-Effizienz" zwingend machte. Zum anderen wuchs der Zwang, Produkte möglichst schnell auf den Markt zu bringen, was wiederum ein stärkeres Zusammenwirken der historisch getrennten Unternehmensbereiche Entwicklung, Design, Produktion, Marketing etc. erforderte.

Einen integrierten Ansatz zur Organisation und Steuerung des gesamten Leistungsprozesses lieferte schließlich Porters (1985) Modell der Wertkette (value chain). Die Wertkette kann als Abfolge der wertschöpfenden Aktivitäten im Unternehmen verstanden werden, welche zur Erstellung der Produkte und Dienstleistungen vonnöten sind. Produktion ist das geordnete Durchlaufen dieser Aktivitäten, die jeweils durch spezifische Inputs, Transformationsprozesse und Outputs charakterisiert sind. Jede Aktivität steigert den Wert des Produkts und hat das Potential einen Differenzierungsvorteil im Wettbewerb zu erbringen. Porter unterscheidet zwischen primären Aktivitäten, die mit Herstellung und Vertrieb der Leistung unmittelbar verbunden sind (z. B. Eingangs- und Ausgangslogistik, Produktion, Marketing), sowie unterstützenden Aktivitäten, die dabei helfen, die primären Aktivitäten funktionsfähig zu halten und die Leistung des Unternehmens als Ganzes zu ermöglichen (z. B. Human Resources, Beschaffung).

Stets galt die Prämisse als unbestreitbar, dass das Streben nach interner Effizienz die Quelle betrieblicher Wertschöpfung sei. Zwar wurde im Laufe der Zeit die Sichtweise auf ein weniger strikt abgegrenztes Unternehmen ausgedehnt, indem Zulieferer in die Betrachtung der Wertschöpfungskette einbezogen wurden. Der Fokus blieb dennoch nach innen gerichtet, Kunden als Wertschaffende kamen in der Überlegung nicht vor. Dem Kunden wird eine rein passive Rolle zugewiesen: Obwohl Kunden im Mittelpunkt der Betrachtung stehen – sie werden beobachtet, befragt, segmentiert, in Zielgruppen eingeteilt, beworben und schließlich mit Waren versorgt –, findet keine bedeutsame Interaktion zwischen Kunde und Unternehmen statt. Das Verhältnis findet einzig und allein auf Basis der durch das Unternehmen festgelegten Regeln statt. Gemeinhin werden Kontaktpunkte definiert, an denen ein Austausch stattfindet, jedoch sind diese Gelegenheiten spärlich und das Unternehmen entscheidet im Alleingang, wie die Beziehung zum Kunden gestaltet wird. Diese bestand in der Vergangenheit oftmals lediglich im Ausfüllen von Fragebögen. Die Antworten auf vordefinierte Fragen waren Basis für ein Leistungsangebot, das einseitig für den Kunden gestaltet wurde. Diesem blieb nur die Entscheidung zu kaufen oder nicht zu kaufen. Lange Zeit hat dieses Modell seinen Dienst getan, aber wird diese Sicht auf Wertschöpfung den Anforderungen der heutigen Zeit noch gerecht? Wird Wert für den Kunden heute tatsächlich ausschließlich innerhalb einer solch strikt definierten, nach außen hin geschlossenen Wertschöpfungskette geschaffen? Und sind Unternehmen überhaupt noch imstande, einseitig ihr Leistungsversprechen zu definieren? Porters Wertkette kann wohl nur in einer Umwelt standhalten, in der sich Kunden schlicht mit jenen Leistungen zufrieden geben, die die Wertkette „ausspuckt". Jedoch zeigt die Wirklichkeit, dass Kunden zwar geringe Preise wertschätzen, die das Resultat der internen Effizienz sind, nachhaltige Wettbewerbsvorteile zeitigt dies jedoch schon lange nicht mehr: Denn Kunden wollen sich zunehmend in die Wertkette einschalten und sich persönlich engagieren. Durch diesen Einbezug der ehedem reinen Produktempfänger in den Leistungsprozess verschwimmt die Grenze zwischen Produktion und Konsum. Wertschöpfung verändert sich radikal, sie demokratisiert und dezentralisiert sich. Unternehmen öffnen sich, die klare Unterscheidung zwischen intern und extern schwindet. Kommunikation mit dem Kunden ist keine Einbahnstraße mehr, sondern wird zu einem echten zweiseitigen Austausch. In diesem Umfeld müssen Unternehmen auch völlig neue Fähigkeiten entwickeln: Ausgangspunkt jeglicher Wertschöpfungsaktivität muss nunmehr immer die Kundenerfahrung und nicht das eigene Produkt sein. Unternehmen müssen lernen, sich auf Interaktionen mit Kunden einzulassen – und zwar nach den Spielregeln der Kunden. All dies erfordert eine Neudefinition der Rollen von Strategie, Marketing, Innovation, Human Resources, Informationstechnologie etc.

Die Integration des Kunden in den wertschöpfenden Prozess führt zu einer neuen Rollenverteilung zwischen Unternehmen und Kunde. Nicht mehr nur konsumieren Kunden das Ergebnis betrieblicher Wertschöpfung, sondern leisten einen wesentlichen Beitrag zur Schaffung von Wert. Sie bringen ihre Kenntnisse, Fähigkeiten und Arbeitszeit ein und erweitern damit die Ressourcen des Herstellers. Dieser Wandel ist wesentlich auf die Informations- und Kommunikationstechnologien zurückzuführen, deren weite Verbreitung und ständig steigende Leistungsfähigkeit dem Wertschöpfungsprozess ein völlig anderes und sich andauernd änderndes Gesicht verleihen.

3   Veränderung von Wertschöpfungsprozessen im Internetzeitalter

Die Entwicklung hin zur verstärkten Einbeziehung des Kunden in den Wertschöpfungsprozess ist untrennbar mit der Verbreitung des Internets verbunden, bekam dadurch der Nutzer doch ein Werkzeug in die Hand, sich mit Unternehmen und anderen Nutzern auf einfache, schnelle und kostengünstige Weise auszutauschen. Zudem ist im Internet selbst die erodierende Rollenabgrenzung zwischen Ersteller und Nutzer erstmals auf breiter Front zu beobachten: Die Weiterentwicklung des Web 1.0 zum Web 2.0 – von einem statischen hin zu einem „Mitmach-Web" – war von einer steigenden Aktivität der Internetnutzer begleitet. Die klassische Unterscheidung in Autoren und Konsumenten existiert im Web 2.0 nicht mehr; Internetnutzer sind nicht mehr passive Konsumenten von Inhalten, sondern gestalten diese aktiv selbst. Jeder Internetnutzer tritt abwechselnd in den verschiedenen Rollen auf. Die Entstehung des Web 2.0 wurde vorangetrieben durch die weite Verbreitung des Internets, die immer geringeren Kosten bei steigender Bandbreite sowie fortgeschrittene Technologien, die es ermöglichen, einfach und ohne Vorkenntnisse Inhalte im Netz zu veröffentlichen. Was ehedem Sache von Experten war, ist im Web 2.0 jedermann möglich. Aber es geht bei der Fortentwicklung des Internets zum „Mitmach-Web" nicht nur um neue Technologien, viel wichtiger für dessen Erfolg war die Partizipation der Internetnutzer: Nur durch die aktive Teilnahme, das Mitwirken an Webangeboten, das Vernetzen und Austauschen von Informationen konnte das Web 2.0 seinen Siegeszug antreten, sodass heute nicht mehr redaktionell erstellte Inhalte, sondern User Generated Content das Internet beherrscht. Das Konzept des Web 2.0 basiert darauf, den Konsumenten zum Produzenten zu machen und knüpft damit an die aus den 1980er Jahren stammende Debatte um den Prosumenten an.

Schon 1981 hat Alvin Toffler in seinem Buch „The Third Wave" einen folgenreichen Wandel in den Wertschöpfungsprozessen vorhergesehen. Die Zukunft würde Produktion und Konsum wieder zusammenführen – so wie dies in der Subsistenzwirtschaft der vorindustriellen Zeit die Norm war, als Haushalte primär für den Eigenbedarf produzierten, Produktions- und Konsumgemeinschaften also zusammenfielen und die gesellschaftliche Arbeitsteilung nur wenig ausgebildet war. Erst die Industrialisierung brachte dann die arbeitsteilige Produktion, wodurch die Lebenstätigkeiten der Menschen in Produktion und Konsum zerfielen. Im Informationszeitalter wachsen die beiden Sphären wieder zusammen und die Rolle des Konsumenten wandelt sich grundlegend: Nicht länger wird dieser nur Geld zur Wertschöpfung beitragen, sondern sich aktiv in den Produktionsprozess einbringen – indem er etwa zum Designer für große Unternehmen wird (durch detaillierte Beschreibung seiner persönlichen Präferenzen) oder indem er mit Hilfe der Mittel, die ihm die neuen Technologien zur Verfügung stellen, tatsächlich selbst zum Produzenten wird. Für das Verschmelzen von Konsument und Produzent prägte Toffler den Begriff Prosumer und beschreibt damit einen neuen Typus von Konsumenten, der Teil des kreativen Prozesses der Gütererstellung wird. Jahre bevor es das Internet gab, sah Toffler eine Welt voraus, in der sich Nutzer miteinander verbinden, um gemeinsam Produkte zu schaffen.

Nach Toffler befassten sich noch eine Vielzahl anderer Autoren mit der veränderten Wertschöpfung durch die stärkere Interaktion zwischen Unternehmen und Kunden; eine Reihe von Begrifflichkeiten und Konzepten versucht dieses Phänomen zu fassen, von denen einige im Folgenden kurz umrissen werden sollen.

Grün und Brunner (2003) sehen in ihrem Konzept der Wertschöpfung durch Co-Produktion die Einbeziehung des Kunden in den Leistungserstellungsprozess durch eine Art von Kooperation zwischen Produzenten und Konsumenten. Das Modell kann als eine Weiterentwicklung der traditionellen Selbstbedienung verstanden werden, wobei der Hersteller explizit Wertschöpfungsaktivitäten auf seine Kunden verlagert. Das Produkt kommt nur durch die Zusammenarbeit zustande, wie dies beispielsweise bei Selbstbaumöbeln der Fall ist: Dabei übernimmt der Kunde den Transport sowie den Zusammenbau.

Yochai Benkler sieht in der digital vernetzten Umwelt ein neues Modell der Arbeitsteilung aufziehen: Als Commons-based Peer Production (Benkler 2002) bezeichnet der Professor der Harvard Law School jene Produktionsform, bei der Kreativität und Arbeitskraft einer großen Anzahl von Menschen koordiniert in große, bedeutsame Projekte fließen – zumeist mit Hilfe des Internets und ohne traditionelle hierarchische Organisation. Commons-based Peer Production ist ein Erklärungsmodell für Phänomene wie Open Source Softwareentwicklung oder die online Enzyklopädie Wikipedia, die weder von den gängigen Theorien der Volkswirtschaftslehre, die auf dem Modell des homo oeconomicus, eines rational und eigennützig handelnden Individuums, basieren, noch von Ansätzen der Neuen Institutionenökonomik erklärt werden können. Commons-based Peer Production bezeichnet ein neues Innovations- und Produktionsmodell, das nicht auf kommerzielle Wertschöpfung, sondern auf die Erzeugung öffentlicher Güter abzielt. Benklers Modell beruht auf kollektivem Lernen und Teilen von Wissen. Dabei spielt auch die Informationstechnologie eine große Rolle, indem sie umfangreiche Formen der Kollaboration möglich macht, die nicht ohne Auswirkungen auf Wirtschaft und Gesellschaft bleiben (Benkler 2006).

Der von Howe (2006) im Computermagazin Wired geprägte Begriff Crowdsourcing unternimmt einen Perspektivenwechsel: In Howes Modell liegt der Blick nicht vorrangig auf der gemeinschaftlichen Produktion, sondern vielmehr auf dem Fakt, dass sich Unternehmen die intelligenten Netzwerke zunutze machen, um peer Produktion ins Werk zu setzen. Der sich aus „crowd" und „outsourcing" zusammensetzende Begriff Crowdsourcing meint dabei den Vorgang, dass Unternehmen eine vormals durch die eigenen Mitarbeiter intern ausgeführte Funktion an ein undefiniertes (in der Regel großes) Netzwerk von Menschen in Form eines offenen Aufrufes auslagern. Dabei muss es sich eben nicht um peer Produktion handeln, die betreffenden Aufgaben können ebenso gut von einzelnen Personen ausgeführt werden.

Von den vielen Nachfahren von Tofflers Prosumer macht also der Begriff Crowdsourcing den entscheidenden Schritt und bezeichnet neue Sourcingstrategien von Unternehmen, die die Wertschöpfungskette grundlegend ändern.

4   Vom Outsourcing zum Crowdsourcing

Outsourcing ist heute als Instrument etabliert, um den gestiegenen Anforderungen des Wettbewerbs zu begegnen: Durch die Auslagerung von Unternehmensfunktionen und -prozessen sollen Kosten reduziert, Flexibilität erhöht, Zugang zu ansonsten nicht verfügbaren Ressourcen erreicht sowie eine stärkere Fokussierung auf Kernkompetenzen erzielt werden. Befeuert durch die Unternehmensphilosophie der Lean Production nahm Outsourcing seine Anfänge im Industriebereich, wo durch Auslagerung einzelner Teile der Produktion die Fertigungstiefe verringert werden sollte, um Kosten zu senken, Durchlaufzeiten zu erhöhen und insgesamt die Produktivität zu steigern. Bereits in den 1950er Jahren sahen Unternehmen Möglichkeiten der Kosteneinsparung darin, einzelne Unternehmensfunktionen – vorrangig solche mit dem Charakter eines Hilfsbetriebes, wie etwa Gebäudereinigung, Wach- und Sicherheitsdienst oder Druckerei – auszulagern. In den 1980er Jahren führten die Zunahme des Kostendrucks durch verstärkten Wettbewerb, globale Beschaffungsmöglichkeiten, neue Informations- und Kommunikationstechniken und das Aufkommen der Just-In-Time-Philosophie und die damit verbundenen schnelleren Reaktionserfordernisse dazu, dass Unternehmen dazu übergingen, nicht mehr bloß einzelne Funktionen, sondern ganze Geschäftsprozesse auszulagern. Durch diese drastischen Eingriffe in die Aufbau- und Ablauforganisation von Unternehmen strebte man nicht mehr bloß die Fixkostenreduzierung, sondern auch eine Steigerung der Wettbewerbsfähigkeit an, weil man sich stärker als bisher auf seine Kernkompetenzen konzentrieren konnte. Der Trend zur Konzentration auf das Kerngeschäft verstärkte sich noch im Laufe der 1990er Jahre und führte dazu, dass immer mehr und kernnähere Prozesse ausgelagert wurden. Zudem spielten neben kostenorientierten Überlegungen zum Outsourcing immer stärker auch strategische Gesichtspunkte eine Rolle. Spezialisierte Outsourcingnehmer strebten auf und konnten sich mit ihrem Angebot professioneller Leistungen etablieren.

Mit der Erhöhung des Zulieferanteils durch Outsourcing war eine stete Öffnung von Unternehmen nach außen verbunden. Arbeit wird immer mehr über die Zusammenstellung passender Dienstleistungsbeziehungen organisiert. Und dabei wird längst nicht mehr bei professionellen, spezialisierten Anbietern Halt gemacht – neuerdings wird auch die breite Masse zum Dienstleister und verrichtet Arbeiten für verschiedenste Unternehmen. Howe (2006) beschreibt Crowdsourcing als das neue Outsourcing: Jobs müssten nicht mehr nach Indien oder China verlagert werden, denn Unternehmen können nun zugreifen auf „[t]he new pool of cheap labor: everyday people using their spare cycles to create content, solve problems, even do corporate R & D". Crowdsourcing meint demzufolge die Nutzung von User Generated Content für das eigene Unternehmen: durch die kollektive Kraft der „Crowd" – der Masse der Internetnutzer – soll neuer Input erzeugt oder sollen schlicht Kosten gespart werden. Unternehmen machen sich die neue Bereitschaft der Internetnutzer zunutze, sich an online Projekten zu beteiligen – und das oftmals ohne Vergütung – und integrieren die große Masse an Internetsurfern in ihre Sourcingkonzepte. Eine große Rolle spielen dabei die durch die neuen Technologien drastisch gesunkenen Transaktionskosten. Ronald Coase hat in seinem berühmten Aufsatz „The Nature of the Firm" (1937) die Größe kapitalistischer Unternehmen und die damit verbundene Frage der Auslagerung oder Nichtauslagerung von Funktionen mit den „Ausgaben, die dem Unternehmen durch die Benutzung des Marktes" entstehen, zu erklären versucht. Angesichts der Kosten für die Suche nach geeigneten Kräften, Verhandlungsführung, Sicherung der Vertragseinhaltung usw. sei es in vielen Fällen günstiger, die Arbeitskraft selbst einzustellen, so die historische Rechnung. In Zeiten des Internets jedoch entstehen solche Transaktionskosten erst gar nicht oder sind zumindest vernachlässigbar.

Crowdsourcing ist heute aber viel mehr als bloß eine Weiterentwicklung oder Ergänzung von Outsourcing: Viele Beispiele demonstrieren, dass die Community der Freizeitarbeiter selbstorganisiert und von sich aus Produkte oder Dienstleistungen entwickelt, ohne dass es eines Anstoßes zur Wertschöpfung seitens eines Unternehmens bedarf. Dabei schaffen die modernen Informations- und Kommunikationssysteme sowie deren spezifische Anwendungsformen durch das Web 2.0 die Voraussetzungen für die kollektive Interaktion. Die neuen Medien machen räumliche und zeitliche Einschränkungen für die Beteiligung von Kunden und Anwendern hinfällig, wodurch der Anzahl der Beteiligten theoretisch keine Grenzen mehr gesetzt sind. Auch wird in diesem Zusammenhang oft auf die Nutzbarmachung der „Weisheit der Vielen" (Surowiecki 2004) hingewiesen, wonach die Kumulation von Informationen innerhalb von Gruppen in bestimmten Fällen zu Gruppenentscheidungen führt, die oftmals besser sind als die Lösungsansätze Einzelner. Spezifisch für Crowdsourcing ist, dass jeder Internetarbeiter einen winzigen Anteil der Gesamtaufgabe erledigt, wobei jeder dieser Lösungsbeiträge hinsichtlich der individuell geleisteten Zeit vernachlässigbar erscheint, doch in der Gesamtheit der Tausenden von Beiträgen summieren sich die Beiträge auf ein enormes Maß. Dies setzt eine kluge und effiziente Aufsplittung der Gesamtarbeitslast seitens des Unternehmens voraus, um die Lösungsbeiträge später kombinieren und das Projekt vollenden zu können.

Genauso wie Outsourcing ist auch Crowdsourcing ein Modell, das Aufgaben durch Arbeitskräfte ausführen lässt, die außerhalb der traditionellen Unternehmensgrenzen stehen. Während beim Outsourcing Aufgaben von einer klar definierten, geschlossenen Gruppe von Arbeitern, die vom Unternehmen gesteuert wird, erledigt werden sollen, ist die Arbeiterschaft beim Crowdsourcing theoretisch unendlich groß – ein abgrenzbares „Team" existiert nicht. Dabei macht sich Crowdsourcing den Wettbewerb und seinen Effekt auf die Qualität von Arbeitsergebnissen zunutze: Eine Vielzahl qualitativ hochwertiger Arbeitsergebnisse werden geliefert und stehen zur Auswahl durch das Unternehmen. Crowdsourcing eliminiert auf diese Weise zentrale Schwachpunkte: Single-Point-of-Failures werden ausgeschaltet, weil – anders als beim Outsourcing – mit größter Wahrscheinlichkeit immer ein alternatives Lösungsangebot bereitsteht. Crowdsourcing gewährt Zugang zu einem breiten Spektrum an Kenntnissen und Fähigkeiten: Muss beim Outsourcing mit jedem neuen Projekt immer wieder von neuem eine Passung zwischen Aufgabe und Team hergestellt werden, was die wiederholte Suche nach geeigneten Skills erforderlich macht, so steht beim Crowdsourcing die Masse der Arbeiter jederzeit bereit. Sie wächst sogar mit jedem Tag, der Pool an verfügbaren Kenntnissen und Fähigkeiten wird ständig größer und erweitert so die Ressourcen des Unternehmens.

4.1 Abgrenzung zu weiteren Phänomenen der interaktiven Wertschöpfung

Der Begriff Crowdsourcing ist ein Sammelbegriff, der die unterschiedlichsten Anwendungen umfasst. So ist die Beteiligung von Kunden bei der Entwicklung und Gestaltung von Produkten (z. B. Mitgestaltung des neuen Fiat 500, T-Shirt-Design bei Threadless) ebenso darunter zu verstehen wie die Ausschreibung spezifischer Aufgaben oder Probleme (z. B.

Lösung wissenschaftlicher Probleme bei InnoCentive). Auch allgemeine Aufrufe zur Übermittlung von Informationen (z. B. BILD-Leser-Reporter, trendwatching.com), Produktbewertungen durch Konsumenten (z. B. amazon.com) oder Peer Support durch gegenseitige Beratung und Unterstützung (z. B. Nike+) zählen zu den vielfältigen Erscheinungsformen des Crowdsourcing. Angesichts dieser Vielfalt an Ausprägungen ist eine Analyse der Beziehungen zwischen Crowdsourcing und verwandten Ansätzen der Einbeziehung von Kunden in die Wertschöpfung bedeutsam, um ein klareres Bild des Konzepts zu zeichnen. Neben Crowdsourcing in seinen vielfältigen Erscheinungsformen existiert in der modernen Wirtschaft noch eine Reihe anderer Modelle, die allesamt neue Wege beschreiten, wie Arbeitsteilung organisiert werden kann.

4.1.1 Mass Customization: Maßgeschneidert vom Fließband

Im Deutschen auch individualisierte Massenfertigung genannt, stellt Mass Customization ein Oxymoron dar, setzt sich der Begriff doch aus „mass production" (Massenproduktion) und „customization" (kundenindividuelle Anpassung) zusammen. Bei diesem Fertigungskonzept sollen sowohl die Vorteile der Massenfertigung als auch die individuellen Wünsche der Kunden zum Tragen kommen. Möglich wird dies durch den Einsatz moderner Informations- und Kommunikationstechnik, indem der Nutzer (zumeist über das Internet) sein Produkt selbst nach seinen individuellen Wünschen konfiguriert. Häufig bezieht sich die Anpassungsmöglichkeit auf bestimmte Designmerkmale oder die Passform, aber auch durch Modularisierung wird eine Anpassung an Kundenwünsche erreicht, indem das Produkt aus vorgegebenen Bausteinen individuell zusammengestellt werden kann. Die dabei entstehenden Güter werden zu Preisen angeboten, die jenen von massenhaft hergestellten Standardprodukten entsprechen. Mass Customization ist bereits in einer Vielzahl von Branchen, wie etwa Textilien, Computer, Fertighäuser, Möbel, Lebensmittel etc., verbreitet. Zumeist stellen Unternehmen einen „Konfigurator" online, mit dessen Hilfe Kunden dann selbständig ihr Wunschprodukt zusammenstellen können. Für Unternehmen ergibt sich daraus der Vorteil von Lerneffekten, weil durch die vorgenommenen Konfigurationen tiefe Einblicke in Kundenpräferenzen möglich sind; zudem wird extensive Lagerhaltung vermieden, weil nur nach den exakten Kundenwünschen produziert wird anstatt eine Vielzahl möglicher Produktvarianten vorzuhalten. Das Angebot zur Konfiguration ist gewissermaßen als der „offene Aufruf" im Sinne des Crowdsourcing zu verstehen. Anders als beim Crowdsourcing jedoch entsteht bei Mass Customization als Reaktion auf diesen „offenen Aufruf" immer ein individuelles Gut, Konsumenten vollbringen gewisse Leistungen, um am Ende für sich selbst ein nach ihren Wünschen gestaltetes Produkt zu erhalten.

4.1.2 Open Innovation: „proudly found elsewhere" statt „not invented here"

Chesbrough (2003) bezeichnete mit dem Begriff „Open Innovation" in seinem gleichnamigen Buch einen entscheidenden Umbruch im Innovationsmanagement: Open Innovation beschreibt die Abkehr vom „Closed Innovation"-Paradigma, also dem klassischen Innovationsprozess, der von der Ideenfindung bis hin zur Platzierung der neuartigen

Leistung am Markt innerhalb des Unternehmens stattfindet. Im „Open Innovation"-Para-
digma soll hingegen Innovation als offener Such- und Lösungsprozess gestaltet werden,
der durch den Input externer Akteure über die Unternehmensgrenzen hinweg geöffnet
wird. Damit wird die Außenwelt strategisch zur Vergrößerung des eigenen Innovations-
potentials genutzt, um den Anforderungen der heutigen Unternehmensumwelt gerecht
zu werden: kürzere Technologie- und Produktlebenszyklen, Bedürfnisdiversifizierung,
Wettbewerbsdruck auf globalen Märkten. Im Mittelpunkt von Open Innovation steht
die Idee, dass Innovationen eine kürzere Entwicklungszeit benötigen und ein geringeres
Flop-Risiko tragen, wenn von Anfang an die wesentlichen externen Akteure (Kunden,
Lieferanten etc.) in die Entwicklung einbezogen werden und sie nicht – wie traditionell
üblich – im Labor hinter verschlossenen Türen entwickelt werden. Das Risiko, für ein
neues Produkt keinen Markt zu finden, zusammen mit sinkenden F&E-Budgets zwingt
Unternehmen dazu, sich kompromissloser als bisher an den Anforderungen der Kunden
auszurichten und sie als Wissens- und Ideenquelle systematisch in die unternehmerischen Innovationsaktivitäten einzubinden. Oftmals sind es ja gerade die Kunden, die
über das für Innovationen notwendige kreative Potential verfügen, weil sie detaillierte Erfahrungen mit vergleichbaren oder Vorgängerprodukten haben. Während sowohl
Open Innovation als auch Crowdsourcing im Rahmen von Innovationsprozessen den
Blick über die Unternehmensgrenzen hinweg nach außen richten, um externen Input zur
Problemlösung oder Ideenfindung zu generieren, gibt es einen entscheidenden Unterschied zwischen den Konzepten: Crowdsourcing spricht keine vordefinierte Gruppe von
Experten an, sondern richtet sich mittels offenen Aufrufs an jedermann; Open Innovation hingegen macht nicht notwendigerweise von der Schwarmintelligenz Gebrauch,
sondern kann auch auf die Zusammenarbeit mit einem bestimmten Netzwerk von Experten zielen, mit denen selbst vertragliche Beziehungen bestehen können. Crowdsourcing kann als ein Werkzeug gesehen werden, das das „Open Innovation"-Paradigma
unterstützt. Wie bei jeder Werkzeugauswahl muss aber auch hierbei verstanden werden,
dass nicht jedes (Innovations-)Problem ein guter Kandidat für den Einsatz von Crowdsourcing ist: Voraussetzung hierfür ist, dass die Herausforderungen „Crowd"-gerecht
formuliert werden, der existierende Innovationsprozess geschützt und der neue Prozess
gehandhabt wird.

4.1.3 „Der arbeitende Kunde": Konsumenten werden zu (unbezahlten) Mitarbeitern

Unternehmen lagern bislang intern erbrachte Leistungen systematisch auf die Kunden
aus, sodass diese den Status „unbezahlter Quasi-Mitarbeiter" innehaben. Diese Entwicklung begann mit der Nutzung von Kunden als Werbeträgern (Logos auf Kleidung,
zuerst 1916 durch Lacoste), der Verbreitung von Selbstbedienung (Supermärkte, Tank-
stellen) und Automaten (Geldabhebung, Fahrkarten), der Übertragung der Endfertigung
von Produkten auf die Kunden (Möbelhandel) oder sogar die Verpflichtung von Kunden zum Aufräumen wie in der Systemgastronomie. Unternehmen verfolgen dabei zum

einen das Ziel, Kosten zu senken, zum anderen aber auch, den Kunden zu einem echten Wertschöpfungspartner zu machen, indem produktive Leistungen abverlangt werden, die sich nicht nur auf das jeweilige gekaufte Produkt beziehen, sondern über den jeweiligen Kundenkontakt hinausreichen. Kunden sollen durch Outsourcing gewissermaßen zum Dienstleister gemacht werden. Auf gesellschaftlicher Ebene führt eine solche Veränderung von Wertschöpfungsketten zu einem veränderten Verhältnis von Produktion und Konsumtion, in dem die Figur des passiven Konsumenten, der nur kauft und verbraucht, nicht aber explizit arbeitet, keinen Platz mehr hat. Voß und Rieder (2005) sehen den „arbeitenden Kunden" als „gebrauchswertschaffende Arbeitskraft", die Teil der Wertschöpfung und als „informeller Mitarbeiter" in die Organisation einbezogen ist und kontrolliert wird. Während Crowdsourcing sich dem Phänomen der Konsumentenarbeit aus Unternehmensperspektive nähert, ist zwar beim Konzept des „arbeitenden Kunden" ebenso die veränderte Qualität der Beziehungen zwischen Produzent und Konsument Ausgangspunkt der Betrachtung, jedoch steht die Kundenperspektive im Vordergrund. Anders als beim Crowdsourcing, das durch das Internet und speziell dessen Entwicklung zum Web 2.0 erst ermöglicht wird, sind die Wertbeiträge des „arbeitenden Kunden" nicht an technologische Innovationen gebunden.

Zusammenfassend kann festgehalten werden, dass eine Reihe von ähnlichen Konzepten zu Crowdsourcing existiert, die allesamt durch die Einbindung Externer in den Wertschöpfungsprozess und damit eine Erweiterung traditioneller Unternehmensgrenzen charakterisiert sind. Crowdsourcing bedeutet immer eine gezielte Nutzung und direkte ökonomische Verwertung von kreativem, geistigem Input oder von Arbeitsleistungen Außenstehender. Dabei kommt der Integration Externer insofern eine neue Qualität zu als unternehmensfremde Personen Leistungen für das Unternehmen oder für dessen Kunden erbringen, ohne dass diese selbst Kunde des Unternehmens sein müssen. Hat die Interaktion zwischen Unternehmen und Kunde herkömmlich vor allem darin bestanden, dass Kunden Informationen über ihre Präferenzen und Bedürfnisse liefern oder Eigenarbeit leisten, so ändert sich die Qualität der Kundenintegration mit Crowdsourcing grundsätzlich: Nicht mehr dient die Beteiligung ausschließlich dem eigenen Konsum, sondern Beiträge von Konsumenten werden vom Unternehmen genutzt, um neue oder veränderte Leistungen für Dritte zu erzeugen. Somit werden Internetnutzer zu Mit-Produzenten, ohne aber Angestellte des Unternehmens zu sein oder in sonstigen Vertragsverhältnissen mit diesem zu stehen. Zum Beispiel leisten Kunden beim Internethändler Amazon Beratungsleistungen für andere Kunden, indem sie Rezensionen schreiben oder die Zuverlässigkeit von Privatverkäufern bewerten. Crowdsourcing richtet sich immer an eine undefinierte Masse von Zuarbeitern und kann sich auf jede Stufe des Wertschöpfungsprozesses sowie auf jegliche Form von Produkten oder Dienstleistungen beziehen. Dabei können die Beteiligten extrinsisch oder intrinsisch motiviert, die Leistungserstellung kann kollaborativ oder kompetitiv organisiert sein. Des Weiteren ist Crowdsourcing ohne die intensive Nutzung moderner Informations- und Kommunikationstechnologie nicht denkbar.

4.2   Gründe und Ursachen: Unternehmensstrategien und -ziele sowie die Motivation der „Crowd"

Während die Vorteile von Crowdsourcing für Unternehmen klar umrissen werden können und sich die mittels Crowdsourcing eingesammelten Ideen und Arbeitskapazitäten
für Unternehmen in barer Münze bezahlt machen, so ist der Nutzen einer Beteiligung am
Crowdsourcing für die einzelnen „Arbeitskräfte" weniger klar bestimmbar. Erfolgreichen
Crowdsourcing-Projekten liegt immer das Wissen um die Ziele und Strategien des Unternehmens einerseits sowie die Motivation der „Crowd" andererseits sowie deren Zusammenspiel zugrunde.

Der Wert von Crowdsourcing für Unternehmen entspringt im Großen und Ganzen
drei Quellen: Erstens, lassen sich durch Crowdsourcing neue Kostensenkungspotentiale
erschließen, indem sich Unternehmen die immensen im Internet verfügbaren Arbeitskapazitäten nutzbar machen. Das Arbeitskräftereservoir wird quasi ins Unendliche ausgeweitet, was eine schnellere Erledigung von Aufgaben verspricht – und das bei geringeren
Kosten im Vergleich zur Arbeit mit traditionellen Angestellten oder Dienstleistern. Der
Beweggrund ist hierbei derselbe wie beim Outsourcing und oftmals gibt es Arbeitsleistungen durch Crowdsourcing im Mitmach-Web sogar zum Nulltarif. Zweitens, eröffnet
Crowdsourcing Zugang zu breit gefächertem Expertenwissen und ist eine Möglichkeit, in
kurzer Zeit eine erhebliche Anzahl von neuen Ideen zu generieren, weswegen eine solche
Strategie im Bereich der Produktentwicklung prädestiniert ist, neben die herkömmliche
Marktforschung zu treten. Crowdsourcing trägt dem Fakt Rechnung, dass der Konsument
nicht nur – wie herkömmlich – Quelle von Bedürfnisinformationen, sondern auch von
Lösungsinformationen sein kann. So sammelt etwa der Computerhersteller Dell auf seiner
Plattform IdeaStorm Ideen seiner Kunden zu Produkten und Dienstleistungen des Unter-
nehmens ein, wovon bis Ende 2011 bereits mehr als 470 umgesetzt wurden. Der Einsatz von
Crowdsourcing im Bereich des Innovationsprozesses verspricht eine Verkürzung des Zeit-
raums der Produktentwicklung und somit eine Senkung der Innovationskosten. Durch die
frühzeitige Einbindung von Kunden werden außerdem Flops vermieden, weil rechtzeitig
Marktakzeptanz hergestellt und die Zahlungsbereitschaft für neue Produkte erhöht wird.
Drittens, stellt Crowdsourcing einen Weg dar, um den veränderten Kommunikationsan-
forderungen des modernen Kunden gerecht zu werden – insbesondere denjenigen einer
neuen digitalen, vernetzten Generation, deren soziale Interaktionen zu einem großen Teil
im Internet stattfinden. Dort ist der vernetzte Konsument gewöhnt, seine Meinungen und
Einstellungen kundzutun, sich mit anderen auszutauschen und von Informationen immer
nur einen Mausklick entfernt zu sein. Auch im Verhältnis zu Unternehmen will diese mit
dem sozialen Internet aufgewachsene Generation mitreden und gehört werden, in einen
Dialog mit Unternehmen eintreten, anstatt schlichtweg Empfänger einseitig gesendeter
Werbebotschaften zu sein. Crowdsourcing kann ein Werkzeug zur Herstellung solch be-
deutungsvoller, authentischer Interaktionen sein.

Dieser neue Umgang mit Informationen ist es auch, der – zumindest teilweise – eine
Antwort auf die Frage geben kann, warum Internetnutzer überhaupt unentgeltlich Arbei-

ten für Unternehmen verrichten. Zwar gibt es keinen einzigen Grund, nur ein Bündel von Motivationen, aber das Bedürfnis, Informationen zu teilen, das heißt, Informationen zu geben, um im Gegenzug auch welche zurückzuerhalten, dürfte eine große Rolle für die Beteiligung an Crowdsourcing-Projekten spielen. Dadurch erwartet sich der Kunde eine unmittelbare Reaktion auf spezifische Probleme, anstatt passiv zu warten bis die Marktforschung die Lösung selbst entdeckt. Des Weiteren wirken soziale Anerkennung und der Aufbau von Reputation als starke Motivatoren bei Crowdsourcing, ebenso der Reiz der Herausforderung, das Gefühl persönlicher Kompetenz, Autonomie sowie der Spaß, gemeinsam mit anderen an einem großen Ganzen zu wirken, verbunden mit einem dadurch entstehenden Gemeinschafts- und Zugehörigkeitsgefühl. Oftmals wird die Tätigkeit gar nicht als Arbeit wahrgenommen, sondern Nutzer haben das Gefühl, sich frei, kreativ und sinnvoll zu betätigen oder sehen die Aktivität gar als Spiel. Sich Gemeinschaften anzuschließen, an einem größeren Ganzen mitzuarbeiten, einen Beitrag zu etwas zu leisten, das über den persönlichen Horizont des eigenen Lebens hinausreicht, liegt im Wesen des Menschen begründet. Es ist schlichtweg das Streben nach Glück, das Menschen veranlasst, sich für fremde Zwecke zu engagieren. Und glücklich ist, wer nicht nur die angenehmen Seiten des Lebens sucht, nach Genuss und Vergnügen strebt, sondern auch in Tätigkeiten aufgeht, bei denen man die individuellen Fähigkeiten einbringen kann sowie nach Sinn strebt, indem die eigenen Tugenden und Stärken in den Dienst einer höheren Sache gestellt werden (vgl. Seligman 2002).

5   Darstellung des Phänomens Crowdsourcing in seinen unterschiedlichen Ausprägungen anhand von Beispielen

Der Vormarsch der (oftmals) unentgeltlich, in der Freizeit arbeitenden Masse von Dienstleistern wird ermöglicht durch das Internet, das einen schnellen, globalen Austausch von Daten und Ideen erlaubt und folgt dem Trend, dass flexible Produktionsformen immer stärker den traditionellen Industriebetrieb ablösen, wodurch eine vielfältige Vernetzung von Unternehmen mit Akteuren außerhalb der Organisationsgrenzen zu beobachten ist. Ein Netz von Netzwerken spannt sich auf – innerhalb von einzelnen Unternehmen, zwischen verschiedenen Unternehmen, zwischen Unternehmen und Einzelpersonen. Getrieben wird diese Entwicklung vom Ruf nach Flexibilität, weil es für Unternehmen heute lebensnotwendig ist, auf Änderungen in der Umwelt schnell zu reagieren und den Konkurrenten immer eine Nasenlänge voraus zu sein: die Transparenz auf den Märkten steigt, der Konkurrenzkampf muss global ausgetragen werden und Produktlebenszyklen werden immer kürzer. Um den Innovationswettlauf zu bestehen, sind ein hohes Reaktionspotential und die exakte Kenntnis der sich schnell wandelnden Kundenwünsche heute die allerwichtigsten Wettbewerbsvorteile. Wie aber schaffen es Unternehmen, immer und überall am Ball zu bleiben und auf jede Chance oder Gefahr schnellstens in geeigneter Weise zu reagieren? Kein Zweifel: die alten schwerfälligen Organisationsstrukturen und Gepflogenheiten des Wirtschaftens werden mit dieser Mammutaufgabe überfordert sein.

Wirtschaften erfolgt immer stärker projektgetrieben. Nicht mehr die Unternehmens-hülle gibt den Rahmen der Aufgabenerledigung vor, sondern einzig und allein die jeweilige Aufgabe selbst. Zu diesem Zweck bilden sich von Fall zu Fall jeweils geeignete Einheiten, die sich nach Erledigung ihrer Aufgaben und Projekte wieder auflösen, um sich in einer neuen Einheit neuen Aufgaben zu widmen. Leistungserstellung wird immer weniger zur Gänze innerhalb eines einzigen Unternehmens zustande kommen, sondern gleicht eher einem Puzzle aus vielfältigen Dienstleistungen, die zu einem Ganzen zusammengefügt werden. Akteure in der modernen Wirtschaft werden daher zunehmend auf einen bestimmten Teil der Wertschöpfungsstufen oder auf Funktionen, die klassische Unternehmen in die eigene Organisation integriert haben, spezialisiert sein. So bildet sich eine breite Palette von Nischenanbietern heraus, die eine Vielzahl unternehmensbezogener Dienstleistungen anbietet, welche die traditionellen Inhouse-Funktionen ersetzen. Aufgrund der hohen Spezialisierung dieser Anbieter werden diese immer öfter auch Einzelpersonen sein. Wer auch immer über freie Zeit verfügt und sich ein paar Cents mit der Erledigung von Microtasks verdienen oder sich als Freizeiterfinder oder -designer betätigen möchte, kann heute auf dem globalen Markt zum Dienstleister der Weltkonzerne werden.

Im Folgenden werden drei Unternehmen vorgestellt, die Crowdsourcing in einer Art und Weise einsetzen, um eben diesen neuen Herausforderungen in der Unternehmens-landschaft die Stirn zu bieten. „Mechanical Turk" nutzt die verteilte Arbeitskraft und -zeit der Crowd, um Computer dort zu unterstützen, wo sie immer noch nicht mit der menschlichen Intelligenz mithalten können. „InnoCentive" macht sich auf die Suche nach der berühmten Nadel im Heuhaufen: Die Erfahrung zeigt, dass Lösungen wissenschaftlicher Probleme in vielen Fällen bereits existieren und nur darauf warten, gefunden zu werden. Mittels Crowdsourcing wird der Prozess der Forschung und Entwicklung über die Unternehmensgrenzen hinweg geöffnet, um Zugang zu neuen Wissensquellen zu schaffen. „Threadless" ist schließlich ein Beispiel dafür, wie es selbst in Marktbereichen mit schnell wechselnden Trends gelingen kann, stets Produkte auf den Markt zu bringen, die den Kundenpräferenzen entsprechen. Crowdsourcing weist hierbei dem Kunden eine tragende Rolle im Unternehmensgeschehen zu und definiert die Rolle des Unternehmens völlig neu. In einem Exkurs wird schließlich noch auf die Herausforderung eingegangen, wie die Crowd zu unaufhörlicher Arbeit motiviert werden kann – schließlich wird die Masse der Freizeitarbeiter in den meisten Fällen völlig ohne Gegenleistung aktiv. Um die Crowd „bei der Stange zu halten", wird vorgeschlagen, mit Hilfe von Gamification, der Integration von Spielmechanismen in die jeweiligen Crowdsourcing-Anwendungen, die Macht von Spielen zu nutzen, menschliche Motivation zu wecken.

5.1 Mechanical Turk: Die künstliche Künstliche Intelligenz

10.000 Schafe tummeln sich auf der Webseite „The Sheep Market". Entstanden ist diese digitale Schafherde innerhalb von vierzig Tagen, jedes einzelne gezeichnet von einem von Tausenden über den Erdball verstreuten Menschen – für zwei US-Cent pro Stück.

Ermöglicht hat dieses ungewöhnliche Projekt der vom Internethändler Amazon seit 2005 betriebene internetbasierte Marktplatz „Mechanical Turk". Dieser Internetservice ermöglicht es Unternehmen, Arbeitskräfte zu finden, die simple Tätigkeiten verrichten, welche nicht automatisierbar sind: etwa die Identifikation von Objekten auf Fotos, Zuordnung von Produkten zu Warenkategorien, Anfertigen kurzer Produktbeschreibungen, Verfassen von Textzusammenfassungen, die Niederschrift von Podcasts – oder eben das Zeichnen von Schafen. „Draw a sheep facing to the left" lautete der leicht nachvollziehbare Arbeitsauftrag. Beinahe jeder kann bei „Mechanical Turk" etwas Passendes zu tun finden. Zur Ausführung der Aufgaben sind keine besonderen Fähigkeiten notwendig – Computer allerdings sind im Allgemeinen ziemlich schlecht darin, die dort bereitgestellten Aufgaben zu lösen.

Auf der Webseite sind sämtliche durch Auftraggeber eingestellte Aufgaben (HITs, „Human Intelligence Tasks") aufgelistet und können nach verschiedenen Kriterien (z. B. Vergütung, maximale Bearbeitungsdauer) sortiert werden. Zusätzlich enthält jede Aufgabe eine kurze Beschreibung. Die Erledigung eines HITs dauert typischerweise nicht mehr als ein paar Minuten. Kompliziertere Aufgaben werden aufgesplittet in Reihen kleinerer Aufgaben, wobei die Abarbeitung dann zumeist die Kontrolle und Validierung der HITs anderer Arbeiter mit einschließt. Nach Abarbeitung eines HITs hat der Bearbeiter Anspruch auf Bezahlung durch den Auftraggeber, sofern dieser mit der Qualität der Ausführung einverstanden ist.

Amazon stellt mit seinem „Mechanical Turk" das bekannte Prinzip der Mensch-Maschine-Zusammenarbeit, dass nämlich der Mensch die Anweisungen gibt und die Maschine dabei hilft diese abzuarbeiten, auf den Kopf: Hier bekommen Computer Hilfe von Menschen bei der Lösung der gestellten Aufgaben. Bei der Namensgebung stand der vom österreichischen Erfinder, Schriftsteller und Beamten am Hofe Maria Theresias, Wolfgang von Kempelen, 1769 konstruierte „Schach- und Trick-Türke" Pate. Dieser ist eine vorgebliche Schachmaschine, die einem in türkische Tracht gekleideten Mann nachempfunden ist, der vor einem Tisch mit Schachbrett saß. Der Schachtürke war ein großer Erfolg und so namhafte historische Persönlichkeiten wie etwa Benjamin Franklin, Napoleon Bonaparte oder Edgar Allen Poe forderten ihn heraus. Jedoch: Das Gerät war eine Täuschung. In seinem Inneren war ein menschlicher Schachspieler verborgen, der mittels einer mechanischen Vorrichtung die Schachzüge der Puppe steuerte. Nach dieser „Maschine" also benannte Amazon seinen Webservice, weil hinter dem System ebenfalls Menschen stecken, die wie eine Maschine funktionieren.

Internetmarktplätze á la „Mechanical Turk" machen sich die Tatsache zunutze, dass seit einiger Zeit eine gesichtslose Heerschar von Dienstleistern bereitsteht, ausgerüstet lediglich mit einem Computer, um einfache Arbeiten für verschiedenste Unternehmen – völlig flexibel ohne Arbeitsvertrag – zu verrichten. Auf der Suche nach billigen Arbeitskräften richteten Unternehmen ihren Blick bislang Richtung China oder Indien zur Auslagerung von Arbeitsprozessen, so werden Unternehmen heute unter Umständen schon in der unmittelbaren Nachbarschaft fündig – solange die Arbeitswilligen nur über eine Verbindung zum Internet verfügen. Das „verteilte Arbeiten" bedient sich des Internets, um brachliegende

Denkleistung von Millionen von menschlichen Gehirnen anzuzapfen. Dieses Prinzip imitiert Anwendungen aus der Computerwelt: Distributed Computing-Projekte fassen ungenutzte Rechnerleistung von Millionen einzelner Computer zusammen und nutzen diese zur Bewältigung großer Projekte. Zum Beispiel befasst sich das seit 1999 durchgeführte Projekt SETI@home („Search for extraterrestrial intelligence at home") der Universität von Kalifornien, Berkeley, mit der Suche nach außerirdischem intelligenten Leben, indem es zur Analyse großer Mengen von Daten über das Internet verbundene Computer nutzt. Durch die immense Anzahl beteiligter Computer kommt eine Rechenleistung zustande, die ansonsten unbezahlbar wäre. Ebenso zerstückeln Unternehmen ihre Aufgaben in winzige Portionen und lassen sie über „Mechanical Turk" von einer Heerschar von Arbeitern lösen. Im Unternehmen fügt sich alles wieder zu einem Ganzen zusammen.

Es ist wohl eine Ironie der Geschichte – und eine Ungenauigkeit in Amazons Namensgebung –, dass die unglaublichen Fähigkeiten des Schachtürken, der zur Geburtsstunde der industriellen Revolution präsentiert wurde, in der Öffentlichkeit Ängste hervorriefen, dass Maschinen menschliche Arbeitskräfte verdrängen würden. Amazons „Mechanical Turk" aber bewirkt genau das Gegenteil: Glaubte sich die Menschheit durch die rasanten Fortschritte auf dem Gebiet der Informationstechnologie auf dem besten Wege dahin, immer mehr sinnentleerte, stupide Tätigkeiten auf Maschinen und Computer abzuwälzen, holt das Konzept des „Mechanical Turk" Menschen dahin zurück, genau diese Tätigkeiten selbst auszuführen.

Dementsprechend ist „Mechanical Turk" auch Kämpfern gegen die Aushöhlung von Arbeitnehmerrechten ein Dorn im Auge: sie sehen in dieser Art von Arbeit nichts anderes als digitale Fließbandfertigung zu einem Hungerlohn. Auch für Aaron Koblin, den Initiator von „The Sheep Market" bedeutete sein Projekt eine kritische Auseinandersetzung mit der Arbeitswelt der Zukunft. Trotz dieser Bedenken sind alle Beteiligten glücklich: die Unternehmen ohnehin, sparen sie auf diese Art und Weise der Auftragsvergabe Unmengen von Geld. Auch werden Aufträge gewöhnlich viel schneller erledigt, hat man doch Hunderte „Turkers" für sich arbeiten, was bei herkömmlicher Auftragsvergabe kaum der Fall sein dürfte. Amazon sieht das Projekt als großartig gelungenes Beispiel dafür, wie man eine Unmenge von Menschen dazu bringen kann, schnell, ohne großen Aufwand und billig Aufträge zu erfüllen. Und auch von Seiten der Arbeiter kommen keine Klagen – auch nicht, was die geringe Entlohnung betrifft. Viel spricht ohnehin dafür, dass kaum jemand die Aufgaben des Geldes wegen löst. Aus welchen Gründen auch sollten Menschen erhebliche Zeit aufwenden, um Schafe zu zeichnen – für einen Stundenlohn von ungefähr 0,69 US-$? Nachdem „The Sheep Market" geschlossen wurde und keine weiteren Schafe mehr annahm, fuhren die Zeichner fort, Schafe einzusenden, schlicht um sie als Teil der Herde zu sehen. Viele Menschen sehen das Lösen der Aufgaben als Zeitvertreib, andere betrachten es als Möglichkeit, kleine Summen hinzuzuverdienen, um ungenutzte Zeit lukrativer zu machen. „Turkers" haben eine kurze Aufmerksamkeitsspanne, Aufgaben müssen zwischendurch erledigt werden können: Daher stört sich auch niemand an der modernen Art der Fließbandfertigung, der Zerlegung des Gesamtprozesses in kleinste, für den Einzelnen keinen Sinn mehr ergebende Portionen.

5.2   InnoCentive: Der Hobbykeller als Forschungslabor

Aber nicht nur unqualifizierte Arbeit, sondern auch solche, die einiges an Wissen erfordert, wird nach dem Crowdsourcing-Prinzip ausgeführt. Und sogar Spezialwissen steht im Internet zur Verfügung und wartet nur darauf, von Unternehmen abgerufen zu werden. Die Zukunft der Forschung & Entwicklung wird stark von der breiten Masse der freiwillig Arbeitenden bestimmt. Unternehmen gehen vermehrt dazu über, zur Lösung von Problemen, die sich im Rahmen der Forschung ergeben, das in den unzähligen Köpfen schlummernde Wissen der durch das Internet verbundenen Laienforscher anzuzapfen: private Küchen und Hobbykeller werden zu Chemielaboren. Was Amazons „Mechanical Turk" für einfache Arbeiten ist, ist „InnoCentive" für Spezialwissen. Diese von der Pharmafirma Eli Lilly finanzierte Web-Plattform schafft ein Netzwerk von Wissenschaftlern, die von Firmen dort bekanntgemachte Probleme lösen. Unternehmen („Solution Seekers") beschreiben wissenschaftliche Probleme, auf die sie in ihrer Forschung stoßen, auf der Webseite von „InnoCentive" und bezahlen für deren Lösung fünf- bis sechsstellige Dollarbeträge an die Freizeit-Wissenschaftler („Problem Solvers") sowie eine Gebühr an „InnoCentive". Genau wie der „Turker" auf „Mechanical Turk" erfährt auch der „Solver" auf „InnoCentive" oft nicht, für wen er arbeitet oder wofür genau das Unternehmen die erarbeitete Lösung am Ende verwendet. Viele Unternehmen veröffentlichen schon aus dem Grund lediglich exakt abgegrenzte Teilprobleme, um der Konkurrenz nicht allzu viel von der Forschungsrichtung preiszugeben. Erst wenn die einzelnen Mosaiksteinchen von Lösungen zusammengefügt werden, ergibt sich ein neues Produktfeature oder gar ein völlig neues Marktangebot.

Bemerkenswert ist, dass zu den „Solution Seekers" nicht nur kleine Firmen zählen, die sich eine eigene Forschungsabteilung sparen möchten, sondern namhafte Unternehmen wie etwa Boeing, DuPont oder Procter & Gamble, die sicherlich gut ausgestattete Forschungslabore ihr Eigen nennen. Weil die Aufgaben von einer Unmenge von Leuten mit den verschiedensten Fähigkeiten gelesen werden, wird sich auf „InnoCentive" für jedes Problem ein geeigneter Kopf finden, der die Lösung parat hat, so hofft man, wenn die Topforscher in den Entwicklungsabteilungen mit ihrem Latein am Ende sind. Die Erfahrung zeigt: Die Chancen, eine Nuss zu knacken sind größer, wenn der „Solver" nicht vom Fach ist. Oft sehen die Wissenschaftler im Unternehmenslabor den Wald vor lauter Bäumen nicht mehr, ein völlig unverbrauchter Blick auf die Dinge kann dann manchmal Wunder wirken. Eben durch die Vielfalt an hoch spezialisiertem Nischenwissen, die in diesem Netzwerk vereint ist, wurden bereits viele Forschungsprobleme gelöst – und das zu einem Bruchteil der Kosten, die dafür intern angefallen wären. Heute stellt sich für viele Unternehmen in forschungsintensiven Branchen das gegenwärtige Modell, Forschung und Entwicklung zu betreiben, als nicht zukunftsfähig heraus, da die Kosten dafür schneller ansteigen als die Umsätze. Sich bei der Lösung von Einzelproblemen an externe Wissenschaftler zu wenden, könnte hier durchaus Abhilfe schaffen.

Warum sind Freizeit-Wissenschaftler imstande, Lösungen zu Problemen zu liefern, auf die hochbezahlte Wissenschaftler in ihren gut ausgerüsteten Laboren keine Antworten wissen? Ist es wirklich so, dass die Masse klüger ist als Einzelne? Lakhani et al. (2007) befassen sich mit den Vorzügen der offenen Gestaltung von und freiem Informationsaustausch im Rahmen von Problemlösungsprozessen und weisen empirisch nach, dass die Bekanntmachung von Probleminformationen an eine große Gruppe externer Problemlöser ein effektives Vorgehen zur Lösung wissenschaftlicher Probleme ist: Ein Drittel eines Samples wissenschaftlicher Probleme, die Unternehmen zuvor intern nicht lösen konnten, wurde nach Bekanntmachung an Tausende von Wissenschaftlern gelöst. Im Durchschnitt fand sich nach 74 Stunden nach Veröffentlichung auf InnoCentive eine Lösung, obwohl die Unternehmen intern zuvor bis zu mehreren Jahren erfolglos daran forschten. Die Studie wirft auch einen genaueren Blick auf die „Solver": Es ist keineswegs so, dass die einzelnen „Solver" die besseren Forscher sind, aber InnoCentive bietet den Vorteil, dass aufgrund der unterschiedlichen Hintergründe der beteiligten Personen Lösungen aus den verschiedensten Disziplinen gesammelt werden können. Dass für auf InnoCentive gepostete Probleme so schnell eine Lösung gefunden wird, hat also in der Regel damit zu tun, dass irgendjemand aus der Masse die Lösung bereits kannte. Anders als im Forschungslabor, muss sie nicht erarbeitet, sondern lediglich gefunden werden. Somit ist InnoCentive ein Beispiel für eine wirklich effiziente Wirkungsweise von Crowdsourcing: es kann helfen, neue, bislang unbekannte und unauffindbare Wissensquellen aufzutun.

5.3 Threadless: Der Kunde ist das Unternehmen

In den dynamischen Märkten von heute ist die Entwicklung und Markteinführung neuer Produkte eine immense Herausforderung für jedes Unternehmen: Die Prognose marktgerechter Produktspezifikationen sowie des Absatzvolumens neuer Produkte ist zwar für den finanziellen Erfolg der Innovation unabdingbar, gestaltet sich aber zunehmend schwierig. Der Weg von der Idee bis zum kommerziellen Erfolg ist steinig und vieles bleibt auf der Strecke: So haben Stevens und Burley (1997) dargelegt, dass es 3.000 Ideen braucht, um am Ende zu einem einzigen kommerziell erfolgreichen Produkt zu kommen. Die Floprate von Entwicklungen im Marktsegment Fast Moving Consumer Goods (FMCG) wird auf bis zu 70 % geschätzt, wobei zwei Drittel bereits im ersten Jahr scheitern (vgl. o. V. 2006). Die Ursache für Produktfehlschläge liegt oftmals im unzureichenden Wissen um die Kundenbedürfnisse: Nicht etwa weil Produkte mangelhaft sind, sondern weil sie schlichtweg keinen Markt haben, werden sie zu Flops. Da erfolglose Produktentwicklungen und -einführungen Unternehmen teuer zu stehen kommen, muss ein umfassendes Verständnis der Kundenanforderungen am Beginn jeder Innovationsbemühung stehen. Viele Unternehmen gehen daher den Weg und investieren in den Ausbau ihrer Marktforschung, um durch Befragungs- und Beobachtungsmethoden empirisch Aufschluss über das Kaufverhalten zu erhalten. Jedoch hat die herkömmliche Marktforschung ihre Tücken: Bei der Befragung hat man etwa mit den Problemen zu kämpfen, dass Menschen zu bestimmten Gedächtnisinhalten keinen introspektiven Zugang haben, ihre wahren Einstellungen unter bestimmten Umständen nicht gerne verraten, zu bestimmten Fragen möglicherweise keine verbalisierbaren Einstellungen haben oder eventuell eine ad-hoc-Meinung konstruieren, wenn sie zu einem bestimmten Thema keine Meinung haben oder überfordert sind (vgl. Florack und Scarabis 2003).

Crowdsourcing kann als Alternative zur herkömmlichen Marktforschung eingesetzt werden. Viel effektiver als Kunden nach ihren Bedürfnissen und Wünschen zu fragen, ist es, sie frühzeitig in den Innovationsprozess einzubinden. So können etwa Produktkonzepte via Crowdsourcing direkt von den Kunden eingeholt werden, ebenso die Bewertung dieser Einreichungen kann durch die Crowd erfolgen, wodurch die Popularität einer Produktvariante von Beginn an sichergestellt wird, weil Produktideen ohne ausreichenden Zuspruch der Crowd erst gar nicht weiter verfolgt werden. Auch wird das Risiko von Flops gesenkt, indem vor Abschluss der weiteren Produktentwicklung und Produktion, die Kaufzusage von Kunden eingeholt wird (vgl. Ogawa und Piller 2006).

Die erfolgreiche Umsetzung dieses Modells gelingt dem US-amerikanischen Modeunternehmen Threadless. Das Unternehmen vertreibt T-Shirts und hat damit wie bei kaum einer anderen Produktkategorie ständig auf sich extrem schnell ändernde Trends zu reagieren. Trotzdem gab es in der Geschichte des Unternehmens mit seinen unzähligen, im Wochentakt neu produzierten T-Shirts noch keinen Flop. Dieser Erfolg beruht weder auf ausgeklügelter Marktforschung noch speziellen Forecastingtechniken noch einem flexiblen Produktionsverfahren – alles was Threadless macht, ist den Kunden in den Mittelpunkt sämtlicher Aktivitäten zu rücken und noch vor Start der Produktion seine Kaufneigung bestimmter Produkte festzustellen. Genauso wie bei InnoCentive baut Threadless auf einen Pool von Ideen und Talent, auf den es intern niemals Zugriff hätte: Die Designs der T-Shirts stammen ausschließlich aus den Reihen der Community-Mitglieder – Künstler, professionelle Grafikdesigner und Hobbydesigner. Die eingereichten Vorschläge werden dann sieben Tage lang von der mehr als eine Million Mitglieder zählenden Community geprüft und bewertet. Kunden können außerdem kundtun, dass sie ein Design kaufen würden. Auf Basis dieser Informationen wird ein Score (0–5) ermittelt, welcher ein Gradmesser für die Entscheidung des Unternehmens ist, welche T-Shirts produziert werden sollen. Die Designer der siegreichen Vorschläge erhalten eine Geldprämie.

Mit Hilfe von Crowdsourcing arbeitet Threadless von Beginn an profitabel, weil es nur jene Produkte produziert, von denen das Unternehmen aufgrund der Bewertungen und geäußerten Kaufabsichten sicher weiß, dass sie den Kunden gefallen – dies ist eine einzigartige Situation für ein Modeunternehmen, für das gewöhnlich jede Produktneuheit immer wieder von neuem die Entscheidung zwischen Top oder Flop bedeutet und erst nach hohen Investitionskosten am Markt fällt. Threadless hat durch die intensive Einbindung seiner Kunden einen Weg gefunden, um Fehlproduktion und Restbestände so gering wie möglich zu halten, weil die Präferenzen der potentiellen Kunden bekannt sind bevor die Produktion startet. Dieses Vorgehen ist freilich nicht ganz neu: Auch im Immobilienbereich ist es üblich, dass erst nach Einsammeln einer gewissen Anzahl an Kaufzusagen tatsächlich mit dem Bau begonnen wird. Threadless ist jedoch das erste Unternehmen, das dieses Prinzip der Risikoreduzierung auf billige Konsumgüter wie T-Shirts anwendet. Auch ist bemerkenswert, wie Threadless es geschafft hat, den gesamten Prozess der

Kundenintegration zu automatisieren – von der Einreichung der Designvorschläge über die Bewertung durch die Community bis hin zum Kauf erfolgen alle Aktivitäten computergestützt auf der Plattform. Damit ist Threadless auch ein gutes Beispiel dafür, wie sich durch Crowdsourcing die Rolle von Unternehmen wandelt: Die Kernkompetenz unterscheidet sich drastisch von jener traditioneller Unternehmen. Diese liegt nicht mehr in der Entwicklung und Produktion von Gütern, sondern im Aufbau und Management einer Community von Beitragenden.

6   Exkurs: Gamification und Crowdsourcing

Das Internet hat sich zum Mitmach-Netz gewandelt, in dessen Fahrwasser Crowdsourcing eine immer prominentere Stellung einnimmt. Menschen wollen heute – vor allem im Internet – mitreden und mitgestalten. Es kommt heute vor allem auf Interaktivität an. Und nicht zuletzt die sozialen Medien verstärken noch den Hang zum Mitmachen, die Lust sich zu beteiligen: Überall entstehen Netzwerke, die von der Partizipation der Massen leben. In dieser Ökonomie der Partizipation ist Beteiligung die knappe Ressource, um die sich der Wettbewerb der Unternehmen dreht. Wir haben es längst nicht mehr mit einer Aufmerksamkeitsökonomie zu tun – die bloße Aufmerksamkeit zu erreichen ist nicht mehr genug, es geht darum, Menschen zum Mitmachen zu bewegen, deren Energie, Zeit, Arbeits- und Denkkraft zu erreichen, um letztlich deren Engagement zu ernten. Denn Unternehmen und Kunden ziehen immer mehr an einem Strang, sie treffen sich nicht erst auf einem anonymen Markt, sondern Kunden sind von Anfang an involviert, wissen Bescheid und verlangen ein Mitspracherecht.

Das Ziel von Unternehmen, die die Weisheit der Vielen für sich arbeiten lassen, muss es sein, große, stabile Communities zu schaffen, die in ihrer Gesamtheit fähig sind, wertvolle Daten, Ideen oder Inhalte zu kreieren. Dazu muss das Angebot so gestaltet werden, dass die Crowd es als mitmachenswert empfindet und ihr Engagement darauf verwendet. Hier stehen Unternehmen heute vor einem speziellen Problem: Je mehr Crowdsourcing-Modelle ins Leben gerufen werden, desto schwieriger wird es für das einzelne Unternehmen, das Engagement von Nutzern auf das eigene Unternehmen zu lenken, denn es steht auf Seiten der Nutzer nur ein beschränktes Maß an Zeit, Arbeitskraft und Interesse zur Verfügung. Immer mehr Möglichkeiten zur online Kollaboration tun sich auf, gleichzeitig bleibt das Potential persönlichen Engagements konstant. Der Wettbewerb um das Engagement der Menschen im Mitmach-Web nimmt stetig zu.

Um das Engagement der Menschen für das eigene Angebot nutzbar zu machen, müssen emotionale Anreize zur Beteiligung geschaffen werden. Die weitaus mächtigste Währung ist heute nicht Geld, sondern positive Emotion: sich stolz und clever zu fühlen sind heute oftmals ausreichender Lohn für die Beteiligung. Unternehmen müssen daher umdenken: Galt es längste Zeit als unumstößliches Prinzip, dass Geld als Gegenleistung für Arbeit die höchste Motivation ist, lehrt uns die Realität nun das exakte Gegenteil. Diejenigen Projekte der Massenkollaboration weisen die höchste Beteiligung auf, die ohne finanzielle

Kompensation auskommen – man denke nur an den unglaublichen Erfolg der online-Enzyklopädie Wikipedia. In dieser Situation greifen immer mehr Unternehmen auf die Integration von Spielmechanismen in ihre Crowdsourcing-Plattformen zurück, denn nichts ist besser geeignet, um positive Emotionen zu schaffen und Menschen im Gegenzug zur Partizipation zu verleiten als Spiele. Gespielt wird aus den unterschiedlichsten Gründen: die Erfahrung eines Abenteuers und der damit verbundene Adrenalinschub, eine geistige Herausforderung und das Gefühl, diese zu bewältigen und zu beherrschen oder einfach die Suche nach Erholung und Abwechslung vom Alltag.

Der Transfer von Spielmechanismen wie Punkte, Levels, Wertungen und Ranglisten, zu meisternde Aufgaben und Belohnungen auf nicht-spielerische Umgebungen wird als „Gamification" bezeichnet. Tatsächlich ist zurzeit eine einzigartige „Spielifizierung" des Lebens zu beobachten: Computerspielen entliehene Elemente begegnen uns in allen Lebensbereichen, überall wird die Macht des Spiels zur Erzeugung von Motivation und Engagement genutzt. Im Bereich des Crowdsourcing verspricht dieser Trend besonderes Potential zu entfalten, verspricht Gamification doch, die Herausforderung zu meistern, die Masse der Internetnutzer ausreichend zum Mitmachen zu motivieren. Indem Arbeitsaktivitäten als Spiel gestaltet werden, sollen Personen animiert werden, Arbeit zu leisten, die sich nicht wie Arbeit anfühlt.

Sehr erfolgreich darin, die wahren Arbeitsaufgaben zu verschleiern, sodass der Spieler den Eindruck gewinnt, tatsächlich ein Computerspiel zu spielen, ist beispielsweise die Finnische Nationalbibliothek mit „Digitalkoot". Vordergründig geht es darum, Maulwürfe zu retten, indem die Spieler Brücken bauen und dadurch verhindern, dass die Tiere in den Abgrund stürzen. Das Erscheinungsbild unterscheidet sich in nichts von dem gewöhnlicher Computerspiele. In Wirklichkeit aber helfen die Spieler dabei, die elektronischen Archive der Bibliothek nach Fehlern zu durchsuchen. Das Prinzip ist denkbar einfach: Spieler erhalten Wörter präsentiert und müssen die richtige Buchstabenfolge eintippen. Bei korrekter Eingabe wird der Brücke ein weiteres Teilstück hinzugefügt, das der Maulwurf gefahrlos betreten kann, andernfalls hält die Brücke nicht und der Maulwurf stürzt ab. Die präsentierten Wörter stammen allesamt von Millionen von Seiten aus Zeitungen und Magazinen, die durch automatisierte Texterkennung digitalisiert wurden. Da solche Verfahren fehleranfällig sind, weil sich Maschinen bei der Umwandlung von Bild in Text schwertun, braucht es das menschliche Auge, um Fehler auszumerzen.

Auch die Wissenschaft nutzt die enorme Energie und Problemlösungskraft, die Menschen in Computerspiele stecken, für ihre Zwecke. Foldit ist ein Beispiel dafür, wie auch komplexe wissenschaftliche Probleme durch die „Crowd" bearbeitet werden. Das von Forschern der University of Washington entwickelte Massively Multiplayer Online Game (MMOG) hat zum Ziel, dem Rätsel der Proteinfaltung auf die Spur zu kommen. Dem Spieler wird ein Proteinmodell angezeigt, das er auf verschiedene Arten manipulieren kann. Zug um Zug wird der Energiezustand des Proteins kalkuliert, wofür Punkte vergeben werden. Die Spieler können Teams bilden und jederzeit ihre Resultate in der Einzel- oder Gruppenwertung vergleichen. Die so hergestellten Proteine sollen Wissenschaftlern dabei helfen herauszufinden, wie die langen Ketten von Aminosäuren, aus denen Proteine bestehen, sich zu ihrer spezifischen dreidimensionalen Struktur falten. Zwar könnten die Aufgabe des Proteinfaltens auch Computer erledigen, jedoch sind Menschen darin viel schneller, weil sie beim Spielen ein Gespür dafür entwickeln, wie ein „gutes" Protein auszusehen hat.

Es existieren noch eine Unmenge solcher Anwendungen, bei denen Spiele eingesetzt werden, um massenhaften Input aus der Internetgemeinde zu erhalten, um zeitaufwendige und daher kostspielige Aufgaben zu bewältigen, die andernfalls wahrscheinlich niemals in Angriff genommen würden. Crowdsourcing hat damit einen gewaltigen Einfluss darauf, wie Aufgaben heute erledigt werden und welches Potential Unternehmen anzapfen können. Mit dem Erfolg der vielen Crowdsourcing-Projekte wird die Bedeutung dieser neuen Organisationsform von Arbeit in Zukunft sicherlich weiter zunehmen. Die beiden oben stellvertretend aufgeführten Beispiele zeigen, wie Gamification den Erfolg von Crowdsourcing noch steigern kann, indem noch mehr Menschen zum Mitmachen gewonnen werden. Das Angebot von Unterhaltung und Spiel wird so zu einer neuen Währung im Austausch gegen Arbeitskraft.

7 Fazit und Ausblick

Crowdsourcing nimmt heute die verschiedensten Formen an und wird in den unterschiedlichsten Größenordnungen umgesetzt. Es verändert grundsätzlich die Art und Weise des Wirtschaftens, für Organisationen ergeben sich große Chancen und neue Herausforderungen. Das Phänomen ist noch jung, tritt bislang nur punktuell auf und einiges spricht dafür, dass bis heute nur die Spitze des Eisbergs sichtbar ist, Crowdsourcing aber in Zukunft eine noch größere Rolle spielen wird. Aufgrund der unbestreitbaren Vorteile für Unternehmen ist davon auszugehen, dass Crowdsourcing-Marktplätze, die die Erledigung von Aufgaben für Unternehmen vermitteln, in naher Zukunft bedeutend an Marktanteilen hinzugewinnen. Es entstehen laufend neue Plattformen, auf denen nicht länger nur unqualifizierte Arbeit wie bei Mechanical Turk, sondern auch qualifizierte Tätigkeiten wie etwa das Verfassen von Texten, Design von Logos, Webseiten oder Buchumschlägen von der Crowd erledigt werden. Für Unternehmen wird die Auftragsvergabe via offenen Aufruf über das Internet zu einer echten Alternative zur internen Ausführung oder der Beauftragung von Agenturen werden. Crowdsourcing wird immer stärker zu einem neuen, innovativen Weg werden, um gewisse Services wie Design, Forschung & Entwicklung oder das Verfassen von Texten einzukaufen. Dabei wird es auf lange Sicht nicht nur einen zusätzlichen Kanal bei der Suche nach Arbeitskräften darstellen, sondern Crowdsourcing wird die Art und Weise, wie Arbeitskraft gesucht und gefunden wird grundsätzlich umgestalten. Auf diese Weise entstehen Communitys, die Experten und Laien, Professionelle und Hobbyarbeiter, Unternehmensinterne und -externe vereinen. Hand in Hand mit dieser Entwicklung geht eine stärkere Partizipation professioneller Kräfte. Je mehr sich Crowdsourcing als „normaler" Weg der Arbeitsvergabe etablieren kann, desto wahrscheinlicher wird es, dass sich nicht nur Freizeitarbeiter angesprochen fühlen, sondern Crowdsourcing für immer mehr Menschen, die entweder selbständig oder nebenberuflich arbeiten, ein Mittel zur

Auftragsgenerierung wird – und dies unter Missachtung geographischer Grenzen. Gleichermaßen wird das Prinzip des Crowdsourcing auf immer mehr Bereiche und Branchen angewandt werden: das Schreiben ganzer Bücher, die Optimierung von online Werbung, das Aufsetzen von Prognosemärkten, die Vergabe von Mikrokrediten – dies sind nur einige Beispiele dafür, wie vielfältig Crowdsourcing bereits heute zum Einsatz kommt und in Zukunft eingesetzt werden wird. Und schließlich wird mit der weiteren Verbreitung mobiler Informations- und Kommunikationstechnologien Crowdsourcing immer öfter auch mobil werden. Smartphones machen völlig neue auf Crowdsourcing aufbauende Geschäftsmodelle möglich, so wird die Crowd etwa zum Übermittler von Echtzeit-Nachrichten oder Verkehrsmeldungen.

Für die meisten Unternehmen ist Crowdsourcing aber ein noch gänzlich unbeschrittener Weg, ihr Geschäft zu organisieren. Und Unternehmen, die sich aufmachen, diesen Weg zu gehen, haben Stolpersteine zu gewärtigen. Weil mit der Einführung von Crowdsourcing sich zumeist auch die Kernkompetenz des Unternehmens radikal wandelt – von der Produkt- hin zur Communityzentrierung – und damit das Unternehmen in seinem Innersten ein anderes wird, ist die Unterstützung der Mitarbeiter unabdingbar. Ein funktionierendes Change Management ist daher wahrscheinlich die größte Hürde bei der Umstellung von Funktionen oder Prozessen auf Crowdsourcing. So kann bestimmt mit Fug und Recht behauptet werden, dass der Aufbau des Crowdsourcing-Modells im Vergleich zum Ausbau desselben zu einem nachhaltigen Geschäftsmodell die einfachere Aufgabe ist. Denn es ist relativ einfach und schnell getan, eine Internetplattform aufzubauen, mit deren Hilfe dann der Input der Internetgemeinde eingesammelt wird. Wenn dann jedoch keine geeigneten Strategien und Prozesse im Unternehmen bereitstehen, den externen Input in die internen Strukturen zu integrieren und diesen zu verarbeiten, dann bringt die beste Crowdsourcing-Maßnahme keinen Nutzen, sondern allenfalls zusätzliche Kosten. So müssen zum einen die notwendigen Strukturen geschaffen und zum anderen der erforderliche Mindset hergestellt werden, um externe Ideen zuzulassen. Eine große Gefahr beim Crowdsourcing besteht, wenn die Unternehmensspitze sich auf der Höhe der Zeit während eine neue und angesagte Methode einführen will, die Basis des Unternehmens aber Widerstand gegen externe Ideen leistet und in der Folge dann nur ein Bruchteil der von der Crowd geleisteten Arbeit und Kreativität zum Einsatz kommt. Die Einstellungen im Unternehmen müssen sich ändern und ein Weg vom alten Denken der rein internen Wertschaffung hin zur Auflösung der Unternehmensgrenzen muss gebahnt werden. Im Bereich des Innovationsmanagements wird dieses Problem als NIH („not invented here") bezeichnet und wie es erfolgreich überkommen wird, dafür kann vorbildhaft der Konsumartikelhersteller Procter & Gamble stehen: In einer Situation des stagnierenden Wachstums bei ständig steigenden Innovationskosten erfand das Unternehmen seinen Innovationsprozess völlig neu. Aus der Beobachtung heraus, dass P&Gs beste Innovationen aus der Zusammenführung von Ideen aus verschiedenen Geschäftsbereichen stammen und dass auch Verbindungen nach außen zu hochprofitablen Innovationen führen, definierte CEO A.G. Lafley als Ziel, 50 % der Innovationen von außerhalb des Unternehmens zuzukaufen. Dabei war es ausdrücklich nicht die Strategie, die Fähigkeiten und Kapazitäten des internen Forschungsteams zu ersetzen, sondern diese wirksamer einzusetzen. Es ging Lafley darum, einen neuen Blick auf den Innovationsprozess zu schaffen und Enthusiasmus für „fremde" Innovationen („proudly found elsewhere") schüren. In der Folge verbesserte sich die Erfolgsrate der Innovationen bei fallenden Kosten (vgl. Huston und Sakkab 2006).

Eine weitere große Herausforderung im Rahmen der Einführung von Crowdsourcing besteht darin, die Spreu vom Weizen zu trennen. Crowdsourcing produziert nicht automatisch bessere Arbeitsergebnisse und in vielen Fällen wird es den Aufwand nicht wert sein, die brauchbaren Inputs aus der großen Menge der unbrauchbaren herauszufinden. Der Erfolg jeder Crowdsourcing-Maßnahme wird daher in hohem Maße davon abhängen, inwiefern es gelingt, Filter einzurichten, die die wertlosen Einreichungen automatisch entfernen.

Die weitere Durchsetzung der Idee des Crowdsourcing wird stark davon abhängen, inwieweit Unternehmen diese mit der Integration der Crowd in die Unternehmensprozesse zusammenhängenden Hürden meistern werden. Unternehmen werden sich zudem einigen an ihre Substanz gehenden Fragen stellen müssen: Wie verändert sich ihre Rolle durch Crowdsourcing? Wo liegen zukünftig die Kernkompetenzen und was wird der eigentliche Gegenstand des Geschäfts sein? Stets müssen sich die Verantwortlichen bewusst sein, dass es dabei um mehr geht als nur darum, eine Webseite aufzusetzen, mittels derer die Crowd ihren Input leisten kann. Crowdsourcing muss in das jeweilige Geschäftsmodell integriert werden, es ändert Unternehmen radikal und nur die Auseinandersetzung mit solchen Fragen wird eine ausreichende Basis schaffen, um Crowdsourcing als tragfähiges, langfristiges Modell umzusetzen.

Literatur

Benkler Y (2002) Coase's Penguin, or, Linux and „The Nature of the Firm". Yale Law J 112(3):369–446
Benkler Y (2006) The wealth of networks. How social production transforms markets and freedom. Yale University Press, New Haven
Chesbrough H (2003) Open innovation. The new imperative for creating and profiting from technology. Harvard Business School Press, Boston
Coase RH (1937) The nature of the firm. Economica 4(16):386–405
Florack A, Scarabis M (2003) Was denkt der Konsument wirklich? Reaktionszeitbasierte Verfahren als Instrument der Markenanalyse. Plan Anal 30(6):30–35
Grün O, Brunner J-C (2003) Wenn der Kunde mit anpackt – Wertschöpfung durch Co-Produktion. Z Führung Organ 72:87–93
Howe J (2006) The rise of crowdsourcing. Wired Magazine. http://www.wired.com/wired/archive/14.06/crowds.html. Zugegriffen: 13. Nov. 2011
Huston L, Sakkab N (2006) Connect and develop: inside Procter & Gamble's new model for innovation. Harv Bus Rev 84(3):58–66
Lakhani KR, Jeppesen L, Lohse PA, Panetta JA (2007) The value of openness in scientific problem solving. Harvard Business School Working Paper No. 07-050. http://www.hbs.edu/research/pdf/07-050.pdf. Zugegriffen: 13. Dez. 2011
Ogawa S, Piller FT (2006) Reducing the risks of new product development. MIT Sloan Manag Rev 47(2):65–71

o. V. (2006) 70 % Innovationsflops – Das vermeidbare Fehlinvestment von 10 Mrd. € im Jahr. Pressemitteilung Markenverband, GfK und Serviceplan. http://www.serviceplan.com/uploads/tx_sppresse/301.pdf. Zugegriffen: 14. Dez. 2011

Porter ME (1985) Competitive advantage. Creating and sustaining superior performance. Free Press, New York

Seligman MEP (2002) Authentic happiness. Using the new positive psychology to realize your potential for lasting fulfillment. Free Press, New York

Stevens GA, Burley J (1997) 3.000 Raw Ideas = 1 Commercial Success! Res Technol Manag 40(3):16–27

Surowiecki J (2004) The wisdom of crowds. Why the many are smarter than the few and how collective wisdom shapes business, economics, societies, and nations. Doubleday, New York

Toffler A (1981) The third wave. Pan Books, London

Voß GG, Rieder K (2005) Der arbeitende Kunde. Wenn Konsumenten zu unbezahlten Mitarbeitern werden. Campus, Frankfurt a. M.

Optimierung von Geschäftsprozessen in Vertrieb und Marketing durch Nutzung von Webtechnologien

Reinhold Schuster

Zusammenfassung

Durch gewachsene Strukturen oder Firmenzusammenschlüsse haben Unternehmen oft Produktdaten und Marketinginformationen in Hülle und Fülle: doppelt, dreifach, unvollständig, in Versionen, in diversen Ablagen, als Word- und Exceldateien oder in Papierformat. Diese Datenvielfalt erschwert den allgemeinen Geschäftsablauf und macht ihn absolut ineffektiv, wenn in verschiedenen Ländern in verschiedenen Sprachen verschiedene Produkte zu unterschiedlichen Preisen präsentiert und verkauft werden sollen. Siemens, Fire Security Products, ist aktiv in 14 Ländern und in 11 Sprachen. Das Praxisbeispiel zeigt, wie durch ein zentrales Informations-Management-System der Workflow im Marketing und Vertrieb nicht nur transparent und signifikant verbessert wird, sondern sich auch völlig neue Möglichkeiten der Kundenansprache ergeben. Die zentrale medienneutrale Datenhaltung macht Abläufe effizienter, flexibler und kostengünstiger. Die dezentrale Datenpflege per Webbrowser, die intuitive Benutzerführung und die klare administrative Gesamtsteuerung gewährleisten die Aktualität und Sicherheit der Informationen. Unternehmen, die den Umgang mit Informationen als eine zentrale Aufgabe ihres Handelns sehen und der Datenqualität einen hohen Stellenwert geben, können durch strukturierte Prozesse auf kürzere Produktzyklen, globale Märkte und lokale Anforderungen optimal reagieren.

Inhaltsverzeichnis

R. Schuster (✉)
W.A. Schuster GmbH, Mozartstraße 45, 70180 Stuttgart, Deutschland
E-Mail: info@wa-schuster.de

G. Lembke, N. Soyez (Hrsg.), *Digitale Medien im Unternehmen,*
DOI 10.1007/978-3-642-29906-3_7, © Springer-Verlag Berlin Heidelberg 2012

„Und am Ende sieht alles ganz einfach aus".
Thomas Pedrett
Leiter Geschäftsbereich Security Products, Siemens Schweiz AG

1 Wettbewerbsfähigkeit und Zukunft

In einer zunehmend schnelllebigeren Zeit werden die Zeiträume, in denen Unternehmen mit neuen Innovationen und Technologien am Markt Profite erzielen können, immer kürzer. Dadurch wird es immer wichtiger, mit den richtigen Produkten zum richtigen Zeitpunkt in den richtigen Märkten präsent zu sein.

Informationen sind, wie materielle Rohstoffe oder die daraus erzeugten Produkte, zu einer wertvollen Ressource geworden. In digitaler Form haben sie den Vorteil, dass sie nahezu beliebig vervielfältigt, weltweit verteilt und gespeichert werden können. Fehlt jedoch die Struktur, verkehrt sich der Vorteil ins Gegenteil und sorgt mit einem Datengau durch Mehrfachspeicherung, Versionen, und der Suche nach der Ursprungsdatei für unkalkulierbaren Mehraufwand, Fehler und Zeitverzögerungen. Ergo: Der Unternehmenswert leidet.

Optimierte Prozesse bei der Informationsbeschaffung, -archivierung und -verteilung gewährleisten eine professionelle Kundenkommunikation, Produktpräsentation und Auftragsabwicklung. Strukturierte Prozesse bei der Informationsverwaltung schaffen Wettbewerbsvorteile.

1.1 Analyse

Siemens, Fire and Security Products, ist ein in Europa führender Hersteller von Sicherheitstechnik mit einem umfassenden Produktportfolio in den Bereichen Einbruchmeldetechnik, Videotechnik und Zutrittskontrolle.

Durch die gewachsenen Strukturen, Unternehmensintegrationen und regionalen Interessen war nicht gewährleistet, dass die Zusammenarbeit und Kommunikation europaweit technologisch wie organisatorisch möglichst effektiv und ohne Produktivitätsverluste funktionieren konnte. Daten wurden an verschiedenen Stellen mehr oder weniger strukturiert verwaltet. Verteilte Datenpools waren der Standard. Langwierige Zugriffszeiten auf Informationen waren die Folge.

Zur Verbesserung der Wettbewerbsfähigkeit wurde beschlossen, das Warenangebot europaweit zu harmonisieren, die Geschäftsprozesse im Produktmanagement, Marketing und Vertrieb sowie in der Auftragsabwicklung abteilungsübergreifend zu optimieren und die Standorte stärker zu integrieren. Für die Kunden sollte der Zugang zu Informationen vereinfacht und der Service deutlich verbessert werden.

1.2   Das Strategy-Team

Um den IST-Zustand im Unternehmen zu erfassen, den SOLL-Zustand zu definieren, Lösungsmöglichkeiten zu recherchieren und ein zukunftsfähiges Konzept zu finden und zu realisieren, wurde das Strategy-Team zusammengestellt. Das Team bestand aus Mitarbeitern[1] der Abteilungen Produktmanagement, Marketing und Vertrieb.

Den Verantwortlichen des Teams war schnell klar, dass sämtliche Produktinformationen und die produktbezogenen Daten in Zukunft zentral verwaltet werden müssen, um den schnelleren und einfacheren Zugriff für Mitarbeiter wie Kunden zu gewährleisten und Dubletten zu vermeiden. Denn das zu verwaltende Material umfasste mehrere tausend Produktbeschreibungen, die dazugehörenden Bilder und tausende Dokumente. Zusätzlich gab es diese Dateien in verschiedenen Sprachen für unterschiedliche Länder. Ein Product-Information-Management (PIM)[2] wurde bereits nach kurzer Zeit als unabdingbarer Bestandteil des Gesamtkonzepts notiert.

Das Unternehmen wollte jedoch nicht nur die Produktdaten strukturiert archivieren und damit das Produktmanagement unterstützen, sondern auch dem Marketing neue Möglichkeiten bieten. Außerdem sollte der Vertrieb ein Tool zur Umsatzsteigerung und Kundenbindung erhalten. Ergänzend zum Product-Information-Management musste das System also auch über ein Marketing-Sales-Management verfügen.

Das Projektteam analysierte die Anforderungen, Bedürfnisse und Einschätzungen in Bezug auf Funktionalitäten des Systems, die Bedienbarkeit der Anwendung, die Integration in die Unternehmensprozesse und die Wirtschaftlichkeit. Auf dieser Basis wurde die Sollkonzeption in einem Lasten- und Pflichtenheft zusammengefasst. Diese Ausarbeitung

---

[1] Der Begriff Mitarbeiter gilt im Folgenden sowohl für Mitarbeiterinnen als auch für Mitarbeiter.

[2] **Product-Information-Management (PIM):** Darunter versteht man die Bereitstellung von Produktinformationen für den Einsatz in verschiedenen Ausgabemedien beziehungsweise Vertriebskanälen sowie für unterschiedliche Standorte. Voraussetzung dafür ist die medienneutrale Verwaltung, Pflege und Modifikation der Produktinformationen in einem zentralen System, um jeden Kanal ohne großen Ressourcenaufwand mit konsistenten akkuraten Informationen beliefern zu können. Wikipedia, 01.11.2011.

diente sowohl als Grundlage für die Marktanalyse, als auch später bei der Entwicklung von Optimierungsfunktionen.

Als Grundvoraussetzungen wurden folgende Punkte definiert:

- **Zentrales Produktdatenarchiv**: Alle Produktdaten, alle Produktbilder und alle produktbezogenen Dokumente sollen in allen Sprachen zentral verwaltet werden und dort für verschiedene Anwendungen zur Verfügung stehen.
- **Benutzerfreundlichkeit**: Die Bedienung des Backends, also die Datenpflege, soll so einfach wie möglich und bestenfalls selbsterklärend sein.
- **Autark**: Alle Inhalte müssen vom Unternehmen selbst gepflegt werden können.
- **Unbegrenzte Anzahl der Benutzer**: Das Unternehmen soll selbst definieren können, wer mit welchen Rechten was in der Datenverwaltung machen darf (Inhalte/Texte/Sprachen/Bilder/Dokumente definieren, bearbeiten, löschen).
- **Zugriffsebenen**: Die Gliederung der Daten soll nach den vier vertikalen Ebenen: Public, Secured, Intern und Archiv erfolgen.
- **Schnittstelle**: Eine WWS-(SAP)-Anbindung für Stammdaten-Abgleich, Preisen, Lieferfähigkeiten und zur Auftragsabwicklung ist Voraussetzung.

Zusätzlich definierte das Projektteam die Grundfunktionen des gewünschten Systems:

- **Katalog**: Aus den Produktdaten soll automatisch ein Internet-Katalog generiert werden.
- **Webshop**: Der Internet-Katalog muss mit einer Shop-Funktion ergänzt sein, damit Kunden direkt bestellen können.
- **Angebotsmanagement**: Der Internet-Katalog muss sowohl den Benutzern als auch den Kunden die Möglichkeit zur Angebotserstellung bieten.
- **Export**: Zur Weiterverwertung der Daten müssen verschiedene Exportmöglichkeiten zur Verfügung stehen: „Preislisten", „XML (z. B. für Printkataloge)", „HTML (für Handout-Kataloge)", „GAEB2000", „Datanorm5".

Das Unternehmen ist global tätig und in den einzelnen Ländern werden teilweise unterschiedliche Produkte angeboten. Die Anforderungen an die Katalogfunktionen wurden deshalb vom Projektteam detaillierter definiert:

- **Zentrale Katalogstruktur**: Im Stammdaten-Management sollen alle Produkte erfasst und übersetzt werden. An dieser Stelle soll die Struktur für den Katalog nach Bereichen, Rubriken und Kapiteln festgelegt werden.
- **Produktverknüpfung**: Im Stammdatenmanagement sollen Hauptprodukte und Zubehör miteinander verknüpft werden können. Diese Verknüpfung soll in den Country-Katalogen automatisch übernommen werden.
- **Country-Kataloge**: Jedes Land soll sich aus den Stammdaten seine Produkte auswählen können, die dann in der oder den Landessprachen entsprechend der Stammdatenstruktur dargestellt werden.

- **Produktdokumente**: a) Alle Produktdokumente (Datenblatt, Handbuch, Schaltplan…) sollen im System gespeichert und automatisch über die Bestellnummer mit „ihrem" Produkt verknüpft sein. Im jeweiligen Country-Katalog sollen aber nur die Dokumente der Landessprache oder ersatzweise die Dokumente in der Mastersprache gezeigt werden. b) Nach der Erfassung der Produktdaten soll automatisch ein Datenblatt als pdf-Datei generiert und beim Produkt abgelegt werden.

Zusätzlich soll das System über länderspezifische Funktionen für das Marketing, zur Vertriebsunterstützung und zur Kundenbindung verfügen. Diese Anforderungen wurden in der „Checkliste CountryCubes" festgehalten:

- **Kundenverwaltung**: Zwar erfolgt der Abgleich der Kundendaten über das zentrale WWS-(SAP)-System. Die Kundendaten sollen jedoch im jeweiligen Land direkt gepflegt werden.
- **Newsletter**: Das Tool sol über ein integriertes Newslettersystem verfügen, um die Kunden des Landes direkt anzusprechen. Zusätzlich soll über die Definition von Mailgruppen auch eine selektive, interessensbezogene Kommunikation möglich sein.
- **Home**: Individuelle Navigationspunkte sollen auf den CountrySites von jedem Land in eigener Verantwortung angelegt und gepflegt werden können: „Wir", „Veranstaltungen", „Schulungen", „Downloads", „FAQ", „Partner", „Anfahrt", „Telefonverzeichnis", „Ansprechpartner", „Hotline".

1.3 Auswahl, Präsentationen und Entscheidung

In den darauffolgenden Monaten fanden Gespräche mit verschiedenen Softwareanbietern statt. Systeme wurden präsentiert, Machbarkeiten und Anpassungsmöglichkeiten diskutiert und die Angebote mit den Anforderungen in den Beschreibungen und Checklisten verglichen.

Siemens FSP entschied sich für das System der Firma CONTALOG. Der Name setzt sich zusammen aus **CONT**ENT MANAGEMENT SYSTEM und KAT**ALOG**. Bei der Software handelt es sich um ein PIM, das ursprünglich konzipiert wurde um die Print-Katalog-Produktion durch webbasierte Datensammlung zu vereinfachen. Durch verschiedene integrierte Sales-Management Funktionen, SM[3], ist es darüber hinaus ein leistungsfähiges Marketing- und Vertriebstool, das nahezu exakt den Anforderungen entsprach.

---

[3] **Sales-Management (SM);** Darunter versteht man zwar in erster Linie die praktische Anwendung von Verkaufstechniken und die wirkungsvolle Leitung der Vertriebsmitarbeiter. Dazu gehört aber auch die Zurverfügungstellung von vertriebsunterstützenden Tools wie tagesaktuellen Produktübersichten und kundenspezifischen Preislisten, die einfache Angebotserstellung und Auftragsabwicklung.

Ein einzelnes System kann nicht alle Geschäftsprozesse abbilden. Dazu sind die Aufgaben in einem Unternehmen und in der Wirtschaft zu vielfältig:

CRM   Customer-Relationship-Management
ERP   Enterprise-Resource-Planning
WWS   Warenwirtschaftsystem
PIM   Product-Information-Management
PPS   Produktplanung und -steuerung
EDM   Engineering-Data-Management
WfM   Workflow-Management
SM   Sales-Management
…

Verschiedene Programme und Systeme werden deshalb über Schnittstellen miteinander verbunden. Für diese Schnittstellen muss definiert sein: wer macht wann was mit welchen Daten in welchem Format?

An Schnittstellen treffen also nicht nur Daten, sondern auch verschiedene Systeme und unterschiedliche Unternehmen und Interessen aufeinander, die zahlreiche Fragen aufwerfen: Wer muss Daten liefern, wann und in welchem Format? Wer darf abholen? Wer ist verantwortlich für die Betriebssicherheit und Funktionalität des Systems und wer dokumentiert wie die Verfügbarkeit und Fehlerfreiheit eines Datenaustausches? Wer ist wofür verantwortlich beim sicheren und zuverlässig funktionierenden Datenaustausch?

Contalog kann über Schnittstellen in ein Unternehmens-Software-Gesamt-Konzepts integriert werden. Da das System in sein Katalogsystem jedoch bereits Marketing- und Vertriebstools integriert hat, kann die Software aber auch als „Insellösung" in Unternehmen eingesetzt werden.

2   Implementierung und Optimierung

Nachdem die Entscheidung für den Contalog getroffen worden war, wurde das Strategy-Team aufgelöst bzw. ging fließend über in das Contalog-Team, das nun die Implementierung leitend organisierte.

Mit Contalog steht Siemens FSP ein Tool zur Verfügung, das praktisch alle Anforderungen der Projektgruppe Strategy erfüllt. Darüber hinaus wurden dennoch zusätzlich einige unternehmensspezifische Anpassungen definiert. Zur Implementierung der neuen Software, zur Planung, zur Umsetzung, zur Schulung der Mitarbeiter, zur kontinuierlichen Verbesserung der eingeführten Lösung und zur schrittweisen Heranführung der Kunden an die neue Informations- und Vertriebsplattform wurden mehrere Projektgruppen gebildet:

Contalog-Team
Catalog-Team

Interface-Team
Security-Team
Country-Team
Starting-Team

Maßgeblich beteiligt am gesamten Entstehungs-, Entwicklungs- und Einführungsprozess war auf Unternehmensseite ein einzelner Mitarbeiter. Er war Projektleiter für die gesamte Implementierung, war in allen Gruppen vertreten, moderierte die Entwicklung und war während des ganzen Prozesses der direkte Ansprechpartner für den Projektleiter des Systemanbieters.

Bei allen Gruppen gab es ein Kernteam, bestehend aus den beiden Projektleitern und ein bis drei Mitarbeiter aus den betroffenen Fachbereichen.

Am Anfang der Gruppenbildung fand jeweils eine Schulungs- und Motivationsveranstaltung statt. Der Informationsaustausch während des Projekts erfolgte bei regelmäßigen Telefonkonferenzen, zu denen auch fachkompetente Mitarbeiter zugeschaltet wurden.

Einige Gruppen wurden zeitlich befristet zusammengestellt. Da das System aber permanent weiterentwickelt wird, gibt es auch zeitlich unbefristete Gruppen. Je nach Thema und Entwicklungsstufe können im Laufe der Zeit die Stärke dieser Gruppen und die Frequenz der Konferenzen variieren.

2.1 Das Contalog-Team

Das Contalog-Team ist das Leadingteam aller Projektgruppen. Bestehend aus dem Projektleiter Unternehmen und dem Projektleiter Systemhaus koordiniert es alle Aktivitäten im Zusammenhang mit dem Projekt. Das Kernteam wird auf Unternehmensseite ergänzt durch je einen Mitarbeiter aus den Bereichen Produktmanagement, Marketing und Vertrieb. Das Team ist zeitlich unbefristet zusammengestellt, organisiert die anderen Projektteams, definiert Milestones und erstellt Terminpläne, prüft Realisierung und Kostenplanung, klärt mit Juristen die Rechtslage und ist bei Fragen Ansprechpartner und bei Problemen Feuerwehr.

2.1.1 Mitarbeitermotivation

Eine zentrale Aufgabe war die Auswahl der qualifizierten Mitarbeiter, deren Motivierung und die Einweisung in das System. Außerdem muss das Team Aufgaben und Einsatz koordinieren, da die Projektarbeit häufig parallel zur Tagesarbeit erfolgt.

Das Contalog-Team legt im System die Benutzer an und vergibt die Rechte für die Tätigkeiten. Von Vorteil ist, dass bei Contalog die Anzahl der Benutzer nicht begrenzt ist. Der Administrator muss bei einem komplexen, europaweiten System flexibel den Einsatz der Mitarbeiter nach Anforderung/Qualifikation steuern können. Ob zur Urlaubszeit oder im Krankheitsfall, ob bei der Bearbeitung einer neuen Rubrik oder einer zusätzlichen Sprache, der Verantwortliche muss mit dem Personaleinsatz flexibel agieren und reagieren können. Nur so ist gewährleistet, dass jeder Beteiligte sein eigenes Passwort hat und dass Vorgänge eindeutig nachzuvollziehen sind. Hierzu werden alle Änderungen im System in einem LogFile registriert.

Um möglichst schnell auch kritische Mitarbeiter für das System zu begeistern war es wichtig, innerhalb kurzer Zeit die Möglichkeiten und Chancen intern kommunizieren zu können. Dazu wurde ein TestCube freigeschaltet und im Rahmen eines Workshops mit Inhalten gefüllt.

Erste Anwendungen konnten so kurzfristig präsentiert werden und die Mitarbeiter begutachteten bereits nach wenigen Tagen einen kleinen Katalog im TestCube. Außerdem war die Selbstdarstellung ansprechend gestaltet, mit Text und Bild in den Navigationspunkten „Über uns", „Download" und „Telefonverzeichnis". Die teilnehmenden Mitarbeiter hatten so sehr schnell ihr erstes Erfolgserlebnis und kommunizierten mit ihren Kollegen die für die Akzeptanz wichtigen Kriterien: Die einfache Bedienung und die vielfältigen Gestaltungsmöglichkeiten.

2.1.2 Status und Entwicklungskontrolle

Auf der Basis des Soll- und Pflichtenhefts wurde vom Contalog-Team ein Terminplan mit Milestones erstellt. Darin wurden die einzelnen Schritte und der dafür erforderliche Zeitrahmen definiert. Jeden Freitagnachmittag findet seit Projektstart das sogenannte Status-Meeting als Telefonkonferenz statt, bei dem anhand des Terminplanes die Tätigkeiten der vergangenen Woche und die Zielsetzungen der nächsten Woche besprochen, Optimierungen vereinbart und Ergänzungen und Entwicklungen diskutiert werden.

2.2 Das Catalog-Team

Der Produktkatalog im Internet ist ein Flagship-Store des Unternehmens mit Öffnungszeiten rund um die Uhr: 24 Stunden am Tag, 7 Tage in der Woche. Eine Filiale, die weltweit innerhalb von Sekunden erreichbar ist, bei Tag, bei Nacht und bei jedem Wetter. Bei einem realen Ladengeschäft planen Innenarchitekten die Ausstattung, sorgen Lichttechniker für die stimmungsvolle Beleuchtung, gestalten Dekorateure das Arrangement der Produktpräsentation und beraten, informieren und verkaufen geschulte Mitarbeiter im CI[4]-gemäßen Outfit. Dieser professionelle Anspruch an das Umfeld für die Zielgruppenansprache sollte auch für den virtuellen Online-Store gelten. Es entfallen jedoch die atmosphärischen Details wie die Wirkung des Raumes, das Parkett, die Raumtemperatur, der Geruch und die persönliche Ansprache. Der Besucher ist im Internet allein auf sich gestellt. Umso

---

[4] Corporate Identity (CI); Bezeichnet die Identität (lat. Idem „derselbe") eines Unternehmens. Die Unternehmensidentität ist die Gesamtheit der kennzeichnenden und als Organisation von anderen Unternehmen unterscheidenden Merkmale. http://www.wikipedia.de, 27.12.2011/Corporate Identity ist eine „unverwechselbare" Unternehmensidentität, http://www.marketing-marktplatz.de, 23.04.2003.

wichtiger ist deshalb der CI-gerechte, übersichtliche Aufbau, die klare Benutzerführung und die ansprechende Produktdarstellung mit der Möglichkeit der Vergrößerung und Detailbetrachtung. Hinzu kommt der vertrauenserweckende Bestellvorgang von der Ablage der Produkte in den Warenkorb, über die übersichtliche Regelung des Zahlungsverkehrs bis zur Nachverfolgung des Versands, der zuverlässig und termingerecht erfolgen sollte.

Die beiden Leiter des Contalog-Teams bilden zusammen mit drei Produktmanagern (je einer pro Bereich), einem Marketing- und einem Vertriebsmanager das Catalog-Team.

Das Team wurde für unbefristete Zeit zusammengestellt. Für klar definierte Teilaufgaben werden zeitlich befristet Benutzerkonten freigeschaltet, so dass weitere Mitarbeiter die Gruppe temporär ergänzen oder entlasten können.

In den Zuständigkeitsbereich dieses Teams fallen alle produktrelevanten Aufgaben in den Stammdaten: die Katalogstruktur, die Erfassung und Pflege der Produktinformationen, der produktbezogenen Dokumente und der Produktbilder. Außerdem ist das Team verantwortlich für die benutzerfreundliche Umsetzung des Webkataloges und die Funktionalitäten des Angebotsmanagers und des Webshops. Zudem koordiniert es die Kataloge für die einzelnen Länder und den Export der Daten für Printwerbemittel.

2.2.1 Produkte

Auf der Basis der bisherigen Printkataloge wurde der Aufbau des Datenkataloges definiert und Bereiche, Rubriken und Kapitel festgelegt. Das Team konnte diese Aufgabe relativ entspannt angehen, da das nachträgliche Ändern von Namen oder Reihenfolgen und Zuordnungen im System ganz einfach ist.

Für mehr Diskussion im Team sorgte die Festlegung der Bezeichnungen für die Attribute der Technischen Daten (Abmessung oder Maße, color oder colour …). Diese Begriffe werden bei der Erfassung eines Produkts für die Technischen Daten vorgeschlagen und garantieren so eine durchgängige Schreibweise im ganzen Katalog und die einheitliche Reihenfolge in den einzelnen Rubriken.

Nachdem erste Attribute erfasst waren (weitere wurden im Laufe der Arbeit bei Bedarf ergänzt), begann das Team mit der Eingabe der Produktdaten. Durch einfaches copy&paste wurden Bezeichnungen, Beschreibungen, Technische Daten, Marketing- und Ausschreibungstexte aus anderen Dokumenten zusammengetragen und eingefügt. An dieser Stelle setzte das Team von Anfang an eine eindeutige Priorität: Qualität vor Quantität. Deshalb wurden zwei Ideen grundsätzlich verworfen: Zum einen die Daten mit studentischen Arbeitskräften aus bestehenden Katalogen erfassen zu lassen oder zum anderen die Daten automatisch aus vorhandenen Systemen zu importieren und anschließend einzeln nachzuarbeiten.

2.2.2 Bilder

Gleich zu Beginn der Datenerfassung hatte das Projektteam an die Grafikabteilung im Marketing die Aufgabe vergeben, alle Produktbilder zu sortieren, zu prüfen und umzubenennen. Die Qualitätskontrolle der Bilder ist wichtig, da die Bilder im System nicht nur für die Webdarstellung gespeichert sind, sondern auch für den Printkatalog, Datenblätter und Pressemitteilungen. Die Namensvergabe für die Bilder ist wichtig, da die automatische Zuordnung der Bilder über die Bestellnummer erfolgt. Bilder können einzeln oder in einem zip-Ordner auf das System kopiert werden. Sie werden dann automatisch in verschiedene Darstellungsgrößen umgerechnet und mit dem Produkt verknüpft.

- Durch die zentrale Archivierung der Produktbilder ist immer die bestmögliche Produktdarstellung gewährleistet.
- Für interne Anwendungen, wie die Erstellung von Bedienungsanleitungen, sind aktuelle Bilder direkt verfügbar.
- Für Agenturen, Presse und Kunden werden Produktbilder über den Download bereitgestellt.

2.2.3 Dokumente

Ähnlich wie bei den Produktbildern verhält es sich bei den Dokumenten. Hier hatte das Team jedoch einige wichtige Fragen vorab zu klären: Welche Dokumente sind im öffentlichen Bereich sichtbar, welche nur für Kunden mit Passwortzugang, welche nur für Mitarbeiter und welche gehören ins Archiv? Über einen DokumentenCode im Namen erfolgt automatisch der Freigabevermerk, der LanguageCode im Namen regelt automatisch die Zuordnung zur Sprache. Mit der Zusammenstellung, Prüfung und Vorbereitung der Dokumente beauftragte das Team Mitarbeiter im Marketing.

- Das Speichern und Finden von Produktdokumenten ist ganz einfach durch die direkte Ablage beim Produkt.
- Dokumente werden nicht mehr gedruckt und per Post verschickt. Dies spart erhebliche Kosten im Marketing und beim Versand.
- Der Service ist für den Besucher sehr vorteilhaft, da Kunden mit entsprechender Autorisierung jederzeit und von jedem Rechner aus auf alle Dokumentationen zugreifen können.

2.2.4 Verknüpfungen

Neben der übersichtlichen Darstellung, einem schnellen Seitenaufbau und einer sinnvollen Struktur gehört zu einem benutzerfreundlichen und umsatzsteigernden Webkatalog auch die Funktion der Produktverknüpfung: So ist bei einem Hauptprodukt das Zubehör gelistet und andersherum werden bei einem Zubehörprodukt alle verknüpften Hauptprodukte angezeigt.

- Der Kunde findet nicht nur Einzel- sondern Systemprodukte, sowie das passende Zubehör und spart Transportkosten durch den zentralen Einkauf.
- Das Unternehmen generiert ein Umsatzplus durch Zusatzverkäufe.

2.2.5 Sprachen

Bereits sehr früh hatte das Catalog-Team die Fachübersetzer für die Landessprachen ausgesucht, eingewiesen und als Benutzer freigeschaltet. Die Übersetzungen der Produkttexte konnte dadurch von Anfang an erfolgen, wenn ein Produkt erfasst und freigegeben war.

Um den Übersetzern die Arbeit zu erleichtern wurde eine Übersetzungshilfe programmiert. Per Mausklick können damit die Originaltexte eingelesen und parallel in einem zweiten Fenster dargestellt werden.

Die Aufgabe des Teams ist es, ergänzend zur Koordination der Sprachversionen die Übersetzung von statischen Backend- und Frontendtexten, von Anmeldeformularen und Listen zu organisieren.

- Durch die zentrale Stammdatenverwaltung wird der Übersetzungsaufwand erheblich reduziert. Es gibt immer nur einen aktuellen Stand des Textes und die Fachübersetzer haben europaweit Zugriff darauf.
- Es entfällt des Verschicken von Dokumenten mit Datum und Versionsnummer. Es schließt die Möglichkeit der parallelen Bearbeitung von veralteten Versionen aus.

2.2.6 Angebotsmanager

Ohne Angebot kein Auftrag.

Auf Grund der Forderung nach Kostentransparenz wurde nach Rücksprache mit dem Vertrieb ein Angebotsmanager mit folgenden Funktionen in das System integriert:

a. Im Warenkorb befindliche Produkte können zur Angebotserstellung als Tabelle exportiert werden.
b. Die Dokumente der im Warenkorb befindlichen Produkte können exportiert, gespeichert und ausgedruckt werden, um das Angebot zu ergänzen.
c. Der Warenkorb kann gespeichert werden.
d. Per Mausklick kann die Verfügbarkeit der im Warenkorb befindlichen Produkte abgefragt werden.
e. Der gespeicherte Warenkorb kann für den Bestellvorgang in den Shop übernommen werden.

Mit Hilfe des Angebotsmanagers kann sowohl das Unternehmen für seine Kunden als auch ein Kunde für seine Kunden ganz einfach Angebote erstellen.

- Angebote sind überzeugender, wenn sie ergänzt werden mit Bildern und Dokumenten. Die Zusammenstellung der Daten erfolgt im Contalog per Mausklick und spart damit Kosten und bringt Wettbewerbsvorteile.
- Die Verfügbarkeitsprüfung der Produkte ist bei der Planung vor allem größerer Projekte eine entscheidende Hilfe.

2.3 Das Interface-Team

Im Internet einkaufen ist heute eine Selbstverständlichkeit. Nach Umfragen bei deutschen Handelsunternehmen werden die Perspektiven für den Vertriebsweg Internet als sehr gut eingeschätzt. Nach den Prognosen des Bundesverbandes des Deutschen Versandhandels wird der Gesamtbranchenumsatz des Online-Handels mit Waren 2011 die 20 Mrd. € Hürde durchbrechen. Dies entspricht einem Anstieg von über 17 % gegenüber dem Vorjahr[5].

Der Katalog und ein Shop sind zentrale Bestandteile von Contalog. Für den Datenaustausch und die Optimierung der Auftragsabwicklung wurde das Katalogsystem mit dem Warenwirtschaftssystem über eine Schnittstelle verknüpft.

Im Unternehmen waren neben dem Projektleiter zusätzlich zwei SAP-Spezialisten in der Gruppe. Das Team, das zuständig war für die technische Realisierung der Shopanbindung, hatte anfangs jedoch vor allem viele Fragen zu klären: Wie kommunizieren die beiden Systeme miteinander, welche Daten werden ausgetauscht? Wie, wann und wo findet der Austausch statt und wie wird die Sicherheit gewährleistet? Wie erfolgt die Bestellabwicklung, die Auftragsbestätigung und die Rechnungserstellung? Wie ist die Prozedur bei vom Standard abweichenden Bestellungen? Wer darf bestellen und welche Lieferanschriften und Bezahlsysteme werden akzeptiert?

Bei diesem Projekt war vor allem eine enge Zusammenarbeit zwischen den SAP- und den Contalog-Programmierern erforderlich. Das Interface-Team wurde deshalb mit den verantwortlichen IT-Spezialisten ergänzt, die sich so direkt kontakten und Informationen austauschen konnten.

Für die Datenaustausch-Schnittstelle wurde ein separater Server und ein Sicherheitszertifikat zur Datenübertragung eingerichtet. Der TestCube, der anfangs zur Mitarbeitermotivation eingerichtet worden war, war anschließend die Basisstation für den automatischen Test-Datenaustausch zwischen SAP und Contalog.

Die Koordination der Produktdaten erfolgt über die Bestellnummer als einzige Produktkonstante. Zusätzlich ist damit gewährleistet, dass jedes Produkt nur einmal im System angelegt ist. Die Übertragung der Preislisten erfolgt kundenspezifisch unter Berücksichtigung vereinbarter Rabatte in die jeweiligen CountryCubes.

Als die Feldinhalte definiert und die Funktionen programmiert waren, startete der Produktdatenaustausch als Testphase 1. Die Daten für neu in SAP angelegte Produkte wurden sofort an den Austauschserver übertragen und von dort innerhalb weniger Minuten über die Bestellnummer automatisch in Contalog übernommen.

Abschließend folgte die Bestellabwicklung als Testphase 2. Das Team legte im TestCube Pseudokunden an, übertrug Preislisten, simulierte Lieferanfragen und machte Testbestellungen. Über mehrere Wochen wurde der Bestellablauf optimiert. Begleitend fanden regelmäßig Telefonkonferenzen des gesamten Teams statt.

Das Interface-Team erstellte abschließend die Dokumentation „Datenaustausch SAP-Contalog-SAP" und wurde, nachdem der Datentransfer und die Testkäufe reibungslos verliefen, aufgelöst.

- Der Shop beschleunigt die Auftragsabwicklung durch automatische Prozesse.
- Der Shop entlastet die Auftragsabwicklung durch direkte Übernahme der Bestellung in das Warenwirtschaftssystem und die automatisch versandte Auftragsbestätigung.

[5] „17 % mehr Umsatz im Onlinehandel 2011", 30.06.2011, Jennifer Brem, http://www.ilsipico.com.

2.4   Das Security-Team

Sicherheit im Internet ist wichtiger denn je. Dazu gehört es, die Risiken zu kennen um sich vor ihnen schützen zu können.

Da sicherheitsrelevante Daten nun nicht nur im Intranet sondern auch im Internet verfügbar waren, erhielt das zeitlich befristet zusammengestellte Security-Team die Aufgabe, Sicherheitsstandards zu definieren. Contalog erhielt eine ausführliche Checkliste, die bei der Programmierung und Systemeinrichtung zu berücksichtigen war. Spezialisten auf Unternehmensseite prüften die Einhaltung der Vorgaben und machten verschiedene Sicherheitschecks.

Als nach unterschiedlichen Überprüfungen das System nicht nur die kritische Passwortvergabe sondern auch den als besonders sicherheitskritisch eingestuften Datenaustausch mit dem Warenwirtschaftssystem positiv überstanden hatte, wurde der Ist-Zustand dokumentiert und das Team aufgelöst. Sicherheitskontrollen finden über die entsprechende Fachabteilung jedoch weiterhin regelmäßig statt.

• Zwar ist hundertprozentige Sicherheit niemals möglich, doch durch ein zentrales Produktdatensystem ist jedoch die Prüfung und Einhaltung aktueller Sicherheitsstandards einfacher.

2.5   Das Country-Team

Auch im Zeitalter der Globalisierung ist es für Unternehmen vorteilhaft, sich auf regionale Unterschiede einzustellen, mit Kunden und Interessenten in ihrer Landessprache zu kommunizieren und dabei die Informationen und Produkte länderspezifisch anzubieten. Alle Darstellungen und Inhalte rund um die Produktpräsentation müssen die Idee des Flagship-Stores aufnehmen und einen professionellen und harmonischen Auftritt gewährleisten.

Jedes Land präsentiert sich und seine Produkte in seiner Landessprache oder seinen Landessprachen. Jedes Land hat sein eigenes Produktportfolio. Jedes Land betreut seine eigenen Kunden, hat seine eigenen Preislisten und präsentiert sich mit seiner eigenen Internetseite. Dies zu koordinieren war und ist die Aufgabe des Country-Teams.

In jedem Land wurden zwei Mitarbeiter ausgewählt und geschult zur Pflege des allgemeinen Inhalts und zur Gestaltung des Produktkataloges.

2.5.1   Country Home

Der für den Inhalt verantwortliche Mitarbeiter definiert die Struktur der CountrySite, legt entsprechende Rubriken an wie z. B. „Über uns", „News", „Unsere Partner", „Download", „Telefonverzeichnis", übernimmt die Gestaltung und pflegt die Inhalte. Durch das bedienerfreundliche Backend ist sowohl die Eröffnung neuer Navigationspunkte als auch die Eingabe von Text und Bild ganz einfach.

2.5.2   Harmonisierung

Bei regelmäßigen Meetings werden die CountrySites miteinander verglichen, einzelne Länder stellen neue Inhalte vor und es wird über die Bedienung und die Möglichkeiten des Systems diskutiert. Fragen werden gestellt, Antworten gegeben und Wünsche für die Weiterentwicklung notiert.

Das Team überwacht nicht nur die CI-gerechte Gestaltung der einzelnen Seiten, sondern dirigiert und moderiert auch die Entwicklung der Seiten hin zum Gesamtauftritt als Flagship-Store.

2.5.3   Country Produkte

Der für den Produktkatalog zuständige Mitarbeiter wählt durch einfaches Freischalten in den Stammdaten die Produkte für das Land aus. Da für den Cube die Sprache definiert ist, erfolgt die Produktdarstellung automatisch in der Landessprache. Bei Sonderfällen wie der Schweiz werden die Inhalte automatisch in drei Sprachen präsentiert. So wird mit einem einfachen Mausklick ein ganzer Katalog erstellt. Danach wird jedes Produkt mit länderspezifischen Informationen ergänzt: Das Produkt ist „Neu" mit Datumstempel, das Produkt ist ein „Auslaufprodukt" mit Link auf das Nachfolgeprodukt, das Produkt hat einen „Aktionspreis" für einen definierten Zeitraum.

2.5.4   Kundenverwaltung

Der für den Inhalt der CountrySite verantwortliche Mitarbeiter ist im Land auch zuständig für die Verwaltung der Kundendaten.

Kunden, die sich in den Secured-Bereich einloggen wollen, müssen sich zuvor registrieren, werden geprüft und können freigeschaltet werden. Mit Benutzername und Passwort hat der Kunde danach als registrierter User Zutritt in die Secured-Area: Katalog mit seinen persönlichen Preisen und Rabatten, Shop, Angebotsmanager, Download von Dokumenten und Preisliste, einem Forum und einem Veranstaltungskalender.

Zur Vereinfachung der Kundenverwaltung wird eine Firma mit einer Kundennummer nur einmal angelegt. Mitarbeiter der Firma werden innerhalb dieses Datensatzes gespeichert. Ein Kundenmitarbeiter wird als Administrator benannt. Dieser übernimmt die Pflege seiner Mitarbeiter. Er kann selbst neue Mitarbeiter als Kunden anlegen und Rechte vergeben (kann Preise sehen, darf downloaden…), sodass bei einem Tätigkeitswechsel oder Ausscheiden eines Mitarbeiters die Rechtevergabe oder das Löschen „auf dem kleinen Dienstweg" intern beim Kunden selbst erfolgen kann.

- Die Möglichkeit der Selbstverwaltung der Mitarbeiterdaten durch den Kunden ist eine große Entlastung für das Unternehmen. Mit minimalem Aufwand sind so ständig aktuelle Kundendaten verfügbar.

2.5.5   Newsletter

Bestandteil der Country-Lösung ist ein Newsletter-System zur Kommunikation per E-Mail mit den Kunden. Zur zielgruppengerechten Ansprache werden im System frei definierbare Mailgruppen angelegt. Neben einem periodischen Standard-Newsletter können damit die

Kunden auch mit themenbezogenen Aussendungen über Produkte oder Aktionen ganz einfach per Mail gezielt informiert werden.

Das Team bespricht und definiert die in dem jeweiligen Land sinnvollen Mailgruppen. Vor allem bei periodisch zu versendenden Mails müssen langfristig und regelmäßig Text- und Bildinformationen für einen interessanten Newsletter zur Verfügung stehen. Außerdem müssen Mitarbeiter eingeteilt werden, die diese Informationen werbewirksam aufbereiten und die Aufgabe „Newsletter" übernehmen.

Die Darstellung des Newsletters kann in Text- oder gestalteter Form erfolgen.

- Frequenz und Inhalt eines Newsletters werden bestimmt durch die Tätigkeit des CountryCubes (wer viel tut, kann viel berichten; wer regelmäßig etwas tut, kann regelmäßig berichten).
- Um eine positive Werbewirkung zu erzielen, muss der Newsletter mehr Inhalt und Glaubwürdigkeit bieten als die täglich bei der Zielgruppe eintreffenden Spam-Mails.
- Newsletter sind kostengünstige Werbemittel, da dafür in der Regel externe Agentur- und Texterkosten gespart werden, Druckkosten entfallen und keine Versandkosten entstehen. Das Team entscheidet bei Country-Periodika, ob es sinnvoll ist, die Abwicklung des Newsletters an eine externe Stelle zu vergeben, da das Engagement z. B. einer PR-Agentur zwar Kosten verursacht, die Einhaltung von Terminen und die Zusammenstellung interessanter Inhalte auf Grund der Personalsituation gegebenenfalls zuverlässiger gewährleistet sind.
- Im Newsletter werden Hervorhebungen als Link eingebaut, die mit einem Klick direkt die entsprechende Internetseite in einem neuen Browserfenster öffnet. Eine Auswertung dieser Klicks zur Erfolgskontrolle ist möglich.

2.6   Das Starting-Team

Mitarbeiter aus den Marketingabteilungen des Headquarters und verschiedener Länder, sowie die beiden Leiter des Contalog-Teams bildeten das temporär zusammengestellte Starting-Teams.

Für die Markteinführung wurden zwei Zielgruppen definiert: Die Mitarbeiter des Unternehmens und die Kunden.

2.6.1   Markteinführung

Das Starting-Teams übernahm bei Projektstart die Informierung aller Betriebsangehörigen über die Implementierung des neuen Systems. Gleich zu Beginn war das Projekt mit seinen Vorteilen grob strukturiert per internem Newsletter vorgestellt worden. Am Ende der Implementierung wurden die Mitarbeiter per Newsletter ausführlich über das System, seine Möglichkeiten und Vorteile informiert.

Für die aktiv am System mitarbeitenden Personen wurden sogenannte „How-To"-Karten als Gebrauchsanweisung für die Systempflege in verschiedenen Sprachen produziert. Diese Karten helfen den Mitarbeitern ergänzend zur Bedienungsanleitung und den Hilfe-

Funktionen im Backend. Vor den ersten „echten" Bestellungen wurde der Bestellprozess nochmals mit den Mitarbeitern in der Auftragsabwicklung besprochen.

Zur Information und Motivation wurden vertriebsinterne Workshops veranstaltet. Die Außendienstmitarbeiter sollen die Kunden in persönlichen Gesprächen aktiv an das System heranführen, dafür begeistern und Fragen beantworten können.

Per Post und über den Außendienst wurde eine hochwertig gestaltete Broschüre an die Kunden verteilt. Sie zeigt die vielfältigen Möglichkeiten des Systems und die Vorteile für die Kunden.

Bereits vor Einführung von Contalog hatte das Unternehmen seine Kunden per Newsletter über Produkte und das Unternehmen informiert. Dieser periodische Newsletter wurde auf das neue System umgestellt und in den folgenden Monaten um die Rubrik „Aktuell aus dem Alltag" ergänzt. In jeder Ausgabe wird nun in einem Artikel anhand eines Praxisbeispiels beschrieben, welchen Vorteil und Nutzen ein Kunde durch die Systemnutzung hat.

2.7 Zusammenfassung

Das Country-Team hat für die Außenwirkung des Systems die größte Bedeutung, da es den Internet-Auftritt in den einzelnen Ländern gestaltet. Es ist verantwortlich für den Inhalt, die Aktualität und die Darstellung der Informationen.

Die Motivierung der Mitarbeiter gestaltete sich einfacher als anfangs gedacht, da sich bei den Country-Verantwortlichen schnell Erfolgserlebnisse einstellten. Durch das Kopieren und die Zurverfügungstellung von Inhalten bei den Meetings sowie das einfache Freischalten von Produkten waren in den Frontends der Länder bereits nach kurzer Zeit überzeugende Inhalte sichtbar.

3 Zuverlässigkeit, Wirtschaftlichkeit und Kundenzufriedenheit

Die Durchführung des Gesamtprojekts verlief auf verschiedenen Ebenen und in verschiedenen Schritten, teilweise parallel, teilweise nacheinander. Vor jedem Schritt erfolgte die Einweisung der Mitarbeiter. Sofort nach Freischaltung der Software wurde die Katalogstruktur in den Stammdaten angelegt, wurde mit der Produktdatenerfassung und der Übersetzung in die verschiedenen Sprachen begonnen. Parallel dazu fingen die Mitarbeiter in den Ländern an, ihren Internetauftritt zu gestalten und ihn mit Inhalten und Leben zu füllen. Ein paar Schritte später, nachdem ein Großteil der Produkte erfasst und übersetzt war, konnten die Länder, durch Freischalten der Produktdaten in den Stammdaten, sich ihren Country-Katalog fast automatisch erstellen. Gegenseitige Unterstützung und ein anregender Wettbewerb zwischen den Ländern wirkten sich positiv auf die Katalogdarstellung und die Mitarbeitermotivation aus. Das Contalog-Team koordinierte die verschiedenen Gruppen, erstellte Checklisten und definierte Milestones. Regelmäßige Meetings und

Telefonkonferenzen garantierten den Beteiligten eine inhaltlich wunsch- und termingerechte Realisierung des Projekts.

Die Kooperation zwischen europaweit verteilten Standorten und die intensive Zusammenarbeit der Abteilungen erfordert neue Werkzeuge und Methoden für die gemeinsame
Nutzung von Dokumenten und Produktdaten: Ein dezentrales und vernetztes Arbeiten
einerseits, ein zentrales Sammeln und Bearbeiten der Daten andererseits.

Keine Abteilung ist eine Insel.

Die Auftragsabwicklung bearbeitet die Aufträge, die der Vertrieb realisiert hat. Der Vertrieb verkauft die Produkte, die in den Marketingunterlagen gelistet sind. Das Marketing
bewirbt die Produkte, die vom Produktmanagement entwickelt wurden. Die Mitarbeiter
aus diesen Abteilungen greifen dabei auf ein einziges IT-System zu und steuern darüber
alle Informationen. Mit der Möglichkeit der Änderung und Anpassung zu jedem Zeitpunkt und an jedem Ort. Erreicht wird dadurch ein optimales Zusammenspiel der Abteilungen und die Harmonisierung der Prozessabläufe mit Anbindung des Warenwirtschafts-
systems: Effizient und abgestimmt, mit optimiertem Performance-Niveau und durchgän-
giger Dokumentation.

Für alle am Prozess beteiligten Mitarbeiter sind die Funktionen und Tätigkeiten klar
definiert: Wer die Daten erfasst, wer sie prüft, übersetzt und freischaltet? So wird jede
Arbeit nur einmal gemacht und alle Daten sind nur einmal vorhanden. Die Struktur für
den Katalog wird zentral verwaltet. Alle Produkte werden hier erfasst, die Texte übersetzt
und die Bilder und Dokumente archiviert. Die Länder wählen sich aus den Stammdaten
einfach ihre Produkte für ihren Katalog aus. Die Katalogstruktur wird automatisch übernommen und die Darstellung erfolgt in der Landessprache. Änderungen im Produktsorti-
ment oder beim Produkt in den Stammdaten werden zeitgleich im Land aktualisiert dargestellt.

Zur Harmonisierung der Daten erfolgt ein regelmäßiger Abgleich zwischen SAP und
Contalog: Bestellnummern werden verglichen und mit SAP-Daten ergänzt.

Angebote werden erstellt und die Verfügbarkeit der Produkte wird im Lager abgefragt.
Alle Potenzialreserven werden optimal ausgeschöpft und ein kurzfristiges Präsentieren
neuer Produkte am Markt ist möglich. Am Ende findet der Kunde tagesaktuell alle Produkte in seinem Country-Katalog, bestellt ganz einfach im Shop und die Auftrags- und
Lieferabwicklung erfolgen automatisch und termingerecht.

3.1 Return-of-Invest

Die Software soll dazu beitragen, dass das Unternehmen seine Wettbewerbsfähigkeit steigert, die internen Abwicklungsprozesse optimiert, durch die bessere Produktpräsentation
Kunden bindet und eine Umsatzsteigerung erreicht. Die Investition soll sich lohnen.

Das leitende Contalog-Team hatte auch die Aufgabe, während der Planung und Implementierung eine Kosten-Nutzen-Aufstellung zusammenzustellen. Bereits die erste, kurzfristige Überprüfung zeigte ein positives Ergebnis. Das Produkt-Informations- und Sales-

Management System führt in verschiedenen Bereichen zu erheblichen Veränderungen, so dass der ROI (Return-of-Invest) voraussichtlich schnell erreicht wird:

- Die zentrale Produkt-Datenpflege einschließlich Bild- und Dokumentenverwaltung optimiert interne Prozesse und eliminiert die Mehrfachpflege.
- Die tagesaktuelle, personalisierte Preisliste zum Downloaden ersetzt die regelmäßig erstellte, gedruckte und versandte Preisliste.
- Die Druckvorstufe bei den Katalogproduktionen wird erheblich vereinfacht durch die zentrale Datenhaltung und den XML-Export/Import in InDesign. Durch die Verringerung von Abwicklungszeit und Korrekturen werden die Kosten stark reduziert.
- Die Datenblätter werden automatisch im System produziert. Es entfallen die Kosten für Agentur und Druck.
- Die Verknüpfung der Produkte generiert Zusatzverkäufe und damit Umsatzwachstum.
- Das integrierte Newsletter-System spart Druck- und Portokosten bei Marketingaktionen.
- Die diversen Downloadmöglichkeiten reduzieren die Kosten für Werbemittelproduktionen und -versand.

3.2 Kundenbindung

Kunden werden jetzt dank des neu eingeführten Systems aktueller und umfassender über neue Produkte informiert. Eine tagesaktuelle Produktpräsentation im Internet ist ohne großen Aufwand möglich. Der registrierte Kunde findet bei den Produkten seine Preise mit seinen Rabatten, das Zubehör und alle Dokumente zum Downloaden. Er kann Angebote erstellen, die Verfügbarkeit der Produkte prüfen und die Produkte ganz einfach im Shop bestellen. Im Kalender meldet er sich zu Veranstaltungen an, bei der Hotline stellt er Fragen und im Telefonverzeichnis findet er seinen direkten Ansprechpartner.

Die Produktionszeit der Print-Kataloge ist sehr stark verkürzt. Sie sind damit beim Veröffentlichungstermin aktueller als je zuvor.

Diese und viele weitere Services bieten den Kunden mittel- und langfristig einen großen Nutzen und binden sie an das Unternehmen.

3.3 Zusammenfassung

Erfolg und Wettbewerbsfähigkeit von Unternehmen basieren heutzutage zu einem erheblichen Teil auf qualitativ hochwertiger Informationstechnologie. Einerseits ist die Leistungsfähigkeit einer Software heute mitentscheidend für die Produktivität und Flexibilität eines Unternehmens sowie die Qualität seiner Dienstleistungen, andererseits muss diese Leistungsfähigkeit auch zum Tragen kommen durch einfache Bedienbarkeit und ständige Schulung der Mitarbeiter.

Ständig einen Zugang zu Informationen zu haben ist oft ein Muss für die meisten Unternehmen und Mitarbeiter. Geschäfte werden nicht mehr nur im Büro gemacht. Mitarbeiter im Home-Office, auf Geschäftsreise, auf der Baustelle oder sogar im Urlaub brauchen überall und immer Zugriff über das Internet auf aktuelle Daten.

Die zentrale Datenverwaltung ist eine zweckmäßige Möglichkeit, die immense Datenflut zu beherrschen, den Mehraufwand durch Mehrfachpflege zu vermeiden und zu gewährleisten, dass nur aktuelle Daten publiziert werden.

Die Ansprüche der Kunden an die Qualität von Produktinformationen steigen ständig. Rund um die Uhr einen Zugang zu Informationen zu haben ist heute eine Selbstverständlichkeit für viele Kunden. Der Produktkatalog, Produktdetails, Technische Daten, Dokumente, FAQs, die Verfügbarkeit der Produkte und der Zugang zu Firmeninformationen sind heute mitentscheidend für die Bindung der Kunden an das Unternehmen.

> Früher nutzten wir Word und Excel um die Produktdaten zu sammeln, jeder Mitarbeiter für sich und oft doppelt und dreifach. Dies war ein langatmiger, zeitraubender Prozess. Heute tragen wir die Daten ganz einfach zentral in das System ein und per Knopfdruck werden die Produkte aktuell im Katalog dargestellt. (Dr. Norbert Pelz, Head Product Marketing Intrusion, Siemens Schweiz AG)

Erfolgsfaktoren für die Einführung einer Enterprise 2.0-Lösung am Beispiel der ESG GmbH

Michael Koch, Alexander Richter
und Hans-Jürgen Thönnißen-Fries

Zusammenfassung

Das Web 2.0 entwickelt sich immer mehr zu einer großen Erfolgsgeschichte. Innerhalb von wenigen Jahren haben sich die Ideen im privaten öffentlichen Raum so weit ausgebreitet, dass heute ein Großteil der Menschen mit Internetzugang täglich einen Teil seiner Freizeit in Sozialen Netzwerken oder mit andern Varianten von Social Software verbringt. Diese Bereitschaft im öffentlichen Raum nicht nur zu konsumieren, sondern auch etwas beizusteuern deutet auch auf ein bisher brach liegendes enormes Potential für das Wissensmanagement in Unternehmen hin. In diesem Beitrag sollen an einem ausführlich dargestellten Beispiel der ESG Elektroniksystem- und Logistik-GmbH die Vorgehensweise bei der Einführung von Social Software in Unternehmen vorgestellt werden. Die ESG gehört zu den führenden System- und Softwarehäusern in Deutschland. Das Wissen der auf über 25 Standorte verteilten Mitarbeiter stellt dabei die wesentliche Ressource des Unternehmens dar. Zur Unterstützung des unternehmensweiten Wissens- und Innovationsmanagements sowie zur gewünschten und notwendigen intensiven Kommunikation ihrer räumlich verteilten „Wissensarbeiter" hat die ESG eine Social Software eingeführt. Neben der Vorstellung der Lösung wird vor allem auf verschiedene Aspekte der Einführung und Ausgestaltung eingegangen und darauf aufbauend Erfolgsfaktoren für die Einführung einer Enterprise 2.0-Lösung aufgezeigt.

M. Koch (✉) · A. Richter · H.-J. Thönnißen-Fries
Institut für Softwaretechnologie, Fakultät für Informatik, Universität der Bundeswehr München,
Werner-Heisenberg-Weg 39, 85577 Neubiberg, Deutschland
E-Mail: michael.koch@unibw.de

G. Lembke, N. Soyez (Hrsg.), *Digitale Medien im Unternehmen*,
DOI 10.1007/978-3-642-29906-3_8, © Springer-Verlag Berlin Heidelberg 2012

Inhaltsverzeichnis

1 Enterprise 2.0

Das Web 2.0 entwickelt sich immer mehr zu einer großen Erfolgsgeschichte. Innerhalb von wenigen Jahren haben sich die Ideen im privaten öffentlichen Raum so weit ausgebreitet, dass heute ein Großteil der Menschen mit Internetzugang täglich einen Teil ihrer Freizeit in Sozialen Netzwerken oder mit andern Varianten von Social Software verbringt. Diese Bereitschaft im öffentlichen Raum nicht nur zu konsumieren, sondern auch etwas beizusteuern deutet auch auf ein bisher brach liegendes enormes Potential für das Wissensmanagement in Unternehmen hin.

Angeregt durch den Erfolg der Web 2.0-Plattformen beginnen seit Mitte der 2000er so auch die Unternehmen sich mit den neuen Anwendungstypen eingehend zu beschäftigen. Als gemeinsamer Begriff für solche Aktivitäten hat sich der Name „Enterprise 2.0" herauskristallisiert (McAfee 2006). Dabei handelt es sich bei Enterprise 2.0 zunächst einmal um ein weiteres Schlagwort mit dem auch viel Euphorie mitschwingt. Allein die Bereitstellung von Social Software kann sicher nicht Antworten und Lösungen auf alle Fragen und Herausforderungen bezüglich der Unterstützung von Wissensmanagement in einem Unternehmen geben.

Die grundlegende Idee hinter Enterprise 2.0, durch Abbau von Hürden und Schaffung neuer Kommunikations- und Informationskanäle sowie über eine bessere Sichtbarkeit der Mitarbeiter und eine Erhöhung der Mitwirkung der Mitarbeiter bisher vorhandene Probleme des Wissensmanagements neu anzugreifen, scheint aber grundsätzlich tragfähig zu sein (Back et al. 2008; Koch und Richter 2009; McAfee 2006). Jeder einzelne Wissensträger bekommt als solcher eine neue Bedeutung als potenzieller Experte, der bei Bedarf einfach zu finden und einzubinden ist. Vieles von dem, was er weiß, kommuniziert er in firmeninternen Blogs, Wikis, Bookmark-Leseempfehlungen, Podcasts, usw.

Social Software zeichnet sich im Vergleich zu bisherigen Informationssystemen durch eine wesentlich stärkere Orientierung an den Bedürfnissen der Nutzer aus (oftmals als „me-centricity" bezeichnet; s. z. B. Back und Koch 2011).

Eine weitere, sehr wichtige Eigenschaft von Social Software ist deren so genannte Nutzungsoffenheit (Richter und Riemer 2009). Das bedeutet, dass die Software selbst die Art und Weise der späteren Nutzung größtenteils offen lässt. Das Potential der Dienste zeigt sich erst nach der Aneignung durch den Anwender. Hier unterscheidet sich Social Software deutlich von traditionellen betrieblichen Anwendungssystemen wie ERP-, CRM- oder PPS-Systemen, denen bereits bei ihrer Entwicklung klare Strukturen und vorher vorgegebene bzw. definierte Nutzungsszenarien zugrunde liegen (s. z. B. Stahlknecht und Hasenkamp 2005). Viele der Empfehlungen, die wir am Ende des Beitrags zusammenfassen beruhen auf diesem Unterschied.

In diesem Beitrag sollen an einem ausführlich dargestellten Beispiel, der Einführung eines neuen Intranets in der ESG, verschiedene Erfolgsfaktoren für die Einführung von Social Software in Unternehmen herausgearbeitet werden. Nachfolgend stellen wir zuerst die Fallstudie vor, diskutieren dabei bereits Punkte, die besonders hervorzuheben sind, und ordnen die Erkenntnisse am Ende des Beitrags in einen größeren Kontext ein. Die Fallstudie selbst wurde Anfang 2011 für das Koblenzer Forum für Business Software und die Fallstudienplattform e20cases.org dokumentiert und ist sowohl im Tagungsband des Forums als auch auf e20cases.org veröffentlicht (Koch und Thönnißen 2011). In der Originalveröffentlichung finden sich gegenüber der verkürzten Darstellung in diesem Beitrag noch einige Zusatzinformationen z. B. zum Plattformauswahlprozess oder zur technischen Umsetzung.

2 Die Fallstudie

In der Fallstudie geht es um die Einführung einer Enterprise 2.0-Lösung bei der Elektroniksystem- und Logistik-GmbH (http://www.esg.de). Die ESG bietet Dienstleistungen rund um die Entwicklung, die Integration und den Betrieb komplexer, zumeist sicherheitsrelevanter Elektronik- und IT-Systeme und ist damit eines der führenden System- und Softwarehäuser Deutschlands.

Neben der Bundeswehr und den Streitkräften befreundeter Staaten zählen Behörden und Organisationen mit Sicherheitsaufgaben, Unternehmen der Automobil-, Luft- und Raumfahrtindustrie sowie Firmen aus den Bereichen Telekommunikation, Gebrauchs- und Investitionsgüter zu den Kunden der ESG.

Der Unternehmenssitz der ESG befindet sich in München, die Firmenzentrale mit rund 700 Mitarbeitern in Fürstenfeldbruck. Darüber hinaus unterhält die ESG 13 Standorte in Deutschland. Zusätzlich arbeiten teilweise größere Gruppen von Mitarbeitern direkt vor Ort beim Kunden. Im Ausland unterhält die ESG Standorte und Repräsentanzen in England, Frankreich, Italien, Südafrika, Brasilien, Spanien und den USA.

Insgesamt beschäftigt die ESG-Gruppe rund 1.500 Mitarbeiter an über 25 Standorten weltweit (Stand: Dezember 2011).

Nahezu 90 % der Mitarbeiter der ESG verfügen über ein ingenieurwissenschaftliches Studium der Fachgebiete Informatik, Physik, Elektrotechnik, Luft- und Raumfahrttechnik, Mathematik oder verwandter Disziplinen. Der branchenübergreifende Technologietransfer und die Zusammenarbeit über Bereichsgrenzen hinweg sind eines der Erfolgsrezepte der ESG. Die Mitarbeiter sind hauptsächlich als „Wissensarbeiter" beschäftigt, das heißt, die Nutzung und der Austausch von Wissen zwischen den Mitarbeitern ist wesentliche Voraussetzung für den Erfolg des Unternehmens. Daher müssen sie befähigt werden, räumlich verteilt beziehungsweise von unterschiedlichen Arbeitsplätzen aus effektiv und effizient zusammenzuarbeiten. Vor diesem Gesamthintergrund hat also auch die Bereitstellung einer IT-gestützten Arbeitsumgebung einen hohen Stellenwert.

Die Verantwortung für das Informationsmanagement und das IT-Management liegt im hausinternen Zentralbereich Informationstechnische und allgemeine Dienste, der einerseits für eine moderne, funktionale und stabile Arbeitsumgebung inklusive der dafür notwendigen Services sorgt und andererseits auch in internen und externen Projekten Beiträge leistet. Darüber hinaus werden im Rahmen des Informationsmanagements dauerhaft oder projektbezogen weitere Experten, beispielsweise aus den Bereichen Unternehmensentwicklung und Kommunikation oder Qualitätsmanagement, zur Unterstützung hinzugezogen.

3   Ausgangssituation für das Projekt

3.1   Ausgangslage

Bis zum Jahr 2009 wurden zur technischen Unterstützung des Wissensmanagements im Unternehmen u. a. folgende Werkzeuge eingesetzt:

- Firmenweites Intranet auf Basis eines Apache Webservers
- Schwarzes Brett auf Basis von IBM Lotus Notes
- Standard-Dokumentenmanagementsystem

Das firmenweite Intranet sowie das Schwarze Brett standen allen Mitarbeitern der ESG als Informationsplattform zur Verfügung. Hierbei wurden Informationen nur von relativ wenigen Autoren eingestellt. Über 90 % der Mitarbeiter nutzten diese beiden Medien rein als Konsumenten.

Das bisherige Dokumentenmanagementsystem wurde im Jahr 2005 eingeführt. Dabei wurden im Wesentlichen zwei Ziele verfolgt:

- Professionelle Dokumentenablage mit Metadaten und Versionierung für interne und externe Projekte
- Unterstützung des Wissensmanagements durch zentral zur Verfügung gestellte Informationen mit entsprechenden Suchmöglichkeiten

Bei der Nutzung der Werkzeuge zeigten sich im Hinblick auf das Wissensmanagement folgende Schwierigkeiten:

Die Suchfunktionalität der Werkzeuge erwies sich für Gelegenheitsnutzer als zu kompliziert und damit unbrauchbar. Dies führte dazu, dass die Werkzeuge immer weniger genutzt wurden, wenn Informationen gesucht wurden.

Das Einstellen von Informationen erwies sich teilweise als unkomfortabel und kompliziert. Dadurch ging auch die Motivation zum Einstellen und Pflegen von Informationen zurück. Auch für die Suche wichtige Metadaten wurden zunehmend nicht mehr befüllt. Informationen wurden generell nur von wenigen Mitarbeitern eingestellt. Ein direktes Feedback oder die Ergänzung von Informationen durch andere Mitarbeiter über das jeweilige System war in der Regel nicht möglich.

3.2 Motive und Ziele

Ausgehend von den im letzten Abschnitt geschilderten Schwächen der bisher eingesetzten Werkzeuge zur Unterstützung des Wissensmanagements und getrieben von der zuvor geschilderten Bedeutung einer zeitgemäßen und effektiven Unterstützung wurden für die Verbesserung die folgenden Ziele definiert:

- Besserer Wissenstransfer
- Jeder Mitarbeiter soll sich aktiv einbringen können
- Bessere Vernetzung der Mitarbeiter
- Stärkung der Leistungsketten und -verbünde
- Senkung der Prozesskosten durch ein zentrales System zur Erstellung, Pflege und Suche von Informationen
- Stärkung der Innovationskraft
- Zur-Verfügung-Stellung des „Wisdom of the crowds"

Initiator für die Verbesserung des Wissensmanagements war das Technologie- und Innovationsmanagement der ESG, kurz TIM genannt. TIM ist als Stabsstelle direkt der Geschäftsführung zugeordnet und hat folgende Ziele:

- Festlegung und Verfolgung einer die relative Wettbewerbsstärke der ESG ständig verbessernde Technologie- und Innovationsstrategie (TI-Strategie)
- Unterstützung der Geschäftsentwicklung in allen Bereichen des Marktportfolios der ESG durch ständige Weiterentwicklung ihrer Technologiekompetenz und Innovationsstärke
- Festigung von Kundenbeziehungen durch
  - die Entwicklung innovativer Lösungen (Kundenbegeisterung)
  - und Steigerung der Fach- und Prozesskompetenz (Kundenzufriedenheit)

Die Stabsstelle organisiert dazu Technologieportfolioanalysen, bewertet Technologie- und Innovations-Anträge (TI-Anträge) aus dem Unternehmen und unterbreitet Vorschläge an die Geschäftsführung. Auch werden fachliche Beiträge zur Änderung des Regelwerks der ESG eingebracht. Weiterhin ist die Stabsstelle verantwortlich für die Entgegennahme, Bewertung und Genehmigung von Mini-TI-Anträgen, die durch jeden Mitarbeiter unkompliziert eingebracht werden können.

Zur Erreichung der Technologie- und Innovationsziele der ESG wurde u. a. die Notwendigkeit der Einführung einer „State-of-the-Art"-Kommunikationsplattform festgestellt. In diese sollen sich alle Mitarbeitern der ESG unkompliziert einbringen können und auf diese Weise Informationen über Technologien, Technologie-Portfolio, TI-Projekte, Mini-TI-Projekte und andere Themen einstellen und recherchieren können. Wichtig war dabei vor allen Dingen auch die Möglichkeit des direkten Feedbacks auf eingestellte Informationen und das unkomplizierte Kommentieren und Ergänzen der Informationen.

Da die bisherigen Systeme keine adäquate Kommunikationsplattform im Sinne des TIM boten, wurde im März 2009 durch die Geschäftsführung der ESG ein sogenanntes TIM-Ad-Hoc-Team eingerichtet, das zur Aufgabe hatte eine solche Plattform im Unternehmen zu schaffen. In dem Team waren, wie bei derart übergreifenden Projekten üblich, Mitarbeiter aller Bereiche vertreten und der Leiter berichtete direkt an die Geschäftsführung der ESG.

3.3   Erwarteter Nutzen

Wie im letzten Abschnitt ausgeführt, erwartete man sich von der neuen Lösung eine größere Beteiligung der Mitarbeiter am Wissensaustausch – sowohl auf Seiten der Bereitstellung als auch auf Seiten der Nutzung.

Weiterhin sollte eine bessere Vernetzung der Mitarbeiter erreicht werden, um so bisher ungenutztes Synergiepotenzial zu heben. Durch die neue Lösung sollte es leichter möglich sein, andere Mitarbeiter in der Firma zu finden, die Erfahrungen mit bestimmten Themen haben.

Das gesamte Regelwerk der ESG, zu dem das Handbuch Integriertes Managementsystem, das Organisationshandbuch, weitere unternehmensweite und bereichsspezifische Verfahrensanweisungen sowie diverse Arbeitsanweisungen und Arbeitshilfsmittel gehören, sollte in das neue System überführt werden. Das bisher in mehreren heterogenen Quellen gepflegte Regelwerk sollte in einem zentralen System gepflegt und direkt veröffentlicht werden. Hierdurch ergeben sich signifikante Einsparungen bei der Pflege zentraler Unternehmensinformationen.

Durch eine einfache und komfortable Volltextsuche über alle Informationen hinweg, unter Berücksichtigung von Rollen und Rechten, sollten Informationen schnell und zielsicher aufgefunden werden.

Schlussfolgernd aus den obigen Punkten sollte sich ein signifikanter Nutzen durch das neue System sowohl für alle organisatorischen Ebenen (gesamtes Unternehmen und einzelne Geschäftsbereiche, Geschäftsfelder, Geschäftseinheiten, Fachgebiete) als auch für jeden einzelnen Mitarbeiter individuell ergeben.

Zur Messung des Erfolges des Systems sollten Statistiken zu erstellten Wiki-Seiten, geschriebenen Blog-Posts, eingerichteten Communities sowie der Anzahl der Autoren in regelmäßigen Abständen erhoben werden.

3.4   Entscheidungsprozess und Investitionsentscheidung

Die Entscheidung für die Einführung einer Social Software lag direkt bei der Geschäftsführung der ESG. Eine Entscheidungsvorlage für die Geschäftsführung wurde vom Ad-Hoc-Team Social Software erstellt.

Zunächst wurden die Anforderungen an eine Social Software erhoben. Den Anforderungen wurde stets der konkrete Nutzen für das Unternehmen gegenübergestellt. Danach erfolgte eine Produktsichtung. Diese Sichtung war zweigeteilt. Begonnen wurde mit Internet-Recherchen und der Sichtung von diversen Studien und Artikeln zu Social Software Produkten. Hieraus wurde eine Shortlist mit den in Frage kommenden Anbietern erstellt und diese bzw. Partner der Produktanbieter zu Präsentationen eingeladen. Weiterhin wurden auch Erkundigungen über den erfolgreichen Einsatz des jeweiligen Systems bei anderen Unternehmen eingeholt. Zwei Produkte wurden dann im Rahmen von Test-Installationen näher untersucht. Das Team traf dann einstimmig den Entschluss das Produkt Atlassian Confluence der Geschäftsführung zur Anschaffung vorzuschlagen.

4   Social Software-basierte Intranet- und Innovationsmanagement-Plattform

4.1   Geschäftssicht und Funktionsumfang der Lösung

Die ESG-Realisierung einer Social Software auf Basis von Atlassian Confluence ist wie folgt konzipiert:

Es gibt ein öffentliches Wiki, das allen Mitarbeitern der ESG zugänglich ist, u. a. mit folgenden Informationen

- Allgemeine (organisatorische) Informationen zum Unternehmen und zu den Bereichen
- Informationen zum Integrierten Management System der ESG
- Informationen zum TIM(-Prozess)
- Informationen zur IT
- Anwenderdokumentationen
- Projektsteckbriefe
- ESG-Regelwerk
- Schwarzes Brett
- Wiki-Foren

Für die Nutzung des öffentlichen Wiki wurden Wiki-Kommunikationsregeln verfasst, zu deren Einhaltung die Mitarbeiter aufgefordert sind (s. hierzu auch Abschn. 4.2).

Ergänzend existieren Projektwikis (sogenannte Communities/Confluence Spaces), die auf Antrag eingerichtet werden. Wird ein Antrag gestellt, wird vor allem geprüft, ob die Inhalte nicht besser ins öffentliche Wiki gehören. In den Communities können sowohl Wiki-Seiten als auch Blog-Post angelegt werden. Zusätzlich ist jeweils auch ein Projekt-kalender verfügbar.

Darüber hinaus gibt es für jeden Mitarbeiter eine persönliche Community mit der Möglichkeit dort eigene Seiten und Blog-Posts anzulegen.

Innerhalb des ESG-Portals besteht die Portal-Einstiegseite u. a. auch aus den Rubriken Geschäftsführungs-Blog und Newsflash-Blog. Jeder Mitarbeiter kann einen Newsflash-Blogeintrag erstellen und damit auf die erste Seite des ESG-Portals platzieren. Dies ist durch die Geschäftsführung der ESG explizit gewünscht. Hier dokumentieren Mitarbeiter z. B. erfolgreiche Abnahmen von Projekten. Das ESG-Portal erlaubt weiterhin eine individuelle Anordnung der Ausgabebereiche sowie eine Integration externer Informations-quellen in eigene Ausgabebereiche auf der Seite. So existieren z. B. die Möglichkeiten den E-Mail-Eingang oder das (Telefon-)Anrufjournal des jeweiligen Mitarbeiters auf der Seite einzublenden.

Das neue Intranet der ESG stellt also Wiki-Funktionalität zum Bereitstellen und ge-meinsamen Editieren von Dokumenten sowie Blog-Funktionalität zur Kommunikation zur Verfügung – sowohl unternehmensweit, in Projekten, als auch persönlich.

4.2 Anwendungssicht

Zur Umsetzung der Lösung wurde die Standardsoftware Atlassian Confluence verwendet. Begonnen wurde mit Version 2.10, inzwischen wird Version 4.2.5 eingesetzt.

Folgende Erweiterungen wurden zusätzlich zu den in Confluence vorhandenen Mög-lichkeiten realisiert bzw. werden heute eingesetzt:

- Unterschiedliche Anzeige von Blog Posts je nachdem, ob sie gelesen worden sind oder nicht
- Widgets für Startseite: E-Mail-Eingang, Anrufjournal, Fahrplan, Wetter.
- Foren auf Basis eines selbst entwickelten Plugins (Foren wurden von Benutzern in Schulungen gewünscht)
- Nutzung verschiedener Plugins aus der OpenSource Community rund um Atlassian Confluence

Neben der Bereitstellung von Möglichkeiten zum gemeinsamen Editieren und zum Kom-munizieren wurde ein weiterer Fokus auf die Verfügbarmachung einfacher Möglichkeiten gelegt, zu signalisieren, was in der Plattform passiert also was andere im System geändert oder hinzugefügt haben.

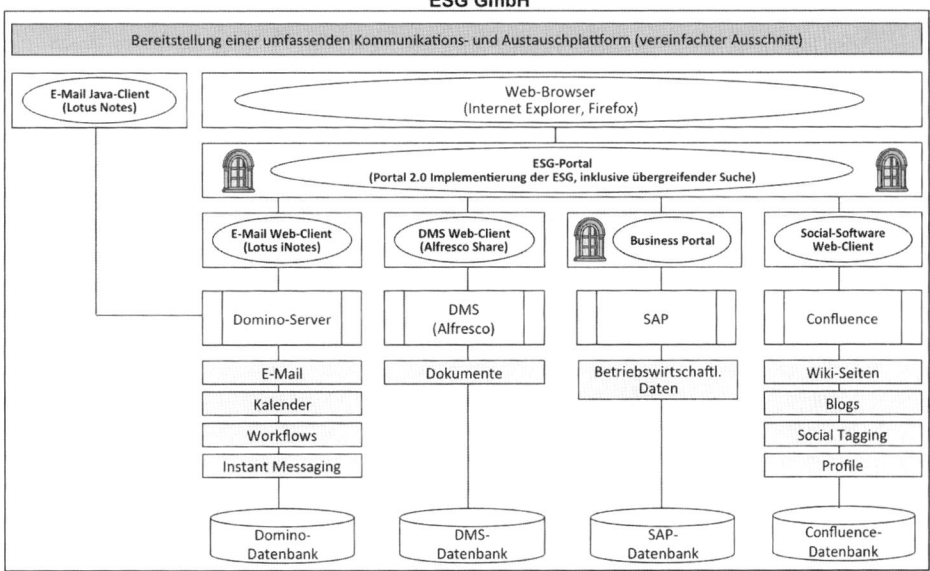

Abb. 1 Spezifischer Ausschnitt der Applikationslandschaft der ESG

Innerhalb der Social-Software-Lösung der ESG sind folgende Möglichkeiten dieser Art gegeben:

- Auflistung neuer Seiten und Blog-Posts im öffentlichen ESG-Wiki
- Auflistung neuer Seiten und Blog-Posts in allen Spaces (Communities);
- unter Berücksichtigung der Rollen/Rechte
- Auflistung der GF-Blog-Posts, Newsflash-Blog-Posts und TIM-News
- Änderungs-Benachrichtigung auf Seiten-Ebene

Zukünftig ist auch an eine Bereitstellung der Awareness-Information per RSS-Feed gedacht (Abb. 1).

Neben der Bereitstellung der technischen Möglichkeiten sollten den Mitarbeitern auch klare Regeln zur Nutzung kommuniziert werden, um Grenzen zu setzen aber auch um aufzuzeigen, was positiv gewünscht und erlaubt ist. Nach dem Vorbild der Social Software Guidelines von SUN wurden deshalb kurz und prägnant folgende acht Regeln für die Wiki-Kommunikation festgelegt:

1. Basis für die Kommunikation im ESG-Wiki und -Blog ist der gemeinsame Wunsch, moderne Technologie zur nachhaltigen Weiterentwicklung unseres Unternehmens auf der Grundlage gegenseitigen Respekts zu nutzen. „Mitmachen im Wiki ist eine Chance"!
2. Jeder Eintrag ist willkommen, konstruktiv-kreatives Querdenken ist ausdrücklich erwünscht! Das – sachliche – Kommentieren und Weiterentwickeln von Gedanken und Ideen dient der Weiterentwicklung aller und damit der Zukunftsfähigkeit der ESG!

3. Jeder Mitarbeiter ist für den Wahrheitsgehalt, die Qualität sowie die Verständlichkeit seines Eintrags selbst verantwortlich!
4. Alle revisionssicheren Dokumente sind ausschließlich in dafür vorgesehenen Systemen zu archivieren (z. B. DMS).
5. Für die Nutzung des ESG-Wikis gelten selbstverständlich die allgemeinen gesetzlichen Rahmenbedingungen (z. B. bzgl. Datenschutz, Antidiskriminierung, etc.), alle spezifischen, firmenbezogenen Regelungen (insbesondere zur Vertraulichkeit und Geheimhaltung) sowie die im ESG-Regelwerk beschriebenen Normen.
6. Alle Nachrichten, Artikel, und Beiträge sollten die positive Entwicklung der Kommunikation konstruktiv fördern: Formulieren Sie Ihre Beiträge bitte immer präzise, verständlich und höflich!
7. Bitte halten Sie bei Ihren Kommentaren und Antworten folgende Feedback-Regeln ein:
   - Verwenden Sie die Ich-Form: Ihr Feedback beschreibt das, was Sie wahrgenommen haben.
   - Vermeiden Sie Verallgemeinerungen (im positiven wie negativen Fall): Das Aufzeigen eines Problems bedeutet nicht dass ein Gesamtsystem nicht funktioniert.
   - Denken Sie daran, dass bei der schriftlichen Kommunikation nonverbale Faktoren (Mimik, Gestik, Sprache) wegfallen! Humor, Ironie o. ä. können unterschiedlich aufgefasst werden.
8. Ein Wiki ersetzt nicht das persönliche Gespräch. Konflikte werden nicht im Wiki gelöst.

Innerhalb der Wiki-Seiten sowie der Blog-Posts können Anhänge eingebunden werden. Diese Anhänge haben aber rein informativen Charakter, d. h. eine revisionssichere Speicherung wichtiger Projektdokumente muss über das DMS erfolgen. Hierauf weist auch eine Wiki-Kommunikationsregel (Regel 4) explizit hin.

Anfang 2011 hat die ESG ihr Dokumentenmanagement auf das Produkt Alfresco Enterprise Edition umgestellt, welches auch nahtlos in den Portalansatz der ESG integriert werden kann. Alfresco bringt zudem, analog zu Confluence, zahlreiche Verbesserungen im Bezug auf die Benutzerfreundlichkeit. Die ESG hat auch ein entsprechendes Confluence Plugin zur Integration von Alfresco-Content in Confluence entwickelt. Der gesamte Inhalt des alten DMS wurde in das neue DMS auf Basis Alfresco migriert und steht seit Anfang 2011 im neuen Dokumentenmanagementsystem zur Verfügung.

Nachdem die ESG auch sicherheitskritische Projekte bearbeitet, spielte das Thema Sicherheit bei der Konzeption der Lösung eine wichtige Rolle. Hierbei wurde der Ansatz verfolgt, Informationen grundsätzlich firmenweit sichtbar zu machen, diese Sichtbarkeit aber bei Bedarf einzuschränken.

Wiki-Seiten können dazu gemäß den Festlegungen zur Vertraulichkeitseinstufung als firmenvertraulich gekennzeichnet werden. Weiterhin kann der Zugriff auf Seiten mit Hilfe eines Rollen-Rechte-Konzeptes sowohl für die Ansicht als auch die Bearbeitung beschränkt werden. Zusätzlich können sehr granular Rechte auf einzelne Funktionen der Social Software eingeschränkt werden, wie z. B. auf den Export in Word oder PDF.

5 Einführungsprojekt und Betrieb

5.1 Konzeption, Entstehung und Roll-out der Lösung

Als Grundanforderung stand zu Beginn des Projektes fest, dass eine unternehmensweite Kommunikationsplattform geschaffen werden sollte. Basis hierfür sollte eine Social Software sein.

Hierzu wurden intern durch das Ad-Hoc-Team Social Software verschiedene Realisierungsmöglichkeiten evaluiert. Details zu den betrachteten Lösungen und zur Begründung der Entscheidung für Confluence finden sich in der ausführlichen Version dieser Fallstudie (Koch und Thönnißen 2011).

Der Roll-out bzw. die Einführung des Systems im September 2009 wurde durch folgende Aktionen unterstützt:

- Eine persönliche E-Mail der Geschäftsführung an alle Mitarbeiter
- Dem ersten Blog-Post im neuen System durch die Geschäftsführung
- Plakaten am Tag der Einführung in der ESG Firmenzentrale in Fürstenfeldbruck (ein Plakat in jeder Etage und in jedem Gebäudeteil)
- 90-minütige Einführungen mit freiwilliger Teilnahme in nahezu allen ESG-Niederlassungen, an denen sich ca. ein Viertel der Mitarbeiter beteiligten

Es gab vor der Einführung von Confluence bereits andere Wiki-Installationen in Projekten der ESG. Diese durften weiter betrieben werden, es wurde aber eine Migration von Alt-Wikis nach Confluence unterstützt.

5.2 Laufender Betrieb und Weiterentwicklung

In den ersten Monaten nach dem Produktivstart erfolgte der Support der Social Software über die Mitglieder des Ad-Hoc-Teams und die Schulungsleiter. Mittlerweile erfolgen die Anfragen primär über die „normale" ESG Hotline. Die Hotline-Fälle zur Social Software sind zum überwiegenden Teil Wünsche nach der Einrichtung einer projektbezogenen Wiki-Community. Wirkliche Probleme mit der Anwendung der Social Software gibt es nicht.

Auch Befragungen werden über das öffentliche ESG-Wiki mit Hilfe des Survey-Plugins gestartet. So hat die Geschäftsführung der ESG im März 2010 die Mitarbeiter erfolgreich über eine anonyme Befragung im Wiki aktiv in den Strategieprozess für die Vision & Strategie 2015 eingebunden.

6   Erfahrungen (ex-post Sicht)

Bereits zwei Monate nach dem Produktivstart wurden mehr als 3.000 Seiten von über 200 Autoren eingestellt. Der Stand zum Januar 2011, d. h. ca. 16 Monate nach Produktivstart des Systems, stellt sich wie folgt dar:

- mehr als 30 Communities (Projekt-Spaces)
- mehr als 2.000 Seiten (ohne Versionen) im öffentlichen Wiki
- mehr als 11.000 Seiten (ohne Versionen) insgesamt von mehr als 600 verschiedenen Autoren
- mehr als 18.000 Attachments zu den Seiten
- mehr als 2.300 Blog-Posts von mehr als 300 verschiedenen Autoren
- über 1.800 Tags (für Tagclouds wurde durch Tests die „ideale" Größe von 80 Tags gefunden); Tags werden auch zur Steuerung der Aggregation von Blog-Posts genutzt („newsflash", „timnews", …)

Die Anzahl unterschiedlicher Autoren belegt, dass sich über ein Drittel der ESG-Mitarbeiter aktiv beteiligt.

Confluence hat den Grundstein für einen Portal-2.0-Ansatz in der ESG gelegt. Mittlerweile existiert eine gemeinsame Suche über alle Inhalte in Confluence, alle Inhalte des neuen DMS auf Basis von Alfresco sowie allen E-Mails in IBM Lotus Notes. Auch betriebswirtschaftliche SAP-Anwendungen wurden in den Portal-2.0-Ansatz integriert.

Durch die Einführung von Confluence in der ESG konnte das Wissensmanagement nachhaltig gestärkt werden. Hervorzuheben sind vor allem der bessere Zugriff auf kollektives Wissen durch eine größere Zahl an Autoren und das Auffinden von Experten mit Hilfe der Profile und einer integrierten Suchfunktion. Zudem ist das gesamte Regelwerk der ESG jetzt an einem zentralen Ort vereint, was wiederum Pflege- und Suchaufwand reduziert. Die hohe Anzahl von Autoren für Blog-Posts und Wiki-Seiten dokumentiert die Akzeptanz bei den Anwendern. Die Social Software der ESG ist innerhalb kürzester Zeit zur zentralen Informationsplattform des Unternehmens geworden. Mit ihren verschiedenen Communities erhöht sie die Transparenz des vorhandenen Wissens der Mitarbeiter.

Zum Januar 2012 wurden nochmal die Nutzungszahlen erhoben:

- mehr als 60 Communities (Projekt-Spaces)
- fast 2.500 Seiten (ohne Versionen) im öffentlichen Wiki
- fast 15.000 Seiten (ohne Versionen) insgesamt von mehr als 880 verschiedenen Autoren
- mehr als 24.000 Attachments zu den Seiten
- mehr als 3.000 Blog-Posts von mehr als 400 verschiedenen Autoren

Insgesamt zeigen die Zahlen, dass sich das ESG-Wiki mit zentralem Wiki für alle Mitarbeiter und den projektspezifischen Wikis zur zentralen Kommunikationsplattform entwickelt hat. Auch die Anzahl der Autoren zeigt die überaus gute Annahme der ESG-spezifischen

Confluence-Installation. Immerhin beteiligen sich damit knapp 60 % der Mitarbeiter der ESG Gruppe am Wiki.

7 Erfolgsfaktoren

In diesem Abschnitt wollen wir auf Erfolgsfaktoren für die Einführung von Social Software in Unternehmen eingehen. Zuerst diskutieren wir dabei direkte Erfahrungen aus dem eben vorgestellten Einführungsprojekt (Abschn. 7.1) und dann gehen wir auf allgemeine Erkenntnisse ein, die sich größtenteils auch in diesem Projekt wiederfinden lassen (Abschn. 7.2).

7.1 Reflexion der Barrieren und Erfolgsfaktoren aus der Fallstudie

Die am Beginn des Projekts definierten Ziele (s. Abschn. 3.2) konnten erreicht werden. Ein entscheidender Erfolgsfaktor bei der Konzeption, Realisierung und Einführung des Systems war dabei auch die Zusammensetzung des Ad-Hoc-Teams, das aus Mitarbeitern aus allen Bereichen der ESG bestand. Hierdurch konnten die Interessen und Wünsche vieler Mitarbeiter berücksichtigt werden und es konnte ein auf die Bedürfnisse der Nutzer zugeschnittenes System realisiert werden. Ein weiterer Erfolgsfaktor war die direkte Unterstützung durch die ESG-Geschäftsführung, die das Vorhaben von der ersten Stunde an aktiv gefördert hat.

Eine wichtige Erkenntnis aus diesem Projekt ist, dass zur Umsetzung eines auf ein Unternehmen angepasstes sozialen Intranets heute keine aufwändige Programmierung mehr erforderlich ist, sondern Standardsoftware mit geringer unternehmens-spezifischer Anpassung eingesetzt werden kann. Damit halten sich auch die direkten Kosten eines solchen Projektes in Grenzen.

Auch bei der Einführung einer solchen Plattform kann man in wissensintensiven Projektorganisationen neue Wege gehen. Anstelle von Mehrtagesschulungen, welche die Organisation oft stark blockieren, wurde hier der Weg von fakultativen 90-Minuten-Einweisungen gewählt. Die Social Software Guidelines zeigten sich als wichtiges Medium zur Kommunikation der mit der Lösung bezweckten Ziele und haben sehr zur Schaffung von klaren Randbedingungen und Vermeidung von Unsicherheit beigetragen. Wichtige Aufgaben waren insgesamt weniger in der Implementierung der technischen Plattform, sondern mehr in der Einbettung der Plattform in den technischen und organisatorischen Kontext im Unternehmen zu sehen, z. B. in der Abgrenzung der Einsatzbereiche von Confluence und dem Dokumentenmanagementsystem oder der Erarbeitung der Vorgaben, wie das Innovationsmanagement zukünftig mit der Plattform unterstützt werden soll. Hier hat geholfen, dass die Mitarbeiter der ESG sehr offen für die neuen Medien waren und die treibenden Kräfte im Informations- und Innovationsmanagement der Firma eine gute Balance zwischen Innovation und Pragmatismus bei der Nutzung der Werkzeuge gefunden haben.

7.2 Erfolgsfaktoren allgemein

Die im vorhergehenden Abschnitt aus Sicht der Fallstudie geschilderten Erfolgsfaktoren decken bereits einen großen Teil der Empfehlungen, die für Einführungsprojekte gegeben werden können, ab. In diesem Abschnitt wollen wir trotzdem noch einmal mit einem etwas breiteren Blick auf das Thema Erfolgsfaktoren herangehen und die uns wichtigen Empfehlungen strukturiert zusammenfassen und dabei auch kurz begründen oder diskutieren. Konkret diskutieren wir dabei die folgenden Bereiche:

- Einführungsstrategie sowie Unterstützung durch Management
- Einführungsprozess und Betrachtungsebenen
- Information der Benutzer – Social Software Guidelines und Schulung
- Darstellung eines Nutzens – Nutzenorientierte Dokumentation

Quelle der Erkenntnisse sind verschiedene Studien, die wir gemacht haben. Ein großer Teil der Fallstudien ist auf der Plattform e20cases.org dokumentiert und kann dort nachgelesen werden. Teile der folgenden Ausführungen sind dabei aus folgenden Originalarbeiten entnommen und können dort noch vertiefter nachgelesen werden: (Back und Koch 2011; Richter und Stocker 2011; Richter et al. 2012).

7.2.1 Einführungsstrategie sowie Unterstützung durch Management

Im Kontext des Einsatzes von Social Software zur Unterstützung der innerbetrieblichen Zusammenarbeit wird regelmäßig über die „richtige" Einführungsstrategie diskutiert und es werden die bei-den Paradigmen Top-Down (vom Management getrieben) und Bottom-Up (von den Mitarbeitern getrieben) gegenüber gestellt. Richter und Stocker 2011 zeigen anhand einer vergleichenden Analyse von 21 Fallstudien, dass es in der Realität weniger um Top-Down vs. Bottom-Up als um den Zeitpunkt der Identifikation der Anwendungsszenarien. Die Ergebnisse der Untersuchung lassen erkennen, dass die betrachteten Unternehmen zwei durchaus miteinander vereinbare Strategien anwandten: Die Art der Nutzung blieb im Rahmen eines partizipativen Vorgehens zunächst den Nutzern überlassen und die Anwendungsszenarien wurden nach und nach identifiziert („Exploration") oder/ und die Plattformen wurden im Unternehmen mit Unterstützung des Managements koordiniert vermarktet und deren gezielte Nutzung geschult („Promotion").

IT-Werkzeuge müssen also nicht unbedingt Top-Down eingeführt werden um erfolgreich zu sein. Auch impliziert die Nutzungsoffenheit von Social Software nicht, dass hier unbedingt eine Bottom-Up-Einführung notwendig ist. Es ist zwar wichtig, dass Mitarbeiter hinter einem Projekt stehen und durch Aneignung ihren Nutzen daraus ziehen, dies kann aber sehr wohl von oben koordiniert werden.

Natürlich sind immer wieder sogenannte U-Boot-Projekte zu beobachten, wo Mitarbeiter ohne Wissen der Geschäftsführung an der Einführung von Social Software im Unternehmen arbeiten. Aber natürlich können solche Projekte nicht ohne Unterstützung des Managements verstetigt werden. Solche Projekte sind eher Ausdruck des Umstandes, dass das Management Bedarfe und Möglichkeiten im Unternehmen noch nicht erkannt hat. Das „U-Boot-Spotting" (also das Identifizieren von U-Boot-Projekten, die ja immer aus konkreten Notwendigkeiten und Möglichkeiten heraus wachsen) kann aber als wichtige Aufgabe des Managements gesehen werden. Wenn ein Projekt identifiziert ist, dann sollte das Management (sowohl die Geschäftsführung als auch das mittlere Management) durch die Bereitstellung der notwendigen Ressourcen, Schaffung von Freiräumen und natürlich durch das Vorangehen mit gutem Vorbild behilflich sein. Auch bei der ESG hat man verschiedentlich Einsatz von Wikis und Blogs in Teilbereichen beobachtet und dann einen Promotion-Prozess für die Einführung einer zentralen Lösung gewählt.

7.2.2   Einführungsprozess und Betrachtungsebenen

Eine Herausforderung, die wir bei der Einführung von Social Software im Unternehmen immer wieder beobachtet haben, sind die unterschiedlichen Ebenen, auf denen die Betrachtung und Diskussion während des Einführungsprozesses stattfindet. Wegen des fehlenden Gewahrseins über die Unterschiede der Betrachtungsebenen werden dabei für einzelne Aktivitäten teilweise Ansätze gewählt, die nur auf den ersten Blick zu brauchbaren Ergebnissen führen. So ist es z. B. bei der Anforderungsanalyse oder bei der Erfolgsmessung nicht zielführend sich an den Funktionen der Plattform zu orientieren. Dies ist u. a. wieder durch die Nutzungsoffenheit von Social Software bedingt. Es gibt z. B. immer mehrere Funktionen zur Unterstützung derselben Arbeitspraktik und eine Funktion kann meist zur Unterstützung unterschiedlicher Arbeitspraktiken eingesetzt werden.

In (Richter et al. 2012) stellen wir deshalb ein Fünf-Ebenen-Modell vor und diskutieren dessen Verwendung in den unterschiedlichen Schritten des Einführungsprozesses. Die wichtigste Unterscheidung in diesem Modell ist die zwischen der Ebene der Funktionen (der Unterstützungsplattform) und der Ebene der kollaborativen Prozesse (oder Use Cases) sowie der Ebene der Nutzungsmuster.

Die konkrete Ausarbeitung von Ebenen in Form von einsetzbaren Modellen beschränkt sich bei Enterprise 2.0 bisher nämlich immer auf die Ebene der Funktionen. So haben beispielsweise Büchner et al. (2009) oder Williams und Schubert (2011) Rahmenwerke vorgelegt, welche die Kategorisierung verschiedener Funktionen von Social Software beschreiben. Wenngleich diese Rahmenwerke eine Orientierung auf der technischen Ebene ermöglichen, fehlt doch die Berücksichtigung der darauf aufbauenden Ebenen. Dies kann wie oben ausgeführt zu Missverständnissen oder nichtssagenden Analyseergebnissen führen. Insbesondere bei der Zieldefinition, der Kommunikation des Nutzens sowie der Erfolgsmessung sollte nicht (nur) auf der Ebene der Funktionen diskutiert werden. Das APERTO-Rahmenwerk (Richter et al. 2012) liefert hier einige Hilfsmittel. Andere Hilfsmittel zur Ausgestaltung der Ebenen der Use Cases finden sich z. B. in den Klassifizierungen der SocialSoftwareMatrix (2010) oder in (Negelmann 2009).

7.2.3   Information der Benutzer – Social Software Guidelines und Schulungen

In der Fallstudie wurden die Social Software Guidelines als wichtiger Beitrag zur Einführung dargestellt (s. Abschn. 4.2). Auch in vielen anderen Fallstudien haben wir festgestellt, dass klare, kurz formulierte Darstellung, was eine Plattform ist (sein soll), was sie nicht ist, was gemacht werden kann und soll und was nicht gemacht werden soll, bei der Einführung helfen.

Grund für die Notwendigkeit von Social Software Guidelines ist die in Abschn. 1 angesprochene Nutzungsoffenheit von Social Software. Diese sorgt nicht nur für viele Möglichkeiten, sondern auch für Unsicherheit. Vor allem Unsicherheit darüber, was man mit dem neuen System machen soll und was eher nicht.

Social Software Guidelines sorgen dafür, dass diese Unsicherheit abgebaut wird, indem

• aufgezeigt wird, wofür das System genutzt werden soll (darf),
• Hinweise zur Nutzung gegeben werden und
• ausgeführt wird, was mit dem neuen System nicht gemacht werden soll.

Insbesondere der letzte Punkt hat sich in der Praxis häufig als sehr wichtig herausgestellt. Häufig gibt es unterschiedliche Systeme für die Erfüllung derselben Aufgabe im Unternehmen und Mitarbeiter müssen entschieden, welches davon sie nutzen. Das Beispiel der ESG zeigt sehr schön, wie das für die Abgrenzung zwischen Social Software und Document Management System erfolgen kann. Weitere Beispiele sind zu finden unter (Boudreaux 2011).

Ein weiterer wichtiger Punkt bezüglich Social Software Guidlines ist ihre Kürze. Zwar können auf zehn oder mehr Seiten Unterschiede schön ausführlich dargestellt werden, dieses Dokument wird die Endbenutzer aber nicht erreichen. Social Software Guidelines sollten deshalb knapp und als Anregung/Hilfe gehalten werden und nicht als vollständiges Regelwerk gestaltet sein.

Natürlich sind Social Software Guidelines nicht der einzige Weg die Benutzer über das zu informieren, was sie machen können und sollen. Neben (technischer) Dokumentation werden hier häufig Schulungen genannt. Ein wichtiger Punkt in der vorgestellten Fallstudie war nun, dass auf eine klassische Schulung der Mitarbeiter im neuen System verzichtet worden ist. Es gab nur freiwillige 90-minütige Einführungen, in denen hauptsächlich der Nutzen dargestellt worden ist und darauf eingegangen worden ist, wie dieser Nutzen erzielt werden kann (anhand von konkreten Beispielen).

Auch die Erfahrungen aus anderen Fallstudien zeigen, dass auf eine detaillierte Schulung der Endanwender meist verzichtet werden kann. Die Software sollte intuitiv benutzbar sein und natürlich sollte eine Online-Dokumentation verfügbar sein – ein ausführliches Durchgehen der einzelnen Funktionen in einer Schulung ist aber nicht notwendig. Auch dies hängt wieder mit der Nutzungsoffenheit zusammen. Nicht die Funktionen der Software sind wichtig, sondern was der einzelne daraus macht.

Was sich in vielen Fallstudien allerdings gezeigt hat ist, dass das mittlere Management eine wichtige Rolle beim Einführungsprozess hat. Sie müssen ihre Mitarbeiter ermutigen, mit gutem Beispiel voran gehen und teilweise die Rolle des „Gärtners" im System übernehmen, d. h. das Vor- und Nachstrukturieren von Inhalten. Für das gute Ausfüllen dieser Rolle ist eine Schulung vielleicht hilfreich – aber wieder nicht auf der Ebene der Funktionen des Systems.

7.2.4 Darstellung eines Nutzens – Nutzenorientierte Dokumentation

Aufgrund der einführend erläuterten Nutzungsoffenheit schreibt Social Software den Nutzern keine Anwendungsszenarien vor, sondern bietet viel Raum eigene Möglichkeiten der Verwendung zu entdecken. Während so jeder Nutzer die Chance hat, die Plattform entsprechend seiner Arbeitspraktiken zu nutzen, birgt diese ungeahnte Freiheit gleichzeitig die Gefahr, dass der Nutzer das Potential bzw. den Nutzen der Plattform nicht erkennt.

Deswegen sollte der Aneignungsprozess des Nutzers unterstützt werden, indem praktische Nutzungsmöglichkeiten aufgezeigt werden. Diese sollten dem Nutzer fassbar und bei seiner Arbeit dienlich sein. Dabei kann es sich um einen iterativen Prozess handeln, in dem sich die Nutzer die Dienste im Rahmen ihrer Arbeitspraktiken aneignen und Management bzw. Mitarbeiter nach und nach weitere bisher unbekannte Nutzungsmöglichkeiten identifizieren. Insbesondere ist hier auch wieder relevant, dass nicht auf die Ebene der Funktionen zurückgegangen wird, da Benutzer selten einen Nutzen in einzelnen Funktionen (wie dem „Hochladen von Dokumenten"), sondern eher in von Plattformen unterstützten kollaborativen Prozessen sehen (Richter et al. 2012).

Hier kommt das Potential einer nutzenorientierten Dokumentation ins Spiel. Diese hilft dem Nutzer sich die Software anzueignen indem mögliche Nutzungsweisen aufgezeigt werden.

Verschiedene Möglichkeiten einer nutzerorientierten Dokumentation sind z. B.

- Bericht über Nutzungsmöglichkeiten der Plattform (in on- oder offline-Veröffentlichungen)
- Sammlung von konkreten Nutzungsbeispielen in Form von Berichten, in denen Nutzer von eigenen Erfolgen mit der Plattform berichten, z. B. in Beiträgen in der Mitarbeiterzeitung, als Teil der Online-Dokumentation, in Anwenderblogs.

8 Zusammenfassung

Am Beispiel der ESG haben wir in diesem Beitrag gezeigt, wie eine Einführung von Social Software im Unternehmen aussehen kann. Wir haben außerdem herausgearbeitet, dass es einige Herausforderungen bei solchen Einführungsprojekten gibt und mögliche Lösungen dafür aufgezeigt. Diese Herausforderungen sind meist der Nutzungsoffenheit von Social Software geschuldet. Die Nutzungsoffenheit, d. h. der Umstand, dass ein und dieselbe Software in unterschiedlichen Kontexten auf sehr unterschiedliche Art und Weise eingesetzt werden kann, bedingt auch, dass Lösungen, die bei einem Unternehmen funktionieren nicht 1:1 in anderen Unternehmen übernommen werden können. Trotzdem hilft es natürlich zu sehen, was andere machen und wie sie gewisse Herausforderungen angehen. Genau diese Anregungen bereitzustellen ist das Ziel der Plattform e20cases.org. Und auch hier sieht man wieder eine Parallele zu den Empfehlungen in Abschn. 7: Auch den Mitarbeitern kann man nicht komplett vorgeben, wie sie am besten Nutzen aus einer Social Software ziehen – aber die Kommunikation von guten Beispielen anderer kann dabei helfen.

Literatur

Back A, Koch M (2011) Broadening participation in knowledge management in enterprise 2.0. it – Inf Technol 53(3):135–141. doi:10.1524/itit.2011.0635

Back A, Gronau N, Tochtermann K (Hrsg) (2008) Web 2.0 in der Unternehmenspraxis. Oldenbourg Wissenschaftsverlag, München

Boudreaux C (2011) Social Media Governance. http://socialmediagovernance.com/ Zugegriffen: 4. Sept. 2011

Büchner T, Matthes F, Neubert C (2009) A concept and service based analysis of commercial and open source enterprise 2.0 tools. Proceedings of International Conference on Knowledge Management and Information Sharing, Madeira

Koch M, Richter A (2009) Enterprise 2.0 – Planung, Einführung und erfolgreicher Einsatz von Social Software in Unternehmen, 2. Aufl. Oldenburg Wissenschaftsverlag, München

Koch M, Thönnißen H-J (2011) ESG: Unterstützung von Wissensmanagement durch Social Software. In: Schubert P, Koch M (Hrsg) Wettbewerbsfaktor Business Software. Hanser, München, S 153–170. http://www.e20cases.org/fallstudie/esg-unterstutzung-von-wissensmanagement-durch-social-software/

McAfee AP (2006) Enterprise 2.0: the dawn of emergent collaboration. MIT Sloan Manag Rev 47(3):21–28

Negelmann B (2009) Classification of Enterprise 2.0 use cases. http://blog.enterprise2open.com/2009/10/15/classification-of-enterprise20-use-cases/. Zugegriffen: 15. Okt. 2009

Richter A, Riemer K (2009) Corporate social networking sites – modes of use and appropriation through co-evolution. Proceedings of Australian Conference on Information Systems

Richter A, Stocker A (2011) Exploration & Promotion: Einführungsstrategien von Corporate Social Software. Proceedings of Wirtschaftsinformatik

Richter A, Koch M, Behrend S, Nestler S, Müller S, Herrlich S (2012) aperto – Ein Rahmenwerk zur Auswahl, Einführung und Optimierung von Social Software in Unternehmen. Schriften zur Soziotechnischen Integration, Bd 2. Forschungsgruppe Kooperationssysteme, München

Schubert P, Koch M (Hrsg) (2011) Wettbewerbsfaktor Business Software – Prozesse erfolgreich mit Software optimieren – Berichte aus der Praxis. Hanser, München

SocialSoftwareMatrix (2010) Categories. http://socialsoftwarematrix.org/category/ Zugegriffen: 4. Sept. 2011

Stahlknecht P, Hasenkamp U (2005) Einführung in die Wirtschaftsinformatik. Springer, Berlin

Williams SP, Schubert P (2011) An Empirical Study of Enterprise 2.0 in Context Research aims and research design. Proceedings of Bled eConference

Teil III

Welche Voraussetzungen braucht
das Unternehmen

Reflexionen zur unternehmerischen Social Media Nutzung

Georg Kraus

Zusammenfassung

Durch die Social Media haben die Mitarbeiter von Unternehmen mehr Möglichkeiten als früher, Infos zu verbreiten. Dadurch erhöht sich nicht nur ihre „Kommunikationsmacht", auch die Grenze zwischen interner und externer Unternehmenskommunikation löst sich zunehmend auf. Während die meisten Unternehmen oft nur die externe Perspektive ob der vermeintlich kostengünstigeren Perspektiven im Internet betrachten, vermissen sie zugleich relevante Einstellungen und Fähigkeiten bei Ihren Mitarbeitern mit dem Ergebnis, digitale Medien falsch einzuschätzen. Die verändern nicht nur die Unternehmenskommunikation nach außen, sondern sie sind Anlass eines notwendigen Umdenkens in Unternehmen.

Inhaltsverzeichnis

G. Kraus (✉)
Dr. Kraus & Partner, Werner-von-Siemens-Str. 2-6, 76646 Bruchsal, Deutschland
E-Mail: georg.kraus@krauspartner.de

G. Lembke, N. Soyez (Hrsg.), *Digitale Medien im Unternehmen*,
DOI 10.1007/978-3-642-29906-3_9, © Springer-Verlag Berlin Heidelberg 2012

1   Einführung

Hat Ihre Firma schon eine Facebookseite? Nein! Dann sind Sie ja richtig „old school".
Die Social Media sind in aller Munde. Und wer dem Trend nicht folgt, muss befürchten
„abgehängt" zu werden und mit seinem Unternehmen nicht mehr „dabei" zu sein – das
betonen zumindest die meisten Marketing- und Kommunikationsexperten. Sie verkün-
den: Die Zeiten des klassischen Marketings sind vorbei. „Moderne Unternehmen" treten
heute über die Social Media in einen „echten Dialog" mit ihren (Noch-nicht-) Kunden.
Denn über diese Medien können sie auf eine ganz neue Art mit ihrer Zielkunden kommunizieren. Und sie versprechen den Verantwortlichen in den Unternehmen: Geschickt
organisiert und gesteuert, könnt ihr euch eine Gemeinschaft von Fans schaffen, die nicht
nur treu eure Produkte kaufen, sondern auch bei Noch-nicht-Kunden für euch werben.

Gestützt werden diese Aussagen von zahlreichen, häufig interessengeleiteten „wissenschaftlichen Studien" und unterfüttert mit Fallbeispielen von Unternehmen, denen es gelang,
via Social Media ein neues Produkt im Markt zu lancieren oder sich von einem unbekannten
Start-up zu einem Trendanbieter zu entwickeln. Dabei fällt auf: Fast alle Publikationen und
Untersuchungen zum Thema fokussieren sich auf den Aspekt, wie sie durch die Social Media die Beziehung der Unternehmen zu ihren (potenziellen) Kunden beziehungsweise den
„Konsumenten" verändern. Kaum reflektiert wird jedoch, inwieweit sich durch die Omnipräsenz der Social Media das Verhältnis der Unternehmen zu ihren Mitarbeitern verändert
und wie sich dies wiederum auf die Beziehung „Unternehmen – Konsument" auswirkt.

Befasst man sich mit dieser Frage, dann zeigt sich: Die Social Media sind für die Unternehmen ein zweischneidiges „Schwert" – unabhängig davon, ob es sich dabei um solche
soziale Netzwerke wie Facebook und Xing, solche Arbeitgeberbewertungsportale wie Kununu oder um solche Kurznachrichtendienste wie Twitter handelt.

2   Der neue Mitarbeiter?

Bis zum Entstehen der Social Media hatten Mitarbeiter, die – ganz gleich aus welchen
Motiven – eine Botschaft einer mehr oder minder großen Öffentlichkeit mitteilen wollten,
eigentlich nur zwei Möglichkeiten.

Möglichkeit 1: Sie teilten das, was ihnen am Herzen lag, ihren Bekannten und Verwandten entweder mündlich oder schriftlich mit – eventuell verknüpft mit der Hoffnung, dass
diese ihre Info weiterverbreiten. Entsprechend gering war die Reichweite, wenn ein Mitarbeiter zum Beispiel mal (spontan) seinem Ärger über seinen Arbeitgeber Luft machte
oder (unbedacht) Firmeninterna ausplauderte.

Möglichkeit 2: Sie konnten, wenn sie das Gefühl hatten „Das müssen Gott und die Welt
wissen", versuchen, einen Rundfunk-, Fernseh- oder Zeitungsredakteur zu kontaktieren,
in der Hoffnung, dass dieser ihre Meldung aufgreift und in seinem Medium „publiziert".

Auch dann war die Chance, dass die Mitarbeiter mit ihren „Nachrichten" auf einen größeren Resonanzboden stießen, eher gering. Aus vielerlei Gründen.

Ursache 1: Die meisten Mitarbeiter hatten hierfür weder die erforderlichen Kontakte noch Medienerfahrung. Und für die meisten stellte es eine zu hohe Hürde oder Hemmschwelle dar, ihnen fremde Medienvertreter zu kontaktieren, um ihnen zum Beispiel ihre Erfahrungen mitzuteilen.

Ursache 2: Für fast alle Vertreter der klassischen Medien stellten die Informationen, die heute vielfach über die Social Media verbreitet werden, keine relevanten „News" dar, da es sich bei ihnen nur um persönliche Meinungen oder individuelle Erfahrungen, die nicht verifizierbar waren, handelte. Deshalb sahen sie von einer Veröffentlichung ab – entweder weil sie die persönlichen Meinungen nicht als „von allgemeinen Interesse" einstuften oder weil sie sich bewusst waren: Wenn wir diese nicht verifizierten Äußerungen publizieren, dann begeben wir uns auch juristisch auf Glatteis. Dann ist die Gefahr groß, dass …

Entsprechend gering waren vor dem Aufkommen der Social Media die Möglichkeiten „normaler Arbeitnehmer", eine breitere Öffentlichkeit zum Beispiel an ihren schlechten Erfahrung mit ihrem (Ex-)Arbeitgeber teilhaben zu lassen – zumal ihnen hierfür als Kanäle fast ausschließlich die „Leserbriefspalten" der Zeitungen zur Verfügung standen. Hinzu kam ein weiterer natürlicher Filter: Das Schreiben und Versenden eines Leserbriefs kostet Zeit (und Geld). Und der Anruf bei einer Zeitung oder Rundfunk- oder Fernsehstation, um ihnen ein Thema schmackhaft zu machen, erfordert eine gewisse Überwindung. Entsprechend gering war in der Vergangenheit die Gefahr, dass ein Mitarbeiter einem spontanen Impuls folgend, entweder (unreflektiert) Firmengeheimnisse so ausplauderte oder seinem aktuellen Ärger so Luft verschaffte, dass hiervon eine breitere Öffentlichkeit erfuhr.

2.1   Mitarbeiter machen im Internet mit

Diese Situation hat sich durch den Siegeszug der Social Media radikal verändert. Heute können Mitarbeiter unter anderem über solche Portale wie Facebook und über solche Dienste wie Twitter, das, was ihnen auf den Nägeln brennt, in Windeseile an Gott und die Welt versenden. Zudem können sie über Expertenportale unreflektiert mehr oder minder sensible Infos einer breiteren (Fach-) Öffentlichkeit zugänglich machen. Und in Portalen wie Kununu? Dort können Arbeitnehmer anonym ihre Erfahrungen mit ihrem aktuellen oder auch Ex-Arbeitgeber anonym publizieren und diese bewerten.

Und noch etwas hat sich durch den Siegeszug der Social Media geändert. Den Mitarbeitern stehen nicht nur mehr Kanäle zur Verfügung, um ihre Gedanken sowie Meinungen in Windeseile zu verbreiten und ihr Wissen mit anderen zu teilen, sie werden von den Betreibern dieser Medien sowie deren „Usern" sogar regelrecht zum Mitmachen stimuliert und dazu aufgefordert, das was sie bewegt und beschäftigt, anderen Menschen mitzuteilen – zum Beispiel in Experten- oder Branchenforen. Doch nicht nur dort. Auch die klassischen Medien setzen heute zunehmend auf Interaktion. So ist es heute zum Beispiel bei vielen Talkshows und Magazin-Sendungen im Rundfunk und Fernsehen üblich, dass die Moderatoren die Zuschauer beziehungsweise -hörer auffordern, sich im entsprechenden Chatroom des Senders aktiv an der Diskussion zu beteiligen und ihre Erfahrungen einzubringen. Und häufig wird noch während der Sendung – wie zum Beispiel bei „Hart, aber fair" – nicht nur „live" über den Diskussionsverlauf im Chat berichtet, sondern es werden auch einige ausgewählte Chatbeiträge vorgelesen, was selbstverständlich deren Verfasser schmeichelt. Entsprechend groß ist die Versuchung, sich in solchen Chats durch pointierte Aussagen zu profilieren – insbesondere wenn dies anonym und somit (scheinbar) gefahrlos geschieht.

2.2 Das aktive Mit-machen vermittelt manchem Mitarbeiter das Gefühl von Wichtigkeit

Ähnlich verhält es sich, wenn sich Mitarbeiter eines Unternehmens an einem Expertenchat im Web beteiligen. Erfolgt dann eine Resonanz wie „Hochinteressant, was Du da schreibst – zeugt von einer hohen Fachkompetenz. Kannst Du mir nähere Infos geben? ☺", dann ist die Gefahr groß, dass der so gelobte Mitarbeiter dies tut, ohne zunächst zu reflektieren

- Wer ist mein Gegenüber und warum möchte er „nähere Infos" haben?
- Welche Konsequenzen hat dies für meinen Arbeitgeber (und eventuell mich), wenn ich diese Info Dritten oder gar einer breiten Öffentlichkeit zugänglich mache?

Häufig steckt denn auch keine böse Absicht dahinter, wenn zum Beispiel Firmeninterna oder gar -geheimnisse via Social Media publik gemacht werden. Oft verbirgt sich dahinter „nur" ein Mitarbeiter, der sich (zu Recht) ungerecht behandelt fühlte und seinem Unmut Luft verschaffte. Oder ein Mitarbeiter, der schlichtweg, bevor er aktiv wurde, nicht über die Folgen seines Tuns nachdachte. Oder ein Mitarbeiter, dessen kleinem Ego es gut tut, wenn er anderen Menschen etwas scheinbar Wichtiges mitteilen kann.

3 Auflösende Grenzen zwischen interner und externer Kommunikation

Ganz gleich, aus welchen Motiven (Ex-)Mitarbeiter, Firmeninterna oder -geheimnisse ausplaudern, Fakt ist: Nicht nur aufgrund der Existenz der Social Media löst sich aus Unternehmenssicht die Grenze zwischen interner oder externer Kommunikation zunehmend auf. Früher waren die internen Kommunikationsabteilungen die „Gralshüter" darüber, welche Infos intern bleiben und welche nach draußen gehen, heute können sie diese Funktion nur noch bedingt erfüllen. Diese Erfahrung musste zum Beispiel im Januar 2012 Tim

Cook, der CEO von Apple, sammeln. Nachdem sein Unternehmen in mehreren Berichten in Print- und Online-Medien heftig dafür kritisiert worden war, dass es seine Produkte (ebenso wie seine Mitbewerber) unter sehr fragwürdigen Arbeitsbedingungen in Fernost produzieren lässt, schrieb er eine Mail an die Apple-Mitarbeiter, in der unter anderem stand: „… Jeder Unfall berührt uns zutiefst und die Arbeitsbedingungen verdienen unsere Aufmerksamkeit. Jede Unterstellung, dies sei anders, ist falsch und ehrverletzend…" Kaum hatte Cook diese Mail an die Mitarbeiter versandt, tauchte sie in zahlreichen Online-Portalen und Blogs auf, und Cook wurde heftig kritisiert. Seine Aussagen seien scheinheilig. Apple seien seit Jahren die Arbeitsbedingungen zum Beispiel bei seinem Lieferanten Foxconn bekannt. Das Unternehmen habe jedoch nichts dagegen getan, und, und, und ….

Durch den Entrüstungssturm im Internet entstand Apple zumindest erkennbar kein Schaden. Das Beispiel zeigt jedoch, wie schnell heute Firmeninterna oft den Weg nach draußen finden und welch „Empörungswelle" sich hierdurch aufbauen kann. Dies kann für Unternehmen, die anders als Apple keine sehr große und stabile Fangemeinde haben und deren Produkte für die „User" keinen „Kultstatus" haben, das Aus bedeuten.

4   Die Macht der Mitarbeiter

Noch höher war die Empörungswelle, als im März 2012 ein Ex-Mitarbeiter von Goldman Sachs in einem Gastbeitrag in der „New York Times" publik machte, dass Mitarbeiter der Investment-Bank in der internen Kommunikation immer wieder Kunden als „Muppets" (also „Idioten") bezeichnen und damit prahlen, wie sie diese über den Tisch gezogen haben. Noch vor wenigen Jahren wäre dieser Artikel vermutlich, nur von Lesern dieser Zeitung zur Kenntnis genommen worden und sie hätten ihn mit einem kopfschüttelnden „Das haben wir uns schon immer gedacht" kommentiert. Und eventuell wäre er noch voller Häme in irgendwelchen Expertenkreisen herumgereicht worden. Anders im Social-Media-Zeitalter! In ihm griffen im Handumdrehen mehrere Blogger weltweit das Thema auf und erfanden unter anderem Dialoge zwischen Goldmann Sachs-Mitarbeitern, in denen diese sich zynisch und abfällig über ihre Kunden äußern. Woraufhin sich im Netz eine immer höhere Empörungswelle aufbaute. Was wiederum fast alle klassischen Medien weltweit dazu veranlasste, das Thema aufzugreifen, so dass aus der Empörungswelle ein Tsunami wurde – zumal das Thema alle (Vor-)Urteile bestätigte, die in der breiten Öffentlichkeit ohnehin bezüglich der skrupellosen Investmentbanker bestehen. Das Unternehmen Goldmann Sachs (beziehungsweise seine Kommunikationsabteilung) versuchte dieser Entwicklung zwar entgegen zu wirken – unter anderem, indem es sich entschuldigte und versprach alle internen Mails bezüglich abfälliger Bemerkungen über Kunden zu durchforsten – doch ergebnislos. Dem Unternehmen entstand ein Imageschaden, dessen Ausmaß (zum jetzigen Zeitpunkt) noch nicht absehbar ist, unter anderem weil gerade für solche Dienstleistungsunternehmen wie Investmentbanken gilt: Sie leben weitgehend von ihrem Ruf, ein seriöser Anbieter zu sein. Und welcher Kunde hört schon gerne, er sei ein „Muppet"?

4.1 Mitarbeiter werden zu einer neuen Kommunikations-Drehscheibe

Das Beispiel zeigt: Nicht nur die Grenze zwischen interner und externer Kommunikation löst sich zunehmend auf. Die Mitarbeiter entwickeln sich zu einer neuen Kommunikations-Drehscheibe mit der „Außenwelt", die das Image eines Unternehmens stark mitprägt. Die Mitarbeiter haben heute mehr „Kommunikationsmacht" als früher. Und manch geknechteter (Ex-)Mitarbeiter wird diese Macht künftig auch aktiv gebrauchen. Welche Konsequenzen sich hieraus ergeben, das hat bisher noch kaum ein Unternehmen reflektiert.

Eine, wenn auch nicht die weitreichendste Folge hiervon wird gewiss sein: Manch „Anekdote", die bisher nur die Mitarbeiter eines Unternehmens kannten und die firmenintern weitererzählt wurde, wird künftig recht rasch an die Öffentlichkeit dringen. Spricht man mit erfahrenen Wirtschaftsredakteuren, dann erzählen diese einem oft so manche Posse, bei der ein Unternehmensführer entweder so richtig ins Fettnäpfchen tappte oder etwas tat, was primär seinem Ego diente (denn auch Unternehmensführer sind Menschen). Publizieren würden sie diese „Possen" und „Anekdoten" aber zum Beispiel in ihren Zeitschriften nie. Denn sie wurden ihnen von einem Unternehmensvertreter abends, vertraulich bei einem Glas Bier oder Wein erzählt. Und sie wissen: Wenn ich diese Geschichte publiziere, ist die Vertrauensbeziehung ein für alle Mal zerstört.

Künftig werden solche Geschichten viel häufiger in die Öffentlichkeit dringen, da es in größeren Unternehmen gewiss stets einen (Ex-)Mitarbeiter gibt, dem es eine tiefe Befriedigung bereitet „denen da oben" mal eins auszuwischen. Entsprechendes gilt für Projekte, die so richtig schief liefen. Auch hierüber dringen heute bereits viel häufiger und schneller Infos an die Öffentlichkeit als noch vor wenigen Jahren. Nicht nur, weil die Unternehmen stärker als früher zum Beispiel bei Forschungs- und Entwicklungsprojekten, aber auch bei Umstrukturierungs- und Vertriebsprojekten mit anderen Unternehmen kooperieren, sondern auch weil Mitarbeiter der Unternehmen bei ihrer Kommunikation mit ihren „friends" im Internet oft unbewusst Firmeninterna preisgeben. Oft genügen den „friends" zwei, drei Detail-Infos, dann können sie, sofern sie vom Fach sind, hieraus die erforderlichen Schlüsse ziehen. Und der Mitarbeiter denkt: „Ich habe doch nichts gesagt."

5 Konsequenzen für Unternehmen

Unternehmen müssen Auswirkungen der veränderten Kommunikationssituation reflektieren. Wie sie mit dieser veränderten Kommunikationssituation umgehen sollen, darüber haben sich die meisten Unternehmen bisher oder kaum Gedanken gemacht – unter anderem, weil ihren obersten Lenkern, aber auch den Experten in ihren Kommunikationszentralen vielfach noch nicht bewusst ist, dass sich im Bereich Unternehmenskommunikation ein Paradigmenwechsel vollzieht. Deshalb reagieren die Verantwortlichen in den Unternehmen auf die geänderte Kommunikationssituation vielfach mit den alten Mitteln. Sie dehnen zum Beispiel die bestehenden firmeninternen Kommunikationskodizes, in denen unter anderem steht, wer welche Infos bekommen darf und an wen diese weiter gegeben werden dürfen, auf die Social Media aus und übersehen dabei, dass die größte Gefahr von der Online-Kommunikation ausgeht, die die Mitarbeiter als Privatpersonen und vielfach unter Pseudonym führen. Oder: Sie „sperren" gewisse Webseiten und Online-Plattformen für die Mitarbeiter, und übersehen dabei, dass inzwischen die meisten Mitarbeiter ein Smartphone in der Tasche haben, mit dessen Hilfe sie jederzeit die gesperrten Seiten besuchen können. Und: Sie haben, wenn es um das Thema „Auslecken von Informationen" geht, primär irgendwelche (Ex-)Mitarbeiter vor Augen, die sich am Unternehmen rächen wollen, dabei geht die größte Gefahr von eigentlich loyalen Mitarbeitern aus, die sich zum Beispiel in Expertenportalen mit digitalen „friends" austauschen und diesen die noch fehlenden Info-Puzzle-Teile geben, die diese noch brauchen, um hieraus die gewünschten Schlüsse zu ziehen.

5.1 Im Management und bei den Mitarbeitern muss ein Sensibilisierungsprozess stattfinden

Ausgereifte Konzepte, wie Unternehmen mit dieser veränderten Kommunikationssituation umgehen sollten, gibt es noch nicht – nicht nur, weil die Social Media noch recht junge Medien sind, sondern auch, weil sich aktuell durch die mobile Datenkommunikation mittels solcher Geräte wie Smartphones die Kommunikationsrahmenbedingungen erneut stark wandeln. Klar ist aber, diesbezüglich muss in den Unternehmen ein Sensibilisierungs- und Bewusstwerdungsprozess stattfinden – und zwar zunächst auf der Ebene der Unternehmensführung. Ihre Top-Manager müssen sich bewusst machen, dass sich die Grenzen zwischen interner und externer Kommunikation zunehmend auflösen und sich dann überlegen, welche Schlüsse hieraus für die Kommunikations- aber auch Führungskultur zu ziehen sind. Sie müssen aber auch begreifen, dass ihre Mitarbeiter heute mehr Kommunikationsmöglichkeiten und somit auch eine größere Kommunikationsmacht als früher haben – vielfach noch ohne sich dessen bewusst zu sein, weil sie die potenziellen Folgen ihres Tuns nicht überschauen. Entsprechend wichtig ist es in einem zweiten Schritt, den Mitarbeiter bewusst zu machen, welche Macht und Einflussmöglichkeiten sie heute haben und wie genau sie folglich, bevor sie irgendwelche Infos verbreiten analysieren müssen, mit wem sie kommunizieren und über welche Kanäle sie kommunizieren.

Sich mit diesem Thema zu befassen, ist nicht nur notwendig, um Schaden von den Unternehmen abzuwenden, sondern auch um zu verhindern, dass diese zunehmend erpressbar werden – zum Beispiel durch enttäuschte oder frustrierte (ehemalige) Mitarbeiter. Dabei muss sich keineswegs um die klassischen „Geheimnisträger" handeln. Ein mindestens ebenso großes Gefährdungspotenzial geht von den Mitarbeitern aus, die aufgrund ihrer jahrelangen Arbeit für das Unternehmen dessen „Schwachstellen" kennen – zum Beispiel im Bereich Qualitätsmanagement oder im Bereich Kundenbetreuung – und ausreichend viele Anekdoten aus dem Betriebsalltag kennen, um eine „Empörungswelle" nicht nur in der digitalen Welt auszulösen – sei es bewusst oder aus Naivität.

Weiterführende Literatur

Bernecker M, Beilharz F (2011) Social Media Marketing: Strategien, Tipps und Tricks für die Praxis. Johanna, Köln

Grabs A, Bannour K-P (2011) Follow me!: Social Media Marketing mit Facebook, Twitter, XING, YouTube und Co. Inkl. Empfehlungsmarketing, Crowdsourcing und Social Commerce. Galileo Computing Verlag, Bonn

Hilker C (2010) Social Media für Unternehmer: Wie man Xing, Twitter, Youtube und Co. erfolgreich im Business einsetzt. Linde, Wien

Kraus G (2005) Management Begriffe. Haufe, Freiburg

Kraus G, Becker-Kolle C (2004) Führen in Krisenzeiten. Gabler, Wiesbaden

Kraus G, Westermann R (2010) Projektmanagement mit System, Organisation, Methoden und Steuerung, 4. Erweiterte Aufl. Gabler, Wiesbaden

Kraus G, Becker-Kolle C, Fischer T (2010a) Change Management Pocket Guide, Gründe, Ablauf und Steuerung. Cornelsen, Berlin

Kraus G, Becker-Kolle C, Fischer T (2010b) Handbuch Change Management, Steuerung von Veränderungsprozessen in Organisation, Einflussfaktoren und Beteiligte, Konzepte und Methoden, 3. erweiterte Aufl. Cornelsen, Berlin

Enterprise 2.0: Mitarbeitermotivation für vernetztes Arbeiten

Florian Semle

Zusammenfassung

„Stell dir vor es ist Social Media und keiner macht mit" – dieser Titel eines Blogbeitrags auf dem IAO Blog fasst das aktuelle Dilemma von Social Media im Unternehmenskontext (Enterprise 2.0) zusammen: Häufig wird viel Aufwand um Technik und Außendarstellung getrieben, aber Nutzer und Mitarbeiter werden vor vollendete technische Tatsachen gestellt. Social Media Anwendungen ohne Mitarbeiterbeteiligung enden meist als digitale Friedhöfe. Das verbrannte Kapital durch schicke Wikis, die niemand nutzt, oder verwaiste Social Intranets dürfte im mehrstelligen Millionenbereich liegen. Social Media für Unternehmen scheitern an dem, was sie eigentlich ausmacht: Sie sind eine neue Qualität in der Zusammenarbeit, kein Internet mit persönlicher Appendix. Sie sind potenzielle Startlöcher für soziale Netzwerke unter Mitarbeitern, Kunden, Zielgruppen und anderen Stakeholdern. Diese Startlöcher brauchen talentierte Sprinter, trainierte Marathon-Athleten und kluge Taktiker unter den Mitarbeitern, um wirklich „social" und effektiv im Sinne der Unternehmensziele zu wirken. Sie brauchen motivierte und qualifizierte Mitarbeiter im Unternehmen, die die wissen, wie soziale Netzwerke in der beruflichen Praxis effektiv eingesetzt werden können. Diese Einsicht ist unter vielen Entscheidern in Unternehmen weit verbreitet – ebenso wie die Skepsis gegenüber der Kommunikationskompetenz der eigenen Mitarbeiter. Die eigene Abteilung im offenen Dialog, der Mitarbeiter in der IT im Umgang mit „richtigen Menschen" – für viele Verantwortliche ist dies keine verlockende Vorstellung. Für diese Skepsis gibt es gute Gründe: Mitarbeiter, die von einer bestimmten Unternehmenskultur geprägt worden sind, können nicht von heute auf morgen in eine andere Kultur des offenen Umgangs verpflanzt werden. Die Implementierung von Social Media und das Arbeiten in Netzwerken ist ein Prozess, der bei den eigenen Mitarbeitern und Strukturen im Unternehmen beginnt.

F. Semle (✉)
freelations kommunikationsberatung 2.0, Tal 36, 80331 München, Deutschland
E-Mail: florian.semle@freelations.de

G. Lembke, N. Soyez (Hrsg.), *Digitale Medien im Unternehmen*,
DOI 10.1007/978-3-642-29906-3_10, © Springer-Verlag Berlin Heidelberg 2012

Inhaltsverzeichnis

1   Zwei Organisationswelten: Old and New Social Economy

Unsere Vorstellung von Unternehmen ist häufig noch vom Industriezeitalter geprägt. Wir stellen uns Konzerne als staatsähnliche Gebilde vor, die über Hierarchien und fixe Organisationsstrukturen funktionieren. Entscheidungen fließen durch die Organisation wie über elektrische Relais, die auf ihrem Weg den ein oder anderen Widerstand in Gestalt von Mitarbeitern und Abteilungen überwinden und dieselben in Gang setzen müssen. Eine Organisation nach dem Powerpoint-Prinzip, in der jeder Mitarbeiter eine klare Position, Abteilung und vor allem klare Grenzen nach allen Seiten hat.

   In dieser Old Social Economy tritt der einzelne Mitarbeiter komplett hinter der Organisation zurück: Die Organisation funktioniert, indem die Persönlichkeit der Mitarbeiter möglichst gar keinen Einfluss auf die Arbeitsweise und die Prozesse hat. Die Old Social Economy definiert sich als eine Art nichtmenschliche Architektur, die über administrative Prozesse, Datentransfers und Befehlsautomatismen funktioniert. Das „Persönliche" oder das „Soziale", wie wir es heute täglich in sozialen Netzwerken erleben, wird in dieser Organisationsform weitgehend ausgeblendet. Das Unternehmen wird nicht als soziales Netzwerk verstanden, sondern als eine Mischung zwischen Verwaltung und bestimmten Markterfordernissen. Diese industrialistische Organisationsstruktur hatte zweifellos ihre Berechtigung in produzierenden Industrien, die materielle Produkte wie Stahlträger herstellten oder Fließbandmitarbeiter für mechanische Tätigkeiten einsetzten. Die heutige Dienstleistungs- und Wissensökonomie folgt jedoch völlig anderen Gesetzen. Eine Beratungsagentur oder ein IT-Dienstleister kann nicht mehr auf die gleiche Weise geführt und strukturiert werden wie ein Spritzgussbetrieb, weil die Persönlichkeiten der Mitarbeiter das eigentliche Kapital des Unternehmen bilden. Diese Persönlichkeiten sind die Grundlage für den wirtschaftlichen Erfolg. Die Produktivität wird geradezu persönlichkeitsgetrieben, je wichtiger und exklusiver die Mitarbeiter als Wissensträger oder Beratungspersönlichkeiten sind. Solange Mitarbeiter oder Abteilungen ihr Wissen allerdings proprietär behandeln, also nur für das persönliche Fortkommen im Beruf nutzen, kann dieses Wissen auch nur im persönlichen Aufgabenfeld wirken – und das ist nicht zwangsläufig da, wo es wirklich gebraucht wird. Dieses Insel- oder Silowissen verharrt auf der Ebene der Mitarbeiter und in der Nische des jeweiligen Aufgabenbereiches und ist dem Unternehmen nicht wirklich zugänglich. Wenn Unternehmen diesen Wissensschatz erschließen wollen, müssen sie ihren Mitarbeitern eine Struktur zur Verfügung stellen, die Wissensvermittlung mehr fördert, als das Horten von Einzelexpertise mit Copy-Right und strengen Verwertungsrechten.

Zählt man die Erfolgsfaktoren für eine persönlichkeitsorientierte Organisationsstruktur zusammen, gelangt man ziemlich schnell zu einem bekannten Muster: Persönlichkeit plus Kollaboration plus Eigendynamik und Steuerung ist – ein soziales Netzwerk. Auch Unternehmen können in bestimmten Bereichen funktionieren wie Wikipedia, die Bloggosphäre oder Facebook. Wenn vernetzte Arbeitswelten systematisch eingeführt werden, können sie sogar effektiver als viele klassische Organisationsformen sein.

Das berühmte Cluetrain Manifest sieht im digitalen Zeitalter das Ende von gesichtslosen, intransparenten Großorganisationen gekommen. An ihre Stelle treten Dialoge zwischen Menschen in sozialen Netzwerken: privat, geschäftlich, politisch, oder anderweitig. Statt anonymer Großkonzerne und seelenloser Zielgruppenraster kommunizieren Menschen mit Menschen und Netzwerke mit Netzwerken. Was im Cluetrain-Manifest noch als revolutionäre Kampfansage klingt, offenbart sich bei genauerer Betrachtung als Selbstverständlichkeit, die allerdings selten in den öffentlichen Fokus gerät: Jedes Unternehmen ist ein soziales Netzwerk, in dem Menschen nach formellen und informellen Organisationsprinzipien zusammen arbeiten. Im Unterschied zu den digitalen sozialen Netzwerken wie Wikipedia, Facebook oder internen Netzen arbeiten Unternehmen jedoch nicht immer offen, selten nichthierarchisch, ideengetrieben und kollaborativ zusammen und vor allem nicht immer dort, wo es sinnvoll ist: Wo viele Wissensträger in einem komplexen, dynamischen Projekt an neuen Lösungen tüfteln. Je verteilter, vertiefter und dynamischer Informationen innerhalb der Mitarbeiterschaft sind, desto erfolgversprechender ist die Zusammenarbeit in einem Netzwerk des offenen Informations- und Wissensaustausches.

2   Soziale Effektivität: Das Ganze besser als die Summe der Teile

Netzwerke funktionieren nach dem Prinzip der Evolution: Neue Ideen, innovative Vorgehensweisen oder erfolgreiche Produkte setzen sich durch, indem sie von immer mehr Individuen bewertet und geteilt werden. Youtube-Videoclips sind inzwischen zum Inbegriff für die virale Verbreitung in Netzwerken geworden. Viral wird, was weiter empfohlen, kommentiert und geteilt wird – was sich also in einem bestimmten sozialen Kontext bei der Mehrheit der Netzwerker durchsetzen kann. Bei Youtube sind es Videoclips, in einer vernetzten Gemeinschaft von Wissensträgern ist es die Idee, die das ganze Projekt oder Unternehmen voran bringt und dazu von vielen unterschiedlichen Wissensträgern bestimmt wird. Die Idee eines Einzelnen wird dadurch gewissermaßen sozialisiert. Je häufiger sie kommentiert, diskutiert und weiter entwickelt wird, desto mehr geht sie in den Besitz des Netzwerks über. Die Grundlage dafür ist die Möglichkeit zur freien Entfaltung im Netzwerk, für die möglichst hohe Transparenz und Offenheit alle Ideen und Prozesse sorgen. Soziale Netzwerke sind jedoch keine regelfreien Räume. Sie erzeugen diese Regeln

jedoch zum größten Teil selbst und viele dieser Regeln sind implizit. Die Netzwerker kennen die Prozesse der Zusammenarbeit, geben sich gegenseitig Tipps dazu oder nutzen die
Netzwerköffentlichkeit, um ihrer Meinung nach notwendige Korrekturen anzuregen. An
die Stelle der Kontrolle durch den Chef tritt die soziale Kontrolle, die Ideen und Kommentare filtert, aber grundsätzlich offen für Ideen ist, die vielen Mitgliedern nützen. Die einfachste Form dieser sozialen Kontrolle ist die persönliche Reputation. Mitarbeiter werden
an ihrer Expertise öffentlich gemessen und überlegen in der Regel sehr genau, was, warum veröffentlicht wird und wie sie öffentlich miteinander umgehen. Digitale Netzwerke
verleihen also aktiven Einzelnen sehr viel mehr persönlichen Spielraum und individuelle
Wertigkeit, denn gute Ideen und Engagement werden vom Netzwerk belohnt. Andererseits erlebt das übergeordnete Wissensmanagement des Unternehmens eine Aufwertung,
weil das Wissen der einzelnen durch gute Vernetzung und die Feedbackprozesse innerhalb
des Netzwerks veredelt wird. Aus den vielen Einzelperspektiven, ihrer Vernetzung und
einem Dialog darüber entsteht soziales Wissen, das permanent verteilt, weiter verarbeitet,
korrigiert oder mit neuen Ideen angereichert wird. Ideen werden so bereits in einem sehr
frühen Stadium aus vielen unterschiedlichen Perspektiven bewertet und müssen nicht erst
formale Kriterien eines standardisierten Innovationsprozesses durchlaufen. Dieses sozial
gefilterte und veredelte Wissen ist deshalb für die vernetzten Mitarbeiter viel reichhaltiger und effizienter, als jede Datenbank. Ein sehr einfaches und anschauliches Beispiel für
die Effizienz sozialer Netzwerke lieferten die Plagiatsvorwürfe gegen die Dissertation des
Ex-Verteidigungsministers Theodor zu Guttenberg. Nach den ersten Verdachtsmomenten
kündigte die Universität Bayreuth eine Prüfung der Dissertation an und stellte Ergebnisse
in frühestens einem halben Jahr in Aussicht. Gleichzeitig arbeiteten freiwillige Doktoran-
den, Studenten und Hochschulmitarbeiter an derselben Aufgabe mit einem Wiki-Projekt.
Das so genannte Guttenplag-Wiki legte eine erste umfangreiche Dokumentation der Pla-
giatsquellen bereits innerhalb von zwei Wochen vor – also in einem Bruchteil der von der
Universität beanspruchten Zeit. Das soziale Netzwerk von kooperativen Wissensträgern
erwies sich als schneller und ungleich effektiver als die klassische Organisation einer Universität. Die Effizienz von Crowdsourcing Projekten wie diesem Wiki beruht auf einer
simplen Logik: Wenn viele Menschen in einem selbst koordinierenden Netzwerk arbeiten,
lässt sich aus vielen kleinen Einzelprojekten und Teilexpertisen in kurzer Zeit ein Großprojekt von einer Qualität entwickeln, die die einzelnen Teilnehmer niemals zu vergleichbaren Bedingungen hätten erreichen können. Crowdsourcing und Arbeiten in Netzwerken
funktioniert nach dem Mosaikprinzip: Die Summe aller Einzelteile ergibt ein intelligentes
Muster, das viel mehr darstellt, als die Summe der einzelnen farbigen Steinchen. Deshalb
ist vernetztes Arbeiten eine höhere Qualität der Zusammenarbeit mit immensem unter-
nehmerischem Potenzial. Warum werden Netzwerke dann nicht viel öfter und intensiver
wirtschaftlich verwertet? Weil die neue digitale Kooperation häufig nicht nur die Einführung von etwas Neuem bedeutet, sondern ein Stück weit Selbsterneuerung erfordert und
ganz neue Herausforderungen an die verantwortlichen Teams stellt:

1. **Komplexität:** Netzwerkprojekte mit Social Media sind komplex, weil sie immer mehr-
   dimensional sind: Sie verbinden Technologie mit Organisationsstrukturen und dem

Faktor Mensch. Der Erfolg ist abhängig von Zusammenspiel dieser drei Schlüsselfaktoren. Netzwerkprojekte können also einen Quantensprung in der Qualität des Wissensaustausches, der Innovationsfähigkeit der Mitarbeiter oder der Kollaboration mit externen Zielgruppen einleiten – gleichzeitig verlangen sie aber nach einer neuen Qualität im Projektmanagement und in der Kommunikation der Verantwortlichen.

2. **Steuerung statt Planung:** Netzwerkprojekte lassen sich nicht völlig auf dem Reißbrett planen. Anders als Datenbanken verlangen Netzwerke soziale Eigenschaften wie Motivation, Engagement, Pioniergeist etc., also dynamische soziale Kräfte, die nicht mathematisch geplant werden können. An die Stelle des Plans tritt die dynamische Steuerung, bei der die verantwortlichen Projektleiter flexibel auf die Entwicklungen des Netzwerks reagieren müssen. Kontinuierliches, Monitoring, Selbstreflexion und die Bereitschaft, notfalls umzusteuern oder neue Wege zu gehen, sind die ständigen Begleiter dieses Steuerungsprozesses. Die Umstellung von der statischen Planung auf dynamische Steuerung ist für viele Unternehmen so gravierend, wie die Umstellung von Autopilot auf Sichtflug für einen Piloten.

3. **Querschnittstrukturen:** Netzwerkprojekte sind auch deshalb sehr anspruchsvoll, weil sie Querschnittskompetenzen zu den bestehenden Strukturen erfordern. Sie verbinden IT mit Human Ressources, Kommunikation und Geschäftsfeld bzw. Projekt. Wenn diese Bereiche in einem motivierten Steuerungsteam zusammen geführt sind, können unternehmerisch hochinteressante Potenziale der Mitarbeiter freigesetzt werden – wenn aber Kompetenzgerangel einsetzt, auf Weisungsbefugnisse gepocht wird oder die Zusammenarbeit bereits in diesem Kernteam nicht funktioniert, wird der Erfolg eines Netzwerkprojekts äußerst unwahrscheinlich.

Den immensen Chancen kollaborativer Projekte stehen also Herausforderungen gegenüber, die zunächst einmal Kollaboration zwischen verschiedenen Kompetenzfeldern innerhalb des Unternehmens erfordern.

3 Netzwerkpotenziale: Wo, wie, wann und mit wem netzwerken?

Soziale Netzwerke sind keine Wundermittel, sondern anspruchsvolle Organisationsstrukturen, die viele Wissensträger aus unterschiedlichen Arbeitsgebieten effektiver zusammen führen können. Sie arbeiten jedoch nur dann effektiv, wenn sie ein wirkliches Problem für ein Unternehmen und seine Mitarbeiter lösen und dafür bessere Mittel bereitstellen, als Datenbanken, konkurrierende Abteilungen oder Meeting-Kulturen. Die „erste Amtshandlung" für die Netzwerkplanung sollte deshalb eine mehrdimensionale Analyse sein, die Potenziale und Herausforderungen auf allen involvierten Ebenen aufdeckt:

Projektebene: Funktionierende soziale Netzwerke sind Kompetenz- und Ideenbörsen innerhalb eines Unternehmens oder zwischen Kompetenzträgern verschiedener Unternehmen. Sie lösen Verteilungs- und Verarbeitungsprobleme des Wissens, oder einfacher formuliert: sie sorgen dafür, dass das Unternehmen weiß, was es weiß und mit diesem

Wissen umgehen kann. Ein global agierendes Technologie-Unternehmen beispielsweise beschäftigt Wissensträger rund um den Globus. Die Kompetenzlandschaft ist meistens zerklüftet, der Bedarf nach Transparenz und Einheitlichkeit etwa bei technischen Standards oder Qualitätsvorgaben in den verschiedenen Märkten sehr hoch. Je stärker die Kompetenzträger ihr Wissen öffentlich vernetzen, desto besser stehen die Chancen für jeden Einzelnen, selbst benötigtes Wissen und kompetente Ansprechpartner zu identifizieren.

Netzwerke können außerdem Prozesse gleichzeitig durchführen, die bislang nacheinander gelagert waren. In heterogenen, hierarchischen Unternehmen werden Innovationsprozesse beispielsweise häufig als eine Art kausale Kompetenzverkettung angeordnet: Erst die „Ideenfindung", dann die Marktanalyse, Kompetenzbewertung, Design, etc. Da jedoch alle Bereiche nacheinander arbeiten und selten im laufenden Dialog miteinander stehen, ist auch das Ergebnis meist die Summe von Einzelexpertisen. Die Möglichkeiten von Kompromissen, Zwischenfeedbacks, Gesamtbeurteilungen oder auch nur eines einheitlichen Grundverständnisses sind damit sehr begrenzt, die Möglichkeit für Missverständnisse, Fehlinterpretationen oder ähnlichem dagegen sehr hoch. Korrekturen während des laufenden Prozesses sind zeitaufwändig und aufwändig, weil Feedback der linearen Abfolge entgegen läuft. Vernetztes Arbeiten kann hier Prozesse signifikant verkürzen, effektiver gestalten und sogar Fehlentwicklungen vermeiden, indem kritisches Feedback bereits in einem frühen Stadium eingeholt wird.

Diese beiden Beispiele illustrieren, wo der Aufbau sozialer Netzwerke unternehmerisch sinnvoll ist: Überall dort, wo ein Geschäftsfeld, Projekt oder Bereich von gemeinschaftlichem Wissen profitieren könnte – ob er auch die organisatorischen Voraussetzungen mitbringt und wo diese noch geschaffen werden müssten, wird in einem anderen Bereich bestimmt:

Ebene der Human Resources: Netzwerke sind wie kleine Gesellschaften. Ihr „soziales Leben" ist der Nährboden für neue Ideen und Lösungen. Deshalb sind der Faktor Mensch und die interne Organisation von Unternehmen die entscheidenden Parameter bei der Planung von Netzwerkprojekten. Vor allem die Bereitschaft zur Zusammenarbeit, zum Teilen des eigenen Wissensfundus, die Eigeninitiative und technische Netzwerkfähigkeit müssen präzise beurteilt werden, denn sie bestimmen über Erfolg oder Misserfolg eines Netzwerkprojekts. Die interne Organisation eines Unternehmens bildet das Umfeld von Netzwerken. In offenen Organisationen mit hoher Transparenz sind die Hemmschwellen relativ niedrig, weil die kulturellen Grundlagen des Netzwerks bereits vorhanden sind. Für Unternehmen, in denen Abteilungen und Bereiche stärker getrennt sind, sind die organisationellen und psychologischen Schwellen höher. Kollaborative Strukturen haben hier immer auch einen Change-Charakter. Wenn in einem Unternehmen beispielsweise zentrale Freigaben Usus sind, müssen Mitarbeiter zunächst einmal an die Kultur der Selbstverantwortung heran geführt werden, bevor sie bereit sind, Beiträge ohne das „Plazet von ganz oben" öffentlich zu machen. Die Human Resources Verantwortlichen müssen diese „Barrieren im Kopf" – oder in der bestehenden Organisation – genauso aufdecken, wie die Chancen und Nischen, in denen Netzwerke gedeihen können. Ihre Aufgabe ist es, eine

„soziale Lernkurve" festzulegen, die Mitarbeiter schrittweise involviert und für das Netzwerken kontinuierlich motiviert.

Ebene der Kommunikation Netzwerke leben durch die Interaktion und Kommunikation der Netzwerker. Deshalb haben Kommunikationsabteilungen wie Marketing oder PR so etwas wie die Kompetenzkompetenz in Netzwerken. Ihre Rolle ist allerdings völlig anders als im Tagesgeschäft der Unternehmenskommunikation. Sie müssen Mitarbeiter kommunikativ abholen, interessieren, bei ihrer Netzwerkkarriere und im Tagesgeschäft begleiten. Die besondere, offene Dialogkultur des Social Web ist für Kommunikationsabteilungen, die im Kontext des klassischen Marketings arbeiten, im günstigsten Falle eine Umstellung, im ungünstigeren eine Hürde, weil sie die Offenheit, Kritikfähigkeit, Authentizität und Innovationsfreude von Netzwerken nicht nur vermitteln, sondern vorleben müssen. Sie sind die Vorbilder und Coaches der Mitarbeiter, vor allem wenn Social Media relativ neu eingesetzt werden. Gleichzeitig sind Kommunikationsabteilungen die Kampagnentreiber bei der Implementierung von Netzwerken, die dafür sorgen, dass das Netzwerk wächst und auch in der Unternehmensöffentlichkeit funktioniert.

Technische Ebene: Externe Netzwerkplattformen wie Facebook, Xing oder yammer zeigen, was Technologie für Netzwerke leisten muss: Sie muss den einfachsten technischen Weg zur Erreichung eines sozialen Ziels bieten, sei es der Aufbau eines Netzwerks an Interessenten oder die Generierung gemeinsamer Wissenspools. Auch komplexe Algorithmen und anspruchsvolle Projekte dürfen keine langwierige Einarbeitung erfordern oder motivierte Wissensträger mit offenen Verfahrensfragen abschrecken. Die Aufgabe der IT besteht also vor allem darin, dem Netzwerk und den Mitarbeitern Möglichkeiten bereit zu stellen. Die Technik ist der „Netzwerk-Ermöglicher", der das passende System für das Netzwerkziel auswählt und so konfiguriert, dass Mitarbeiter leicht Zugang finden, schnell arbeiten können und unmittelbar am Mehrwert des gemeinschaftlichen Arbeitens profitieren. Teil der technischen Analyse ist der Ausschluss von Redundanzen oder Doppelungen. Funktionen, die direkt zum Ziel des Netzwerks beitragen, sollten auch darin angesiedelt werden. Wenn es der Zuschnitt der Zielgruppe zulässt, sollten sie sogar exklusiv über die Netzwerkanwendung zugänglich sein. Wenn ein Unternehmen beispielsweise ein soziales Intranet für alle Mitarbeiter einführt, gehören Zuständigkeiten, Kontaktdaten etc. ausschließlich in dieses Netzwerk und nicht länger in anderweitige Adressdatenbanken.

Die Technologie ist für viele Social Media im Unternehmenskontext Fluch und Segen zugleich. Einerseits ermöglicht Social Software erst effektive Kollaboration im Netzwerk – andererseits verhindert die Technologiefixiertheit gerade in Deutschland allzu oft, dass Netzwerke als soziale Orte begriffen werden, für die die Technologie lediglich die Plattform und den Ausgangspunkt bildet.

Allen vier Bereichen gemeinsam ist die gemeinsame Aufgabe der effektiven Kooperation miteinander. Wenn in der Planung, der Implementierung und dem Netzwerk-Tagesgeschäft gut zwischen diesen Bereichen zusammen gearbeitet wird, kann hochwertige Steuerung und damit der Erfolg des Projekts sichergestellt werden.

4   Management by Motivation: Wie aus der Belegschaft ein Netzwerk wird

Soziale Netzwerke im Unternehmen sind Motivationsnetzwerke, die über intrinsische soziale Anziehungskraft wirken. Die besondere Effektivität und Effizienz der sozialen Kollaboration kann nur erzeugt werden, wenn die Mitarbeiter motiviert werden, selbst aktiv zu werden und von sich aus das System mit Leben zu erfüllen. Ein soziales Intranet, in dem alle Mitarbeiter mit Profilen vertreten sind, aber niemand Initiativen ergreift, Fragen stellt, Projekte ausschreibt oder kritische Punkte anspricht, ist auch nur eine Datenbank in Lifestyle-Gewand. Der Netzwerkerfolg stellt sich nicht mit bunten Bildern ein, sondern nur durch Engagement und Interaktion. Die wichtigste Aufgabe für die Netzwerkplaner ist es deshalb, ein System zu etablieren, das Mitarbeiter mit starken Motiven anzieht und kontinuierlich zur vernetzten Arbeit motiviert. Aktivität muss unmittelbar Erfolgserlebnisse produzieren und Mitarbeiter Schritt für Schritt weiter involvieren. Eine gute Netzwerkplattform bietet Mitarbeitern eine Art Motivationskarriere an, die sie je nach Engagement mit neuen Motiven für weiteres Engagement versorgt und so immer neue Dynamik entfacht. Die einzelnen Motive für vernetztes Arbeiten mögen von Unternehmen zu Unternehmen verschieden sein – die Grundmotivationen sind es nicht. Peter Kollock, der soziologische Vordenker der Motivation in sozialen Netzwerken, hat in zahlreichen Analysen und Fallstudien vier grundlegende Motive für soziales Handeln in digitalen Netzwerken identifiziert. Sie umfassen rationale und emotionale Aspekte und lassen sich in unterschiedlicher Ausprägung in allen sozialen Netzwerken beobachten – von Twitter bis zum digitalen Innovationsnetzwerk eines Hightech-Clusters.

Die Reziprozitätserwartung: Wenn Mitarbeiter Wissen in Netzwerken teilen, dann zunächst deshalb, weil sie sich einen Nutzen vom gegenseitigen Geben und Nehmen erwarten. Dieser Nutzen muss sich gerade zur Einführung einer neuen Netzwerkplattform unmittelbar einstellen, damit diese Erwartungshaltung aufrechterhalten und als Motiv für die weitere Kollaboration erhalten wird. Bereits die Implementierung wird zum Moment der Wahrheit für das Netzwerk: Erzielen die Mitarbeiter ein Ergebnis, das ihren Erwartungen entspricht, werden Reaktanzen wegen des Zeitaufwandes oder „der nächsten neuen Software" schnell abgebaut und wandeln sich ins Positive – ein Negativerlebnis zu Anfang erschwert jeden weiteren Kontakt.

Der Reputationsgewinn: Wenn das Wissen eines einzelnen Mitarbeiters im Unternehmensnetzwerk Karriere macht, dann sollte dieser Mitarbeiter es auch machen: In Form von Reputation, die gleichsam als persönlicher Mehrwert für das geteilte Wissen an ihn zurück fließt. Die einfachste Form des Reputationsgewinns sind beispielsweise sichtbare Verweise, Indizees oder Rankings.

Die soziale Wirksamkeit: Wenn das eigene Handeln viele andere Netzwerker motiviert, inspiriert oder als Dialogpartner aktiviert, wird das Motiv der sozialen Wirksamkeit erfüllt. Mitarbeiter erleben einen hohen persönlichen Einfluss ihres eigenen sozialen Handelns. Ein Beitrag der weltweit Beachtung findet, den Verlauf eines Projektes beeinflusst oder vom CEO zitiert wird, bietet hohen sozialen Ertrag für überschaubaren persönlichen Einsatz und wirkt so hochmotivierend.

Der soziale Status: Mitarbeiter, die durch den Zuspruch anderer Netzwerker zu internen „Gurus" für ihr Thema aufsteigen, erleben ihr Netzwerkverhalten als identitätsstiftend. Ihr Beitrag oder Kommentar wird nicht nur wegen des Inhalts gewürdigt, sondern weil der Kommentierer selbst kraft Engagements und guter Ideen zu einem Wert für das Netzwerk geworden ist.

Diese vier Grundmotive sozialen Handelns in digitalen Netzwerken sind nicht gleichrangig, sondern bilden eine Hierarchie der sozialem Motivation ähnlich der berühmten Bedürfnispyramide von Abraham H. Maslow. Sobald ein Grundmotiv befriedigt ist, steigt der Bedarf auf der nächsthöheren Ebene. Die Motive lassen sich zu einer Art motivationaler Karriereleiter zusammen fügen, die ein effektiv arbeitendes Netzwerk den Mitarbeitern zur Verfügung stellen muss. Mit dem Modell der Motivationskarrieren (Schaubild) lässt sich planen, welche Motive in welcher Intensität für den kritischen Zeitraum der Implementierungsphase eines Netzwerks notwendig sind, um die kritische Masse an aktiven Netzwerkern zu erreichen.

Die Motive des Motivationskarrieremodells sind qualitativ für jedes funktionierende Netzwerkprojekt notwendig, sei es eine soziale Datenverarbeitung, ein soziales Intranet oder die Kollaboration für ein anspruchsvolles technisches Großprojekt. Die quantitative Ausgestaltung dieser Grundmotive ist abhängig von der individuellen Aufgabe und den betrieblichen Rahmenumständen.

Modell der Motivationskarrieren in sozialen Netzwerken

	Motiv	Incentive
Sozialer Status	Identifikation	Teilhabe
Soziale Wirksamkeit	Sozialer Erfolg	Pers. Netzwerk, Ranking
Reputationsgewinn	Bedeutung / Rolle	Persönliche Anerkennung
Reziprozitäts-erwartung	Nutzwert	Initiale Erfolge

CC by freelations, Florian Semle, 2012

Kein Netzwerk entsteht in einer tabula rasa. Die Motivationskarriere selbst muss an die herrschenden Motive der Mitarbeiter anknüpfen, diese aufnehmen und zunächst einmal nicht „Neuwerte" bieten, sondern „Mehrwerte" zu Bestehendem. Vor allem, wenn etablierte Strukturen partikulares Verhalten begünstigt haben, müssen diese Mehrwerte attraktiver sein, als das Festhalten an alten Gewohnheiten. Wenn Abteilungen bisher als Profit Center konkurriert haben, oder Mitarbeiter ihr Wissen als „persönliche Lebensversicherung" für sich behielten, müssen die Anreize so intensiv sein, dass eine soziale Sogwirkung für die Aktivität im Netzwerk entsteht, z. B. der Eindruck, den eigenen Status im Unternehmen durch Teilnahme verbessern zu können oder die Gewissheit, dass das Teilen von Wissen kein persönlicher Verlust ist. Auch die etablierten Anreizsysteme müssen an die neue Form der Kollaboration gekoppelt werden. Wenn in einem Unternehmen bislang innovative Konzepte an monetäre Anreize gekoppelt waren, sollte auch die soziale Innovation im Dialog mit anderen entsprechend honoriert werden. Monetäre Anreize können keine soziale Dynamik auslösen, aber sie dürfen nicht als Kürzung gewohnter Belohnungssysteme verstanden werden.

5   Netzwerkertypologie: Mitarbeiter als Multiplikatoren

Die viel zitierte 90-9-1, Regel, wonach 90 % aller Mitarbeiter in sozialen Netzwerken passiv Informationen konsumieren, 9 % aktiv bewertet und kommentiert und lediglich ein Prozent aktiv Beiträge verfasst und entwickelt, mag als Faustregel für die Gesamtheit der Mitarbeiter und möglichen Netzwerkaufgaben gelten. Sie ist aber sicher nicht dort relevant, wo die aktive Teilnahme konkrete Vorzüge bietet und die Verweigerung als offensichtliche Preisgabe persönlicher Entwicklungschancen erlebt wird. Je deutlicher das Netzwerken bei der Lösung von alltäglichen Problemen hilft, desto intensiver die Beteiligung der Mitarbeiter. Soziale Netzwerke sind keine Gleichschaltungsstationen, auch wenn alle Mitarbeiter formell gleich behandelt werden und potenziell die gleichen Möglichkeiten zur Verwirklichung vorfinden. Im Gegenteil. Netzwerke müssen bestehende Kollaborations- und Netzwerktalente und Unterschiede zwischen den Mitarbeitern im Unternehmen aufgreifen und weiter entwickeln, denn bereits die Einführung eines Kollaborationsnetzwerks funktioniert als soziales Vernetzungsprogramm: Die Netzwerkpioniere zeigen Möglichkeiten, Erfolgsbeispiele und Mehrwerte exemplarisch für alle auf, die „Gate-Keeper des Etablierten" sorgen für die Einbindung in laufende Prozesse, und die Mehrheitsmeinung der involvierten Mitarbeiter stellt das eigentliche Zielgebiet des Netzwerks dar. Wenn die interne Öffentlichkeit das Wiki-Prinzip als beste Möglichkeit der persönlichen Ideenverwertung akzeptiert, kann diese Form des Netzwerkens zum Standardrepertoire des Verhaltens werden. Eine praktische Grundlage für das Nutzen bestehender sozialer Mitarbeitertalente und das Erreichen der „kritischen Masse" aktiver Mitarbeiter und funktionierender Vernetzungen liefert Geoffrey A. Moore in seinem Standardwerk *Crossing the Chasm*. Moore identifiziert unterschiedliche Innovationstypen mit konkreten Eigenschaften der Wahrnehmung, Annahme oder Ablehnung von Neuerungen. Diese Innovationstypen können für den Aufbau von Netzwerken angepasst werden und erleichtern es, Netzwerker unter den bestehenden Mitarbeitern zu identifizieren.

Die Innovatoren: Die Innovatoren für soziale Netzwerke sind Mitarbeiter, deren bestehendes Verhaltensmuster ohnehin hohe Innovationsbereitschaft und geringe Hemmschwellen aufweist. Sie sind bereits in der bestehenden Organisationsstruktur beruflich und persönlich gut vernetzt und gelten als Schrittmacher der Entwicklung im Unternehmen. Häufig arbeiten diese Innovatoren ohnehin schon über digitale Plattformen, etwa bei der Vernetzung mit Experten zu ihrem Themengebiet außerhalb des Unternehmens, über das private Blog oder Open Source Projekten. Technische Hürden sind für die Innovatoren deshalb meistens gering, weil sie Technik als Werkzeug des persönlichen Fortkommens nutzen und bei jeder neuen technischen Anwendung auf gelernte Muster zurückgreifen können. Innovatoren verfügen über eine hohe intrinsische Motivation. Sie haben Spaß an Neuem und definieren sich selbst über neue „Gadgets", Trends oder Pionierfunktionen. Die Innovatoren sind die sozialen Multiplikatoren für Netzwerkprojekte. Ihre Aufgabe ist es, durch ihr eigenes Verhalten Vorbilder und „Best Practice" zu liefern, an denen sich andere orientieren können und die exemplarisch die Möglichkeiten durch vernetztes Arbeiten vor Augen führen. Die sichtbare Einbindung der Innovatoren in die Netzwerkprozesse reduziert nicht nur die Hemmschwellen für alle anderen beteiligten Mitarbeiter immens, sie ist zugleich das wichtigste Instrument der internen Kommunikation. Wenn ein anerkanntes Vorbild im Unternehmen den neuen Weg des vernetzten Arbeitens geht, gilt das für andere Mitarbeiter als Erfolgsversprechen und Qualitätsnachweis. Wenn wichtige interne Meinungsführer außen vor bleiben und sich nicht am Netzwerk beteiligen, strahlt diese Reaktanz auch auf die übrige Belegschaft aus. Mitarbeiter „fremdeln" gegenüber neuen, vernetzten Arbeitsformen, der Implementierungsaufwand steigt immens und die Erfolgschancen verringern sich gleichzeitig. Innovatoren sind naturgemäß eine Avantgarde unter den Mitarbeitern, die sich je nach Unternehmen, Branche, Kultur und Aufgabenstellung zwischen 10 und 20 % bewegen dürften.

Die Mainstream-Pragmatiker: Die meisten Mitarbeiter stehen Neuerungen pragmatisch gegenüber. Ihre Haltung wird durch eine klare Kosten-Nutzen-Bewertung und soziale Prädispositionen ihres unmittelbaren Umfelds geprägt. Sie sind innerhalb ihres Wirkungsfeldes meist gut vernetzt und erfolgreiche Fachleute für ihre Arbeitsbereiche. Ihre unmittelbare Referenzöffentlichkeit sind Fachkreise oder Abteilungen. Wenn ihr Umfeld ein Netzwerk annimmt, steigt auch bei ihnen die Bereitschaft, sich auf neue Formen der Zusammenarbeit einzulassen und zumindest testweise die ersten Schritte der Kollaboration wie das Ansehen von Einführungsvideos oder das Ausfüllen des persönlichen Profils zu unternehmen. Die Mainstream-Pragmatiker stellen die breite Mehrheit der Mitarbeiter. Ihr Anteil bewegt sich üblicher Weise zwischen zwei Drittel und Drei Viertel der Zielgruppe. Geoffrey Moore unterscheidet innerhalb dieser Gruppe noch einmal zwischen einem affirmativen Typus, der sich teilweise an den Innovatoren orientiert und einem skeptischen Typus, der stärkeres Beharrungsvermögen und mehr Potenzial für innere Widerstände aufweist. In der Praxis scheint diese Unterscheidung jedoch nicht unbedingt notwendig und vor allem nicht immer durchführbar zu sein und sollte deshalb von der konkreten Situation im Unternehmen abhängig gemacht werden. Moores Idee der „Innovationskluft" (des „Chasm") zwischen den Innovatoren und dem pragmatischen Mainstream ist für die Implementierung sozialer Netzwerke richtungsweisend: Ein soziales Netzwerk erreicht die notwendige „kritische Masse" an Mitarbeitern und Aktivitäten, wenn es in das Alltagshandeln des pragmatischen Mainstream über geht. Die Innovatoren sind die strategische Trumpfkarte bei der Implementierung, der Mainstream das strategische Ziel. Die wichtigen Motive der Mainstream-Pragmatiker sind klare Vorteile im Miteinander, etwa bei der Qualitätskontrolle oder der digitalen Weiterentwicklung von Dienstleistungen. Neben diesen rationalen Motiven sind die Pragmatiker auch für soziale Gruppendynamik empfänglich. Schließt sich eine Mehrheit der eigenen Abteilung dem Netzwerken an, steigt die Bereitschaft, selbst aktiv zu werden.

Die Führungsebene: Für viele Führungskräfte sind soziale Netzwerke der Mitarbeiter eine Art Gradmesser der eigenen Modernität und der sozialen Kompetenzen, denn Netzwerke verlangen eine moderne Führungspersönlichkeit, die vor allem ihre Grenzen kennt und diese geschickt für den Netzwerkerfolg einsetzt. Eigeninitiative der Mitarbeiter lässt sich schon per Definition nicht verordnen, nur fördern und unterstützen. Ein Netzwerk kann nicht durch „Weisung von Oben" eingeführt werden, weil Netzwerke ideen-, wissens- und aktivitätsgesteuert wirken. Der Eingriff durch die Abteilungsleitung oder der Anpfiff in der Öffentlichkeit würde auf ein Netzwerk wie eine „Fremdsteuerung" wirken und konkurrierende Motive für die Mitarbeiter erzeugen. Führungskräfte übernehmen deshalb die Funktion eines „Ermöglichers" für die eigenen Mitarbeiter, der Wege aufzeigt, Hürden überwindet, indem er z. B. Schulungen genehmigt oder Netzwerkerfolge mit Lob honoriert und zeigt, dass das Engagement im Netzwerk unternehmerische Relevanz hat. Wenn Führungskräfte im Netzwerk selbst aktiv werden, dann als gleichrangige Wissensträger, die mit anderen Wissensträgern inhaltlich auf Augenhöhe diskutieren und deren Beiträge denselben Auslesemechanismen ausgesetzt sind, wie die anderer Mitarbeiter. Aktiven Führungskräften steht dasselbe Repertoire an Verhaltensmustern zur Verfügung, wie allen anderen Mitarbeitern auch – und sie müssen dieses Repertoire auch selbst aushalten können. Gerade die Kritikfähigkeit ist eine Art Gradmesser der sozialen Netzwerkfähigkeit von Führungskräften. Die strategische Bedeutung der Führungsebene ist jedoch nicht die Aktivität im Netzwerk selbst, sondern die Implementierung und strategische Nutzung des vernetzten Arbeitens als strategische Ressource. Führungskräfte sind kraft ihrer Position prädestiniert dafür, Netzwerkverhalten in ihren Aufgabengebieten zu verankern. Sie können diese Ressource einsetzen, um beispielsweise fehlende Kompetenzen im eigenen Team zu überbrücken oder aufzubauen, von erfolgreichen Beispielen innerhalb des Netzwerks lernen oder die Netzwerker unter ihren Mitarbeitern nutzen, um innerhalb des Netzwerks Ideen zu generieren oder informelles Feedback zu erhalten. Gerade während der Implementierungsphase ist die Unterstützung der Mitarbeiter und des Prozesses selbst durch Führungskräfte unerlässlich.

Die Nachzügler: In jedem Unternehmen und jedem sozialen System gibt es Beharrungskräfte, die sich Innovationen scheinbar grundsätzlich verweigern. Diese „Nachzügler" verfügen über ein Verhaltensrepertoire, das geradezu gegensätzlich zu dem der Innovatoren verläuft: Neuerungen werden per se kritisch beäugt, eigene Ressourcen gehortet und gepflegt wie ein Schrebergarten. Die Vervielfältigung des eigenen Wissens als Entwertung der persönlichen Kompetenz angesehen. Die Gruppe der Nachzügler verfügt über sehr hohe Barrieren und Abwehrmechanismen gegenüber sozialen Netzwerken. Häufig sind die Nachzügler auch im bestehenden sozialen Leben eines Unternehmens eher passiv und gering vernetzt. Nachzügler sind die Zielgruppe innerhalb eines Unternehmens, die am wenigsten homogen ist. Ihre Ablehnung kann sehr verschiedene Gründe haben und teilweise individuell begründet sein. Bei der Implementierung sozialer Netzwerke ist diese Gruppe nachgeordnet, weil sie sehr hohe Mobilisierungskräfte erfordert und ihr unmittelbarer Netzwerknutzen zunächst sehr gering ist. Ihr unmittelbarer sozialer Beitrag ist deshalb vor allem die Duldung von Neuerungen ohne unproduktive Störfeuer innerhalb des Unternehmens. Ausnahmen bilden Experten mit exklusivem Wissen, das für das Gesamtprojekt entscheidend ist. Diese Träger strategischen Wissens müssen gegebenenfalls durch individualisierte Angebote, Coachings und unterstützende Services eingebunden werden. Eine Möglichkeit, Nachzügler langfristig einzubinden, sind Sonderfunktionen eines Netzwerks, die ihrem Verhaltensrepertoire nahe kommen, beispielsweise Open Source Foren für technik-affine Nachzügler.

Das Verhaltensmuster innerhalb sozialer Netzwerke ist nicht zwangsläufig mit dem bekannten Alltagshandeln identisch. Bei manchen Mitarbeitern werden Netzwerktalente erst durch die Einführung sozialer Kollaborationsformen offensichtlich, weil sie vorher keine Ausdrucksmöglichkeit innerhalb der bestehenden Organisationsstrukturen fanden. Notorische Querdenker finden beispielsweise selten Anschluss innerhalb einer bestehenden Abteilung. In einem sozialen Netzwerk können sie mit Gleichgesinnten kommunizieren und ihr Talent in einem neuen sozialen Kontext entfalten. Gerade für hochspezialisierte Experten bieten Netzwerke deshalb Entwicklungsmöglichkeiten, weil sie digital Dialogpartner auf Fachebene bereit stellen, die im analogen Umfeld so nicht zu finden sind.

6 Netzwerkstrategie: Dynamik selber machen

Wer ein soziales Netzwerk im Arbeitsalltag einführen möchte, sollte sich zunächst einmal von einer verbreiteten Illusion verabschieden: Die viel zitierte Eigendynamik engagierter Nutzer entsteht nicht zwangsläufig aufgrund bestimmter menschlicher Wesenszüge. Sie entsteht nur, wenn die motivationalen Bedürfnisse der Mitarbeiter von einer technischen und kommunikativen Infrastruktur optimal bedient und diese Mehrwerte auch möglichst optimal vermittelt werden. Bei youtube bewegt sich dieses Optimum aller Bedingungen für erfolgreiches Netzwerken im niedrigen einstelligen Prozentbereich. Bei Netzwerken in einem bekannten unternehmerischen Kontext ist dieses Optimum Ergebnis gezielter Implementierungsmaßnahmen. Die Entfaltung von Eigendynamik benötigt eine gute Implementierungskampagne und als Katalysator. Sie muss die Energie der Mitarbeiter entzünden und frei setzen und dafür zunächst einmal massiv Energie in Gestalt einer mehrstufigen Kommunikations- und Vernetzungskampagne zuführen. Die Blaupause für erfolgreiche Implementierungskampagnen liefern die öffentlichen Sozialen Netzwerke oder Unternehmen mit offenen Innovationsprozessen wie google oder Dell.

Anders als bei klassischen Marketing-Kampagnen beginnen Kampagnen für soziale Netzwerke nicht mit dem Launch und der Vorbereitung dazu, sondern mit der wichtigsten Zielgruppe: den Mitarbeitern. Das oberste Kampagnenziel, die Selbststeuerung und Eigendynamik, fängt bereits im Planungsstadium an: Die potenziellen Innovatoren sollten in die Entwicklung und Gestaltung des Netzwerks einbezogen werden und das Netzwerkprojekt schon vor dem Start zu „ihrem Netzwerk" machen. Soziale Unternehmensnetzwerke sollten also mit einer Open oder Closed Beta-Phase starten, in der Innovatoren als Koentwickler und Ideengeber einbezogen werden. Auch Pilotgruppen mit hoher Affinität sollten in die Tests bereits einbezogen werden. Dieses Verfahren bietet mehrere Vorteile:

- Das Innovieren im Netzwerk wird bereits im Vorfeld praktiziert und geübt. Hürden und Chancen können durch die „Praktiker" im Entwicklungsprozess frühzeitig identifiziert und vor dem Start beseitigt werden.
- Die Netzwerkanwendungen können genau für die betriebliche Praxis konfiguriert werden, sodass der Einrichtungsaufwand für neue Netzwerker minimiert wird.
- Kommunikationstalente unter den Innovatoren können „offline" identifiziert und gegebenenfalls für weitere Aufgaben eingesetzt werden.
- Beim öffentlichen Start stehen die Tippgeber und Multiplikatoren für andere Mitarbeiter schon bereit und ermöglichen das Lernen durch gelebte Best Practices.

Die Implementierungsphase nach dem offiziellen Start ist die intensive Kampagnenphase, in der das Netzwerk als betriebliches Instrument von den Innovatoren vorangetrieben und bei der Mehrheit der Mainstream-Pragmatiker etabliert wird. In dieser Zeit sollte das Steuerungsteam mit einem vorbereiteten Arsenal an Kommunikationsmaßnahmen dafür sorgen, dass das Netzwerk innerhalb der Zielgruppen dauerhaft Thema im Arbeitsalltag bleibt und in den laufenden Diskursen wie Meetings, Mailings, Workshops, Telefon- oder Videokonferenzen auf sinnvolle Weise integriert wird. Die Intensität der aktiven Anschubkommunikation wird durch zeitnahes Monitoring oder direktes Feedback aus dem Netzwerk bestimmt. Die Unternehmenskommunikation stellt dabei sicher, dass erfolgreiche oder richtungsweisende Netzwerkaktivitäten auch außerhalb der Netzwerköffentlichkeit wahrgenommen werden können, um hier als motivierende Vorvorbilder und Anschauungsprojekte zu dienen. Dieses Lernen an erfolgreichen Beispielen ist für Netzwerke sinnvoller als klassische Schulungen.

Parallel zur Unternehmenskommunikation werden die Innovationstypen der Mitarbeiter je nach motivationaler Eignung nach und nach in das Netzwerk einbezogen. Ihre wichtigste Aufgabe ist Beteiligung am einsetzenden Fluss der Interaktionen. Die Innovatoren wirken dabei auch als Multiplikatoren in die Unternehmensöffentlichkeit hinein und sorgen für eine positive Wahrnehmung. Die Mund-zu-Mund-Propaganda unter den Mitarbeitern ist so etwas wie der „direkte Draht" zwischen dem neuen sozialen Netzwerk und der Unternehmensöffentlichkeit und der wichtigste Kanal für die Implementierung. Diese kommunikative Kraftanstrengung während der Implementierungsphase darf jedoch nicht zur Gewohnheit für die Mitarbeiter werden, sondern sollte schrittweise durch die einsetzende Interaktion unter den netzwerkenden Mitarbeitern ersetzt werden.

Erreicht die Netzwerkaktivität eine Grundintensität, kann die Anschubkommunikation schrittweise zurück gefahren werden und die Stabilisierungsphase setzt ein. Das Steuerungsteam konzentriert sich jetzt auf die qualitative Weiterentwicklung des Netzwerks. Das Monitoring der Aktivitäten gibt Hinweise auf die Beteiligung von Fachbereichen, intensive Expertendiskussionen, aber auch die Themengebiete, die nur zurückhaltend diskutiert werden. Hier können gegebenenfalls besondere Kommunikationsangebote für einen Ausgleich sorgen.

Netzwerke sind keine Tools mit einem Anfang und einem Ergebnis, sondern soziale Prozesse. Sie müssen kontinuierlich erneuert und manchmal auch befeuert werden. Im Grunde sind sie nichts Neues, sondern eine sehr menschliche Organisationsstruktur, die durch die digitale Reichweite und Gleichzeitigkeit außerordentliche unternehmerische Potenziale frei setzen kann. Der Weg hin zur Selbststeuerung und Eigeninitiative der Mitarbeiter muss allerdings vom Steuerungsteam vorbereitet werden – mit guter Analyse, intensiver Steuerung und viel Initiative während der Implementierung.

7 Ausblick: Service-Wüste Deutschland – El Dorado für vernetztes Arbeiten

In deutschen Unternehmen wurde die MP3-Technologie erfunden, der Computer, der PC und Vieles mehr. Doch aus verschiedenen Gründen wurden diese Wissensschätze von ihren Erfindern nie zu Innovationen für Markt und Öffentlichkeit entwickelt. Es scheint, also ob der Begriff des „Wissens" und der „Erfindung" hierzulande immer noch sehr von Daten und Informationen geprägt ist, noch nicht vom Wissen als einer sozialen Kompetenz. Für überzeugte soziale Netzwerker lässt sich die Qualität von Wissen auf eine einfache Formel bringen: Netzwerkwissen ist Macht, isoliertes Silowissen eine Form von Ohnmacht. Wissen, das sich nicht „sozialisieren" lässt, also nicht die Zielgruppen, Verwerter und Vermittler erreicht, die es optimal veredeln könnten, ist wie ein Kunstwerk, das niemand betrachten darf. Gerade die deutsche Wirtschaft scheint aufgrund ihrer besonderen Struktur immer noch viele dieser Kunstschätze des Wissens zu bergen, die noch nicht den Zugang zu kompetenten Weiterverwertern oder vernetzten Innovationsprozessen gefunden haben. Wenige Volkswirtschaften dürften einen Grad an vergleichbarer Spezialisierung und damit verbundener Zerklüftung des Wissensreservoirs aufweisen, wie hierzulande. Der globalisierte Mittelstand oder die Hidden Champions sind nicht nur die typischen Grundsäulen der deutschen Wirtschaft, sondern Leuchttürme des spezialisierten Wissens. Sie sind nur deshalb auch zu erfolgreichen Unternehmen geworden, weil sie lange vor google, Facebook und Wikipedia Verbindungen und Vernetzungen zu wichtigen Zielgruppen aufgebaut haben. Für sie könnte die Zusammenarbeit in digitalen sozialen

Netzen zur zweiten Stufe ihres Erfolgskurses werden. Viele Unternehmen sind im B2B-Bereich tätig und deshalb auf effektive Kooperation und reibungslose Prozesse mit anderen Unternehmen angewiesen. Gleichzeitig weisen deutsche Unternehmen im Vergleich zur U.S.-Wirtschaft deutliche Defizite bei der Digitalisierung auf. Dieses Defizit könnte sich für die global ausgerichtete Unternehmen als Wettbewerbsnachteil erweisen, wenn die Schnelligkeit der Wissensvermittlung innerhalb eines globalen Unternehmens oder die Kollaboration zwischen Wissensträgern verschiedener Unternehmen gefragt ist.

Es gibt jedoch keinen Grund für den Fokus auf die Defizite angesichts der Chancen, die sich für eine hoch spezialisierte Volkswirtschaft mit einer differenzierten Wissenslandschaft eröffnen. Legt man die Maßstäbe der Wissensökologie an die deutsche Volkswirtschaft an, wird ein immenses Potenzial für vernetztes Arbeiten offensichtlich. Viele Prozesse könnten reichhaltiger, produktiver und innovativer gestaltet werden, wenn das vorhandene partikulare Wissen vernetzt verarbeitet würde. Aktuelle Projekte wie IBM liquid, der vernetzte Arbeitsmarkt von Spezialisten unter der Federführung von IBM oder das Allianz Social Network sind die „Eary Adopters" unter den großen Unternehmen. Natürlich werden diese Pilotprojekte auch die Grenzen und inhärenten Herausforderungen der vernetzten Ökonomie aufdecken. Sie haben aber auch eine Pionierfunktion innerhalb der Volkswirtschaft. Ihre Best Practices werden genauso Trends begründen, wie die Innovatoren in den Unternehmensnetzwerken. Der Prozess der Vernetzung von Wissen und Personen in großem wirtschaftlichem Maßstab hat also längst begonnen. Für die Wissensökonomie könnte er so wertvoll werden wie das Internet für den globalen Handel. Die „Servicewüste Deutschland" könnte sich als El Dorado für vernetztes Arbeiten entpuppen.

8   Checkliste: Die wichtigsten Kriterien der Netzwerkimplementierung

Identifizieren Sie die passende Nische für Netzwerkprojekte: Welches unternehmerische Problem kann durch effektivere Zusammenarbeit besser gelöst werden? Wo arbeiten Abteilungen heute schon intensiv zusammen und könnten durch Netzwerke unterstützt werden? Wo finden sich die größten Reibungsverluste in der globalen Zusammenarbeit? Nischen, in denen diese Kriterien gegeben sind, eignen sich für Pilotprojekte für vernetztes Arbeiten.

Beginnen Sie mit Anwendungen, die zu ihrer Kultur passen: Der Gradmesser für soziale Netzwerke ist die Unternehmenskultur, nicht die Social Media Plattform. Es gibt kein Social Media Patentrezept für alle Unternehmen und nie die Netzwerk-Lösung für alle Fälle.

Definieren Sie eine klare Mission: Netzwerken nach dem Prinzip „l'art pour l'art" befriedigt weder Mitarbeiter noch unternehmerische Belange. Nur wenn Ziele festgelegt sind, können auch Erfolge erkannt werden.

Vertrauen Sie Ihren Mitarbeitern: Soziale Netzwerke sind kein „Facebook im Intranet", sondern eine Arbeitsform. Niemand merkt das schneller, als Ihre Mitarbeiter.

Schaffen Sie Vertrauen: Nehmen Sie den Mitarbeitern möglichst viel von der Unsicherheit, die sich bei der Implementierung von Neuem einstellt. Sorgen Sie dafür, dass sich Mitarbeiter schon beim ersten Kontakt mit dem neuen Netzwerk mit der Aufgabe, den Prozessen und der Technik identifizieren können.

Das Netzwerk beginnt in der bestehenden Lebens- und Arbeitswelt der Mitarbeiter: Neue soziale Verhaltensweisen müssen an die bestehenden anknüpfen und möglichst viele Brücken in das „Hier und Jetzt" Ihrer Mitarbeiter bieten. Wenn die Mitarbeiter beispielsweise Innovationen bisher in Workshops entwickelt haben, dann stellen Sie digitale Netzwerkmöglichkeiten bereit, die dieses Workshopwissen veredeln, aber nicht ersetzen.

Lernen Sie von Ihrem Netzwerk, was es braucht: Das wichtigste Steuerungsinstrument bei sozialen Netzwerken ist das Monitoring. Hier lassen sich soziale Dynamiken genauso ablesen wie Defizite. Aktive Mitarbeiter werden Ihnen ohnehin wertvolles Feedback für die Steuerung und Weiterentwicklung geben.

Zeigen Sie Ihren Mitarbeitern, was sie können – nicht, was sie noch alles lernen müssen: Mitarbeiter bringen viel mehr Netzwerktalente mit, als vorher absehbar ist. In der Regel ist ihnen das nicht bewusst. Feedbacks und Coachings können Ihren Mitarbeitern zeigen, welche sozialen.

Nutzen Sie die Netzwerke, die in ihrem Unternehmen schon bestehen: Jedes Unternehmen ist auch ein soziales Netzwerk mit Multiplikatoren, Gate-Keepern und Meinungsführern. Binden Sie diese Fürsprecher aktiv in die Planung und Implementierung ein.

Sorgen Sie dafür, dass jeder Mitarbeiter zu jedem Zeitpunkt einen Mehrwert durch seine Netzwerkaktivität sieht: Aktivität muss sich sofort auszahlen, Passivität sichtbar sein. Dieses wichtige Motiv muss vor allem von der technischen Plattform in Gestalt von einfachen Feedbacksystemen oder Netzwerkwirkungen bereitgestellt werden.

Nutzen Sie Konflikte: In Konflikten prallen Wahrnehmungen oder Interessenlagen aufeinander. Das tun sie ohnehin, aber in einem Netzwerk werden sie Transparent und können verarbeitet werden. Das ist eine Chance, kein Risiko.

Planen Sie langfristig, aber starten Sie mit kleinen Schritten: Soziale Netzwerke berühren Unternehmenskulturen, also den großen Bezugsrahmen der Arbeitswelt. Dieser Horizont muss die Planungsgrundlage bilden. Die Umsetzung sollte unmittelbar an die Arbeitswelt anschließen und nicht weiter entfernt sein als ein paar Klicks.

Definieren Sie eine Lernkurve für das Unternehmen und die Mitarbeiter: Je nach Unternehmenskultur muss das Arbeiten in Netzwerken gelernt werden. Bestimmen Sie die Lernziele vorab und begleiten Sie den Implementierungsprozess mit Coaching-Angeboten oder Workshops.

Legen Sie Teilziele fest und lassen Sie Spielraum für Spontanes und Umsteuern: Soziales Lernen ist nachhaltig, aber langwierig. Dieser lange Prozess von der Ideenfindung bis zu einem lebendigen sozialen Netzwerk sollte in Teilprozesse mit Teilzielen, unterschiedlichen Phasen und Aufwandsschätzungen gegliedert werden, mit dem eine Erfolgskontrolle und langfristige Planung möglich wird.

Schaffen Sie Vorbilder: Netzwerken lernt man am besten durch erfolgreiche Netzwerker als Vorbilder. Die Aussage eines Netzwerk-Vorbilds ist: „das kannst du auch. Wenn du Hilfe brauchst – frag mich".

Denken und arbeiten Sie vernetzt: Beim Aufbau von Netzwerken gibt es keine Einzelprojekte. Jedes Training, jeder Hinweis und jede Kommunikationsmaßnahme nach innen muss der weiteren Vernetzung dienen. Jeder Blogpost setzt Links, verweist auf andere Beiträge, arbeitet für ein Schlagwort etc.

Fehler sind Lernmöglichkeiten: Innerhalb einer definierten Bandbreite müssen Fehler erlaubt sein. Trial and Error gehört zur Lernkultur des Social Web. Mitarbeiter, die selbst Fehler gemacht haben, können in Zukunft gut mit ihnen umgehen. Authentizität ist wichtiger als der Anschein von Perfektion.

Innovieren Sie: Social Media sind ein Prozess, kein Endergebnis. Sie wachsen und entwickeln sich mit den Bedürfnissen der involvierten Zielgruppen. Deshalb muss das Konzept ständig adaptiert und erneuert werden. Wer das Netzwerkmonitoring professionell einsetzt, kann aus dem Verhalten und der Analytik im Hintergrund schnell lesen, welche Defizite oder Innovationschancen das Netzwerkprojekt voran bringen werden.

Weiterführende Literatur

Bitkom (Hrsg) (2008) Enterprise 2.0 – auf der Suche nach dem CEO 2.0. Neue Unternehmensphilosophie gewinnt Konturen, Berlin

Crane R, Sornette D (2008) Robust dynamic classes revealed by studying the response function of a social system. Proc Natl Acad Sci 105(41):15649–15653. doi:10.1073/pnas.0803685105

Diverse Autoren (1999) Das Cluetrain-Manifest. http://www.cluetrain.com/auf-deutsch.html. Zugegriffen 02. Mai 2012

Günter J (o J) Stell Dir vor, es gibt Social Media und keiner macht mit. Blogbeitrag. http://blog.iao.fraunhofer.de/home/archives/543.html. Zugegriffen: 07. Okt. 2010

Handelsblatt/dpa (o J) Die Allianz setzt auf das Facebook-Prinzip. http://www.handelsblatt.com/technologie/it-tk/it-internet/soziales-netzwerk-allianz-setzt-auf-das-facebook-prinzip/6270390.html. Zugegriffen: 29. Feb. 2012

Johannsen J (o J) Trauerspiel. Deutsche Erfindungen im IT-Bereich. http://www.netzwelt.de/news/77974-trauerspiel-deutsche-erfindungen-it-bereich.html. Zugegriffen: 16. Juni 2008

Klaus North K, Franz M, Lembke G (2004) Wissenserzeugung und -austausch in Wissensgemeinschaften: Communities of Practice. QUEM-report Schriften zur beruflichen Weiterbildung, Heft 85

Kollock P, Smith M (Hrsg) (1998) Communities in Cyberspace. Routledge, London

Maslow AH (1977) Motivation und Persönlichkeit. Walter-Verlag, Olten

Reimer J, Ruppert M (o J) Guttenplag-Wiki. Der Minister und sein Schwarm. http://www.journalist.de/?id=507. Zugegriffen: 14. Apr. 2011

Simon H (2007) Hidden Champions. Die Erfolgsstrategien unbekannter Weltmarktführer. Campus, Frankfurt a. M.

Sohn G (2011) Enterprise 2.0 und das digital-soziale Schwellenland: Oder doch eher Entwicklungsland? http://ichsagmal.com/tag/enterprise-20/. Zugegriffen: 02. Mai 2012

Tapscott D, Williams AD (2007) Wikinomics. Die Revolution im Netz. Verlag Karl Hanser, München

State-of-the-Art und Herausforderungen von Enterprise 2.0 in Unternehmen

Thorsten Petry

Zusammenfassung

Soziale Medien wie Facebook, YouTube und Co. erfreuen sich zunehmender Beliebtheit und dominieren bereits heute das Internet. Der Einsatz von Social Media ist aber keineswegs nur auf den privaten Bereich begrenzt. Vielmehr bietet die interaktive Nutzung des Internets auch erhebliches Potenzial für geschäftliche Aktivitäten. Für den Einsatz von Social Media im Unternehmen hat Andrew McAfee im Jahr 2006 den Begriff „Enterprise 2.0" geprägt. Dieser Begriff „geistert" seitdem durch Wissenschaft und Praxis. Doch vielen Unternehmen und Entscheidern ist unklar, was sich eigentlich konkret dahinter verbirgt und welche tiefgreifenden Herausforderungen sich daraus für die Unternehmensführung ergeben. Diesen Fragen geht der folgende Beitrag nach. Auf Basis von zwei eigenen Studien sowie Erkenntnissen aus anderen Untersuchungen, gibt der Artikel einen Überblick über den State-of-the-Art von Enterprise 2.0 in deutschsprachigen Unternehmen. Darüber hinaus werden die zentralen Herausforderungen für die Unternehmensführung vorgestellt.

Inhaltsverzeichnis

T. Petry (✉)
Hochschule RheinMain, Bleichstraße 44, 65183 Wiesbaden, Deutschland
E-Mail: Thorsten.Petry@hs-rm.de

G. Lembke, N. Soyez (Hrsg.), *Digitale Medien im Unternehmen*,
DOI 10.1007/978-3-642-29906-3_11, © Springer-Verlag Berlin Heidelberg 2012

1 Einleitung

Soziale Medien wie Facebook, Xing, Twitter, YouTube oder Wikipedia erfreuen sich zunehmender Beliebtheit und dominieren bereits heute das Internet. Der Einsatz von Social Media ist aber keineswegs nur auf den privaten Bereich begrenzt. Einst als mediale Zeitgeisterscheinung belächelt, entwickelt sich Social Media zusehends zu einer der zentralen Herausforderungen für das Management. Mittlerweile ist klar, dass die interaktive Nutzung des Internets auch erhebliches Potenzial für geschäftliche Aktivitäten bietet. Für den Einsatz von Social Media im Unternehmen hat Andrew McAfee im Jahr 2006 den Begriff „**Enterprise 2.0**" geprägt. Dieser Begriff „geistert" seitdem durch Praxis und Wissenschaft. Doch vielen Unternehmen ist unklar, was sich eigentlich konkret dahinter verbirgt und welche tiefgreifenden Herausforderungen sich daraus ergeben.

Vor diesem Hintergrund wurden zwei Studien zum Thema Enterprise 2.0 durchgeführt. Die erste, **großzahlige Erhebung** mit 281 Unternehmen fand 2010 statt (Petry und Schreckenbach 2010). Zielsetzung der Studie war es, einen Überblick darüber zu erhalten, wie weit Unternehmen im deutschsprachigen Raum im Bereich Enterprise 2.0 sind. Konkrete Themenbereiche waren das Verständnis von Enterprise 2.0, der aktuelle Entwicklungsstand, die damit verfolgte Zielsetzung sowie die erwarteten Konsequenzen und die kritischen Erfolgsfaktoren. Im Jahre 2011 folgte darauf aufbauend eine **Fallstudienanalyse** mit insgesamt 18 Unternehmen (Petry und Schreckenbach 2011). Ziel war es, zu untersuchen, was einzelne Unternehmen im Bereich Enterprise 2.0 konkret machen und wo die entscheidenden Herausforderungen und Knackpunkte für den Erfolg liegen. Hierbei wurde zum einen analysiert, welche inhaltlichen Maßnahmen und Veränderungen konkret durchgeführt wurden bzw. werden und zum anderen, wie der Prozess der Transformation verläuft.

Aufbauend auf diesen beiden Studien sowie weiterer Praxisliteratur wird im folgenden Artikel der Status Quo von Enterprise 2.0 in Unternehmen dargestellt und es werden die zentralen Herausforderungen erläutert. Weitere Studienergebnisse finden sich in Jäger und Petry (2012).

2 Relevanz sozialer Medien für Unternehmen

Das Internet hat sich vom Informations- zum Mitmach-Medium gewandelt. Durch Social Media ist eine **grundlegend andere Art und Weise der Kommunikation** entstanden, die sich dadurch auszeichnet, dass jeder Empfänger gleichzeitig auch (potenzieller) Sender ist. Kommunikation ist keine Einbahnstraße mehr. An die Stelle medialer Monologe (1:n Kommunikation) treten mehr und mehr sozial-mediale Dialoge (n:n Kommunikation). Dadurch verändern sich – wie bereits, wenn auch sehr dogmatisch, im „Cluetrain Manifesto" vorausgesagt (Levine et al. 2000) – Informationsstand und -erwartung sowie das Verhalten von Konsumenten (Körner 2012).

Aus Unternehmenssicht hat dies natürlich zunächst einmal Konsequenzen auf die extern ausgerichteten Funktionen wie PR, Marketing und Vertrieb (Stichworte: Word of Mouth Marketing, Social Commerce, Bewertungsportale etc.). Der Einsatz von Social Media ist

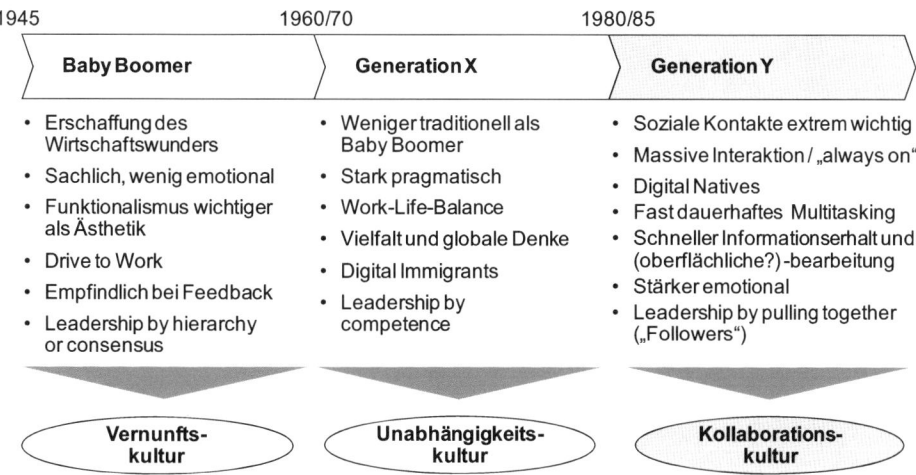

Abb. 1 Generation Y vs. Generation X vs. Baby Boomer

aber keineswegs nur auf die kundenbezogenen Unternehmensbereiche beschränkt. Die veränderte Art der Kommunikation beeinflusst auch das Verhalten und die Erwartungen aller anderen Stakeholder, seien es Mitarbeiter, Führungskräfte, Lieferanten oder sonstige Geschäftspartner. Social Media ist demnach eine **gesamtunternehmerische Herausforderung**, die ein erhebliches Potenzial für prinzipiell alle Wertschöpfungsaktivitäten im Unternehmen bietet. Diese betrifft primäre Funktionsbereiche wie z. B. F&E und Produktion (Stichworte: Open Innovation, Crowdsourcing etc.) genauso wie auch die übergeordnete Unternehmens- und Personalführung (Stichworte: Enterprise 2.0, Open Leadership). Denn der mit Abstand größte Teil des Manageralltags besteht aus Kommunikation, und durch den Einsatz von Social Media verändert sich die Art und Weise, wie Information und Wissen kommuniziert wird. Dies hat Einfluss auf alle zentralen Funktionen der Unternehmensführung (Jäger und Petry 2012 und die Fallstudie von DELL in Buck 2012).

In einem engen Zusammenhang steht die „**Generation Y**" (vgl. Abb. 1), die in den kommenden Jahren mehr und mehr das Bild auf dem Markt und in Unternehmen bestimmen werden. Der Generation Y sind soziale Kontakte extrem wichtig, sie sind „always on" und dadurch in ständiger Kommunikation und Interaktion mit anderen. Dadurch sind sie es von klein auf („Digital Natives") gewohnt, Feedback zu geben und Informationen sehr schnell zu erhalten sowie auch zu verarbeiten. Diese Art der Kommunikation unterscheidet die Generation Y deutlich von den Vor-Generationen (Parment 2009; DGFP 2011).

3 Enterprise 2.0 Verständnis und Reifegrad in deutschsprachigen Unternehmen

Der Begriff Enterprise 2.0 wurde 2006 von Andrew McAfee geprägt und lehnt sich an das durch Tim O'Reilly populär gemachte Schlagwort Web 2.0 an. Während Web 2.0 im Allgemeinen eine veränderte, interaktive Nutzung des Internets beschreibt, die auf „user

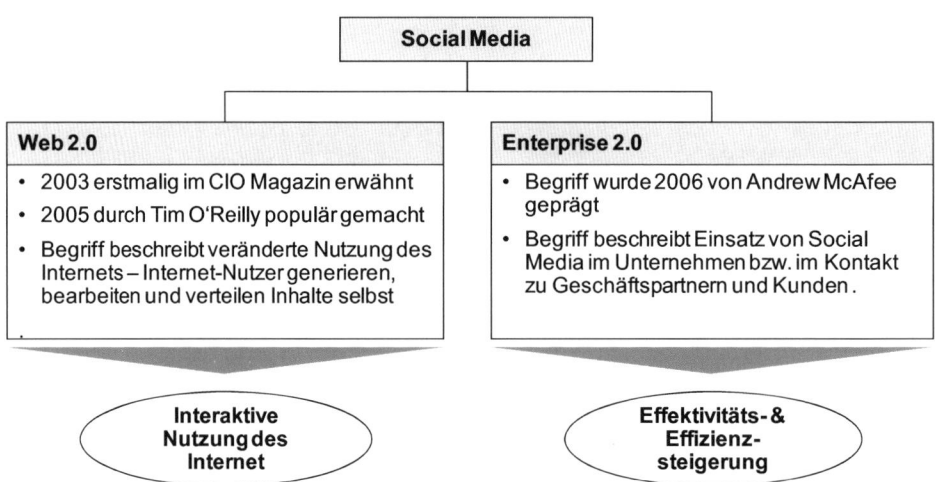

Abb. 2 Abgrenzung von Social Media, Web 2.0 und Enterprise 2.0. (Petry 2011)

generated content" basiert, bezieht sich **Enterprise 2.0** auf den Einsatz von Social Media Technologien im Unternehmen (vgl. Abb. 2).

Dabei steht Enterprise 2.0 für einen **Kulturwandel** in Richtung einer offenen Innen- und Außenkommunikation. Social Media fördert den freien Wissensaustausch unter den Mitarbeitern, erfordert ihn aber auch, um sinnvoll zu funktionieren. Mit der Entwicklung zu einem Enterprise 2.0 Unternehmen geht somit eine Tendenz weg von der zentralen Steuerung und hin zur autonomen Selbststeuerung von Teams einher, die von Managern eher moderiert als geführt werden. Enterprise 2.0 impliziert eine tiefgreifende Veränderung der Unternehmenskultur. Die Kultur ist wichtiger als die Technik bzw. wie Lou Gerstner der ehemalige IBM CEO formuliert: „Culture isn't just one aspect of the game – it is the game."

Wie die großzahlige Studie aus dem Jahr 2010 zeigt, erkennt diesen tiefgreifenden kulturellen Aspekt jedoch nur ein geringer Teil der Unternehmen. Hierbei handelt es sich vornehmlich um die Unternehmen, die mit dem Begriff Enterprise 2.0 nicht nur vertraut sind, sondern auch an entsprechenden Initiativen arbeiten bzw. bereits Erfahrungen sammeln konnten. Für diese Gruppe der Befragten bedeutet Enterprise 2.0 auch den Wandel der Unternehmenskultur hin zu einer offenen Innen- und Außenkommunikation (81 %), die Ermöglichung eines ungehinderten Wissensaustauschs (82 %), einen Ansatz zur Aktivierung der im Unternehmen vorhandenen kollektiven Intelligenz (77 %) und die direkte Beteiligung der Mitarbeiter bei der Erstellung, Bearbeitung und Verteilung von Informationen (74 %). Scheinbar bedarf es eines gewissen Enterprise 2.0 Reifegrads.

Ein solches **Enterprise 2.0 Reifegradmodell** hat z. B. Schönefeld (2009) entwickelt. Er unterscheidet je nach Umfang der Nutzung von Social Media im Unternehmen folgende fünf Reifegrade:

Reifegrad 0: Klassisches Unternehmen
Reifegrad 1: Soziale Technologien nutzendes Unternehmen

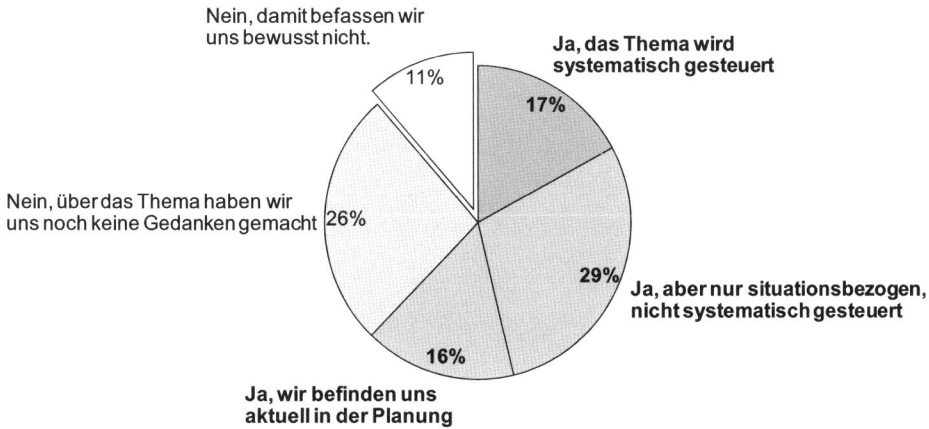

Abb. 3 Aktive Auseinandersetzung mit Enterprise 2.0. (Petry und Schreckenbach 2010)

Reifegrad 2: Soziale Technologien integriertes Unternehmen
Reifegrad 3: Partizipatives Unternehmen
Reifegrad 4: Sich öffnendes Unternehmen
Reifegrad 5: Vernetztes Unternehmen in einer vernetzten Gesellschaft

Bei Unternehmen mit dem Reifegrad 1 kommen Social Media Tools zwar zum Einsatz, allerdings nur innerhalb einzelner Teams. Unternehmen mit dem Reifegrad 2 haben Social Media als festen Bestandteil in der Unternehmenssystemlandschaft integriert. Beim „partizipativen" Unternehmen verändern sich dadurch Kommunikations-, Arbeits- und Führungsprozesse. Im Reifegrad 4 hat sich das Unternehmen bereits so weit geöffnet, dass die Zusammenarbeit mit internen und externen Stakeholdern mittels Social Media stattfindet. Am „reifsten" sind vernetzte Unternehmen, die Social Media strategiegetrieben angehen, umfassend in internen Prozessen sowie in der Interaktion mit externen Stakeholdern nutzen und eine offene Kultur besitzen (Schönefeld 2009).

Die Mehrheit der untersuchten deutschsprachigen Unternehmen befindet sich aktuell noch in einem **niedrigen Reifegrad**, auch wenn sich überraschenderweise zum Erhebungszeitpunkt Frühjahr 2010 bereits 175 Unternehmen und damit die Mehrheit (in Summe 62 %) der Studienteilnehmer mit dem Thema Enterprise 2.0 befasst hat. Denn das Thema wird nur von 17 % systematisch gesteuert (Reifegrad 2 oder höher). 29 % nutzen Social Media unternehmensintern nur situationsbezogen in einzelnen Bereichen (Reifegrad 1). 16 % sind noch nicht über den Planungsstatus hinaus (vgl. Abb. 3).

Bezüglich des Startzeitpunkts zeigt sich ein deutlicher **Aufschwung seit 2008**. Vorher beschäftigten sich erst 13 % der Unternehmen mit dem Thema, danach ist dieser Wert signifikant gestiegen (vgl. Abb. 4). Unternehmen, die sich vor 2008 mit dem Thema beschäftigten, können als „Enterprise 2.0-Pioniere" bezeichnet werden. Seit 2008 beschäftigen sich auch die „frühen Folger" mit dem Thema. Die aktuellen Diskussionen in Unternehmen und der Besuch von Social Media-/Enterprise 2.0-Veranstaltungen deuten darauf hin,

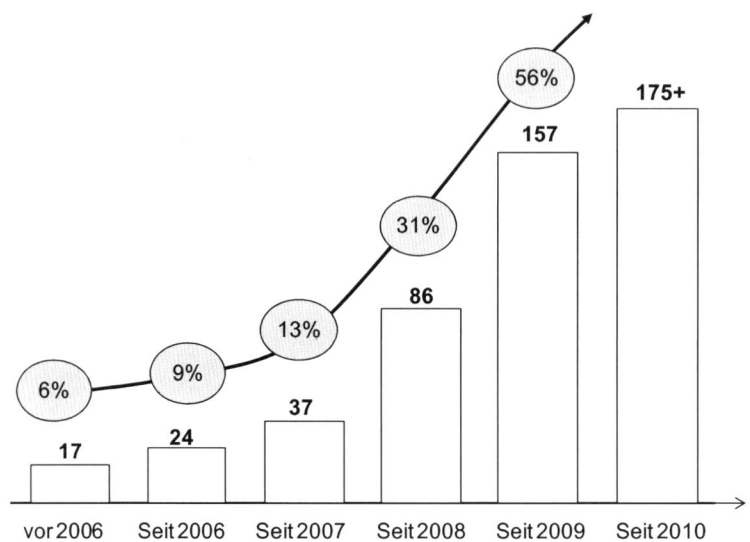

Abb. 4 Zeitliche Entwicklung von Enterprise 2.0-Unternehmen. (Petry und Schreckenbach 2010)

dass das Thema zumindest bei den großen Konzernen mehrheitlich auf der (Planungs-) Agenda steht.

4 Enterprise 2.0 Ziele und Strategie

Hinsichtlich der mit Enterprise 2.0 verfolgten Ziele steht die Aktivierung des im Unternehmen vorhandenen Wissens und der kollektiven Intelligenz im Vordergrund. Die in der Studie von Petry und Schreckenbach (2010) am häufigsten genannten Ziele sind: Verfügbarmachung von implizitem Wissen und Verbesserung der Speicherung von Wissen/Informationen (vgl. Abb. 5). Es geht also nicht nur darum, das vorhandene Wissen besser zu speichern (klassisches Wissensmanagement), sondern insbesondere auch darum, **implizites Wissen** und **ungenutzte Potenziale der Mitarbeiter** zugänglich zu machen und dadurch unter anderem die Innovationsfähigkeit zu erhöhen (kollektive Intelligenz). Diese herausragende Bedeutung des Themas „Wissen" zeigt sich auch in den Fallstudienanalysen (Petry und Schreckenbach 2011). Hier spielt Wissen in fast allen Unternehmen eine bedeutende Rolle. Die Verbesserung des (zuvor oft wenig erfolgreichen) Wissensmanagements ist häufig der primäre Auslöser für Enterprise 2.0-Vorhaben (vgl. exemplarisch auch die Unternehmensbeispiele von Dörner 2012; Würdemann 2012).

Die Befriedigung von Mitarbeiterinteressen (Mitarbeitermotivation und -zufriedenheit sowie Work-Life-Balance) spielt keine dominierende Rolle, so dass diese Ziele nur selten zu den Top 5 der Enterprise 2.0-Ziele gezählt werden. Es geht um wirtschaftliche **Effektivität** und **Effizienz** und hierbei primär darum, mehr – in Form von Wissen, Erfahrung und Ideen – aus den vorhandenen Humanressourcen herauszuholen. Dies bedeutet aber

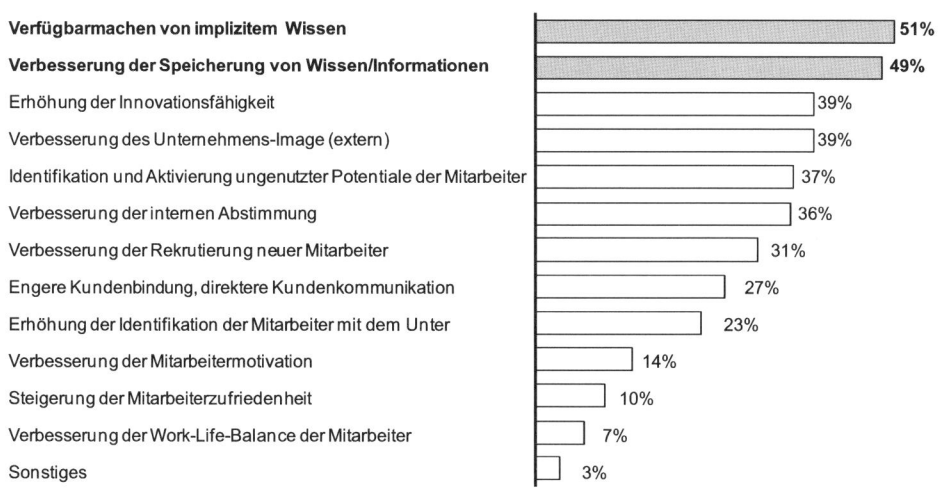

Abb. 5 Zielsetzung von Enterprise 2.0. (Petry und Schreckenbach 2010)

nicht, dass Mitarbeitermotivation und -zufriedenheit gar keine Rolle spielen würden (vgl. Generation Y Thematik weiter vorne). Es handelt sich um Nebenziele, die in der Enterprise 2.0-Gesamtplanung natürlich mit zu berücksichtigen sind.

Diese Zielgewichtung zeigt sich auch in einer Studie von McKinsey (Bughin und Chui 2010). Hierbei wurden die globalen Studienteilnehmer nach **realisierten Benefits** durch die Social Media Nutzung intern, zum Kunden und in der Zusammenarbeit mit anderen externen Partnern befragt (vgl. Abb. 6). Am häufigsten genannt wurde dabei der schnellere Zugang zu internem Wissen (77 %). Dieser weist mit 30 % auch die höchste durchschnittliche Verbesserung auf. In gleichem Ausmaß verbesserte sich auch der Zugang zu internen Experten. Enterprise 2.0 hat also feststellbare Business-Effekte.

Die McKinsey Studie zeigt auch, dass **vollständig vernetzte Unternehmen am „reifesten" und erfolgreichsten** sind (vgl. Reifegradmodell im Kapitel vorher). Bughin und Chui (2010) konnten empirisch nachweisen, dass die positiven Auswirkung auf Erfolgskennzahlen (Benefits) und andere organisatorische Größen (Organizational Impact) bei vollständig vernetzten Unternehmen am größten sind (vgl. Abb. 7; Dörner 2012).

Klassischer nächster Managementschritt nach der Festlegung von Zielen ist die Entwicklung einer Strategie, um die Ziele zu erreichen. Soweit ist die große Mehrheit der Unternehmen aktuell aber noch nicht. Nicht einmal ein Drittel der Teilnehmer der Fallstudienanalyse verfügt derzeit über eine definierte **Enterprise 2.0 Strategie**. Dies ist auch ein Indiz dafür, dass der Reifegrad der meisten Enterprise 2.0 Initiativen noch relativ gering ist und sich somit viele Unternehmen noch in einer frühen „Experimentierphase" befinden.

Ein Vorreiter im deutschsprachigen Raum ist hier sicherlich die Deutsche Telekom AG, die seit dem Jahr 2010 über eine explizite Enterprise 2.0 Strategie verfügt. Diese zielt darauf ab, die Interaktion, den Dialog und die Kommunikation mit Kunden, Partnern und Mitarbeitern unter dem neuem Verständnis für Social Media nachhaltig zu verändern. In der

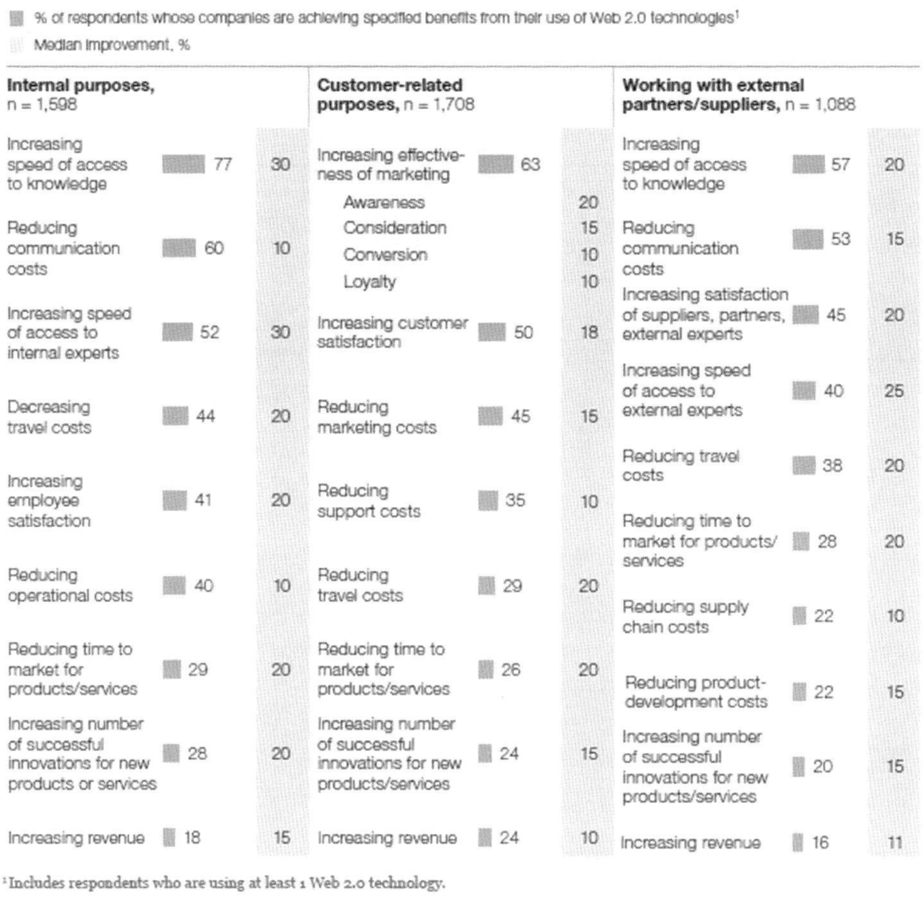

▓ % of respondents whose companies are achieving specified benefits from their use of Web 2.0 technologies[1]

░ Median improvement, %

Internal purposes, n = 1,598			Customer-related purposes, n = 1,708			Working with external partners/suppliers, n = 1,088		
Increasing speed of access to knowledge	77	30	Increasing effectiveness of marketing	63		Increasing speed of access to knowledge	57	20
			Awareness		20			
			Consideration		15	Reducing communication costs	53	15
Reducing communication costs	60	10	Conversion		10			
			Loyalty		10	Increasing satisfaction of suppliers, partners, external experts	45	20
Increasing speed of access to internal experts	52	30	Increasing customer satisfaction	50	18			
						Increasing speed of access to external experts	40	25
Decreasing travel costs	44	20	Reducing marketing costs	45	15			
						Reducing travel costs	38	20
Increasing employee satisfaction	41	20	Reducing support costs	35	10			
						Reducing time to market for products/ services	28	20
Reducing operational costs	40	10	Reducing travel costs	29	20			
						Reducing supply chain costs	22	10
Reducing time to market for products/services	29	20	Reducing time to market for products/services	26	20	Reducing product-development costs	22	15
Increasing number of successful innovations for new products or services	28	20	Increasing number of successful innovations for new products/services	24	15	Increasing number of successful innovations for new products/services	20	15
Increasing revenue	18	15	Increasing revenue	24	10	Increasing revenue	16	11

[1]Includes respondents who are using at least 1 Web 2.0 technology.

Abb. 6 Vergleich verschiedener Enterprise 2.0 Reifegrade (Bughin und Chui 2010, S. 5)

„Enterprise 2.0 Strategie 2011 der Deutschen Telekom AG" sind folgende vier Handlungsfelder definiert (Grabmeier 2012):

1. Enterprise 2.0 Strategieimplementierung: Die Enterprise 2.0 Konzernstrategie muss sich in den funktionalen Strategien der Business Units und Konzerneinheiten wiederfinden, auf die Unit Bedürfnisse runter gebrochen und dort umgesetzt werden.
2. Business Nutzen für Social Media nachweisen: Mehr denn je wird der Nutzen der Social Media Anwendungen hinterfragt. Neue Paradigmen lassen sich nicht mit alten Methoden und Metriken messen. Daher gilt es neue Wege und Ansätze der Wirtschaftlichkeitsbetrachtung zu finden und fest zu legen.
3. Integrierte Social Media IT-Infrastruktur: Eine integrierte Social Media IT-Infrastruktur schafft die unabdingbare Voraussetzung der organisationalen und kulturellen Transformation zu einer Enterprise 2.0. Im ersten Halbjahr 2012 wird die erste integrierte Enterprise 2.0 IT-Infrastruktur in ihrer Beta Phase ausgerollt.

		Organizations by type of Web 2.0 usage			
		Developing, n = 1,711	Internally networked, n = 287	Externally networked, n = 100	Fully networked, n = 76
Benefits, mean % improvement	Employee benefit metrics	5	19	9	31
	Customer benefit metrics	4	8	19	24
	Partner benefit metrics	5	10	17	27
Degree of usage	% of employees using Web 2.0	33	42	47	47
	% of customers using Web 2.0	31	50	59	62
	% of partners using Web 2.0	42	53	59	66
Integration, % of respondents[1]	Web 2.0 integrated into day-to-day work	21	49	53	70
Organizational impact, % of respondents[2]	Increased information sharing	21	52	43	55
	Less hierarchical information flows	17	40	25	49
	Collaboration across organizational silos	10	31	14	41
	Tasks tackled in project-based way	9	24	15	39
	Decisions made lower in corporate hierarchy	5	14	19	25
	Work performed by mix of internal and external people	8	21	15	29

[1] Specifically, respondents who reported Web 2.0 being very or extremely integrated into employees' day-to-day work activities.
[2] Specifically, respondents who strongly agreed that these characteristics applied to their companies.

Abb. 7 Vergleich verschiedener Enterprise 2.0 Reifegrade (Bughin und Chui 2010, S. 5)

4. Transformation treiben: Die Veränderung der Kultur sowie die Art und Weise der Zusammenarbeit steht im Projekt klar im Vordergrund. Dabei ist die Auswirkung der eingesetzten Technologie auf das Arbeitsumfeld entscheidend und die Nutzung von kollektiver Intelligenz ein Schwerpunkt.

5 Enterprise 2.0 Herausforderungen für die Unternehmensführung

Bei einer Analyse der erwarteten Konsequenzen von Enterprise 2.0-Vorhaben wird deutlich, dass es sich hierbei vor allem um ein kulturelles Thema handelt. Die am häufigsten genannten Wirkungen sind: offenere Kommunikation, offenerer Informationszugang, intensivere bereichs- und abteilungsübergreifenden Zusammenarbeit und verbesserte Innovationskultur (vgl. Abb. 8).

Bevor sich Unternehmen mit Struktur, Prozessen und Technik befassen, müssen sie sich also mit ihrer Kultur auseinandersetzen. Eine **Enterprise 2.0 Kultur** ist geprägt durch

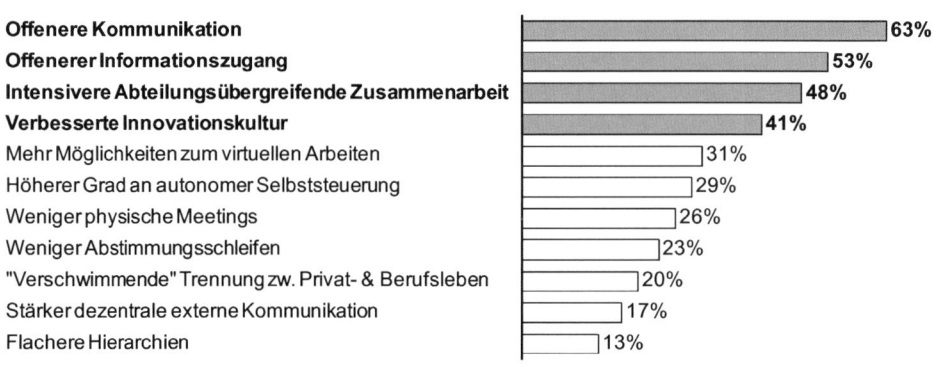

Abb. 8 Erwartete Enterprise 2.0-Konsequenzen. (Petry und Schreckenbach 2010)

eine direktere Kommunikation und Kollaboration, eine höhere Informations- und Entscheidungstransparenz sowie eine höhere Motivation, Wissen zu teilen. All dies stellt eine große Herausforderung für traditionelle, hierarchisch geprägte Unternehmen dar. Eine offene Kultur widerspricht dem klassischen „Silodenken" und der Vorstellung, dass Wissen Macht bedeutet. Für die meisten größeren, traditionellen Unternehmen bedeutet Enterprise 2.0 daher eine tiefgreifende Veränderung der Kultur.

Wie die Studien zeigen, gibt es eine **große Lücke in der Umsetzung**. Mehr und mehr Unternehmen machen sich auf den Weg zu einem Enterprise 2.0 (vgl. Abb. 3), aber nur ganz wenige sind schon „in Zielnähe". Die erwarteten Konsequenzen wurden bisher erst zu einem geringen Teil realisiert (Petry und Schreckenbach 2010).

Wesentlich für die erfolgreiche Zielerreichung auf dem langen und mühsamen Weg zu einem Enterprise 2.0 Unternehmen ist das **Vorleben einer offenen Kultur durch die Unternehmensleitung**. Für 72 % der Studienteilnehmer ist dies zwingend erforderlich, um eine solche Veränderung der Unternehmenskultur zu ermöglichen. Fehlt die Unterstützung und das Vorleben von oben, bleiben Enterprise 2.0 Vorhaben kraftlos und versanden häufig, oder aber es handelt sich eben nur um die Implementierung von Social Media Technologien. In dem Fall sollte aber auch nicht von Enterprise 2.0 Unternehmen gesprochen werden.

Enterprise 2.0 betrifft jedoch nicht nur die Top-Führungskräfte. Vielmehr verändert sich die Führung auf allen Ebenen. Die Prämisse von **Führung 2.0** (Open Leadership) lautet: Kontrolle aufgeben, Führung behalten (Li 2010; Wüthrich 2011). Führungskräfte geben demnach nur noch übergeordnete Ziele und Problemstellungen vor, statten ihre Mitarbeiter(teams) mit den notwendigen Kompetenzen und Freiräumen aus und sorgen dafür, dass diese selbststeuernd arbeiten können. Die Führungskräfte moderieren die Teamprozesse, eine Detailsteuerung und -kontrolle der Arbeit im Sinne einer Vorgabe des Weges zur Zielerreichung ist im Rahmen von Enterprise 2.0 obsolet. Die Detailsteuerung obliegt vielmehr der sozialen Kontrolle in den Teams bzw. Communities. Es versteht sich jedoch von selbst, dass die Überprüfung der Erreichung der übergeordneten Ziele nach wie vor notwendig ist (Petry und Dera 2012). Diese Entwicklung ist natürlich nicht gänzlich neu. In den letzten Jahren und Jahrzehnten ist bei vielen Unternehmen bereits eine Veränderung in diese Richtung zu beobachten. Durch Social Media und die damit verbundenen veränderten Informations- und Kommunikationsprozesse hat sich diese Entwicklung aber noch einmal massiv beschleunigt.

Dementsprechend ist die Wahrung der Steuerbarkeit von großer Bedeutung. Unternehmen, die Enterprise 2.0 Vorhaben umsetzen, sehen gerade in der **Gefahr des Kontrollverlusts** das größte Risiko. Die Verbindung von Offenheit und Kontrolle ist sicherlich eine der größten Herausforderungen, denen sich ein Unternehmen stellen muss.

Um die Führbarkeit sicher zu stellen ist ein weiterer wichtiger Erfolgsfaktor die Festlegung von **klaren, zentralen Verantwortlichkeiten**. In vielen Unternehmen fehlen diese. Um das Thema Social Media kümmert sich „jeder den das Thema betrifft" oder – in der Realität – eben gar keiner. Auf der einen Seite verlangt Enterprise 2.0 zwar Selbstorganisation und Vertrauen, auf der anderen Seite muss aber auch hier „am Ende des Tages" jemand Entscheidungen treffen und die Verantwortung hierfür übernehmen. Wie die Studien zeigen, führt offene, hierarchieübergreifende Kommunikation nicht zu einem Auflösen von Führungs- bzw. Entscheidungshierarchien.

Einen sinnvollen Mittelweg zwischen Detailsteuerung und -organisation sowie völligem Organisationsverzicht stellen **Social Media Guidelines** dar. Viele der untersuchten Fallstudienunternehmen nutzen diese, um der Selbstorganisation eine gewissen Rahmen zu setzen. Wichtig ist es dabei, dass die Richtlinien zwar eindeutig und klar, aber nicht zu detailliert und nicht zu stark vorschreibend sind.

Eine große Herausforderung kommt auch auf den **Personalbereich** zu. Zunächst einmal müssen natürlich die HR-Funktionen Social Media sinnvoll in die jeweiligen Prozesse integrieren. Dies gilt insbesondere für die Positionierung des Unternehmens auf dem Arbeitsmarkt (Personalmarketing/Employer Branding) und die Gewinnung von Fachkräften (Recruiting), betrifft aber auch interne Funktionen, wie z. B. die Personalentwicklung (Vaßen und Petry 2011). Zum anderen ist HR aber auch als Change Manager bei der Transformation des Unternehmens und insbesondere der Unternehmenskultur gefragt (Jäger und Petry 2012).

6   Enterprise 2.0 Transformationsprozess

Wie die bisher dargestellten Studienergebnisse verdeutlichen, haben Enterprise 2.0-Initiativen einen tiefgreifenden Einfluss auf die Kultur sowie Organisation von Unternehmen. Dementsprechend verlangt der erfolgreiche Wandel von einem Enterprise 1.0 zu einem Enterprise 2.0 eine entsprechende **Transformation des Unternehmens**. Während dies bei kleineren und jungen Unternehmen nur eine evolutionäre Weiterentwicklung bedeuten kann, bedeutet es für große, reife und traditionelle Unternehmen eine sehr tiefgreifende und grundlegende Veränderung. Diese ist entsprechend zu managen (vgl. im Detail Petry 2012).

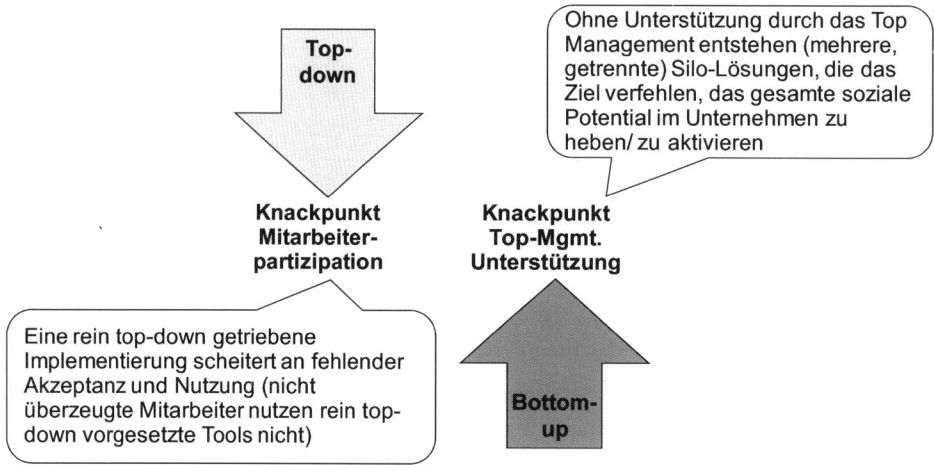

Abb. 9 Knackpunkte im top-down vs. bottom-up Transformationsprozess. (Petry 2012)

Bei einer Betrachtung der Stoßrichtungen von Enterprise 2.0-Initiativen in Unternehmen, können grundsätzlich zwei Ansätze unterschieden werden: **top-down** und **bottom-up**. Während einige Unternehmen das Thema aktiv durch Vorstand/Geschäftsführung „von oben" treiben, bilden sich Enterprise 2.0-Aktivitäten bei anderen Unternehmen zunächst „im Kleinen", das heißt in einzelnen Bereichen, Abteilungen oder Gruppen, und weiten sich dann bottom-up aus. Die Ergebnisse der Fallstudienanalyse zeigen, dass beide Stoßrichtungen eine ähnliche Relevanz besitzen. Die gewählte Stoßrichtung der Veränderung sagt aber noch nichts über den Erfolg der Enterprise 2.0-Transformation aus. Sowohl top-down als auch bottom-up gestartete Veränderungsprozesse können erfolgreich sein oder scheitern. Eine wesentliche Erkenntnis der Studien ist, dass keines der analysierten Unternehmen in der Lage war, Enterprise 2.0 in seiner Ganzheit rein top-down oder rein bottom-up zu implementieren. Denn beide Initialisierungsrichtungen stoßen irgendwann an einen entscheidenden Knackpunkt, der nur durch eine entgegengesetzte Kraft zu überwinden ist (vgl. Abb. 9).

Unabhängig von der Startrichtung ist es daher in jedem Fall notwendig, im Transformationsverlauf auch die „entgegengesetzte Stoßrichtung" einzubeziehen. Für die erfolgreiche Umsetzung von Enterprise 2.0 ist zwingend ein kombiniertes top-down/bottom-up Verfahren notwendig. Im Rahmen der Implementierung muss Wandel von oben und unten getrieben und unterstützt werden. In der Literatur wird auch von „**Gegenstromverfahren**" gesprochen.

In jedem Fall erfordert die Transformation ein entsprechendes Wandlungsmanagement bzw. Change Management. Die folgende Abb. 7 gibt beispielhaft einen Überblick, wie ein top-down initiierter **Enterprise 2.0 Transformationsprozess** aussehen kann. Der Prozess besteht aus fünf Phasen: Initialisierung, Konzipierung, Mobilisierung, Umsetzung und Verstetigung (vgl. Krüger 2009). In jeder Phase sind typische Aufgaben zu erfüllen, die vom Grundsatz für jede Enterprise 2.0 Transformation gelten. Die inhaltliche Ausgestaltung und Lösung dieser Aufgaben variiert aber natürlich in Abhängigkeit von der spezi-

Abb. 10 Top-down initiierter Enterprise 2.0 Transformationsprozess. (Petry 2012)

fischen Unternehmenssituation (zur Detaildarstellung sowie Ausgestaltung des bottom-up initiierten Prozesses s. Petry 2012) (Abb. 10).

7 Fazit

Zusammenfassend lässt sich festhalten, dass Social Media die Art und Weise der Kommunikation verändert. Dies als vergängliche Mode abzutun, ist sehr gefährlich. Das zunächst belächelte Jugendphänomen hat im Privat- und Konsumbereich längst breite Bevölkerungsschichten erreicht und für sich eingenommen. Diese Entwicklung macht an den Grenzen des Unternehmens nicht halt. Wie die aufgeführten Studien belegen, hält Social Media mehr und mehr Einzug in Unternehmen. Verändert wird insbesondere die Unternehmenskultur. Enterprise 2.0 ist vielmehr ein Kultur- als ein Technologiethema. Die weitreichenden Implikationen und die daraus resultierenden Herausforderungen für Mitarbeiter, Führung und Organisation machen das Thema zu einer der wichtigsten Managementherausforderungen der heutigen Zeit und erfordern eine systematische und funktionsbereichsübergreifend koordinierte Antwort. Hierzu gehört auch ein entsprechend zu planender und zu steuernder Transformationsprozess, denn wie die Erfahrungen zeigen, ist die Umsetzung ein langwieriger und gerade für traditionelle Unternehmen tiefgreifender Prozess.

Literatur

Buck M (2012) Social-Media-Praxis bei Dell. In: Jäger W, Petry T (Hrsg) Enter- prise 2.0 – die digitale Revolution der Unternehmenskultur. Wolters Kluwer Deutschland GmbH, Köln

Bughin J, Chui M (2010) The rise of the networked enterprise: web 2.0 finds its payday. McKinsey Q (12):1–9

DGFP (2011) Zwischen Anspruch und Wirklichkeit: Generation Y finden, fördern und binden. DGFP PraxisPapier Nr. 9/2011

Dörner K (2012) Mehrwert durch den Einsatz von Social Media im Unternehmen – Zahltag für die einen, Nachsitzen für die anderen. In: Jäger W, Petry T (Hrsg) Enterprise 2.0 – die digitale Revolution der Unternehmenskultur. Wolters Kluwe Deutschland GmbH, Köln

Grabmeier S (2012) Social Collaboration in Unternehmens- und Personalführung bei Deutsche Telekom AG. In: Jäger W, Petry T (Hrsg) Enterprise 2.0 – die digitale Revolution der Unternehmenskultur. Wolters Kluwe Deutschland GmbH, Köln

Jäger W, Petry T (Hrsg) (2012) Enterprise 2.0 – die digitale Revolution der Unternehmenskultur. Wolters Kluwe Deutschland GmbH, Köln

Jäger W, Petry T (2012) Enterprise 2.0 – Herausforderungen für Personal, Organisation und Führung. In: Jäger W, Petry T (Hrsg) Enterprise 2.0 – die digitale Revolution der Unternehmenskultur. Wolters Kluwe Deutschland GmbH, Köln

Körner A (2012) Management-Herausforderung Social Media. Social Media Magazin 2012 (1):10–16

Krüger W (Hrsg) (2009) Excellence-in-Change, 4. Aufl. Gabler, Wiesbaden

Levine R, Locke C, Searls D, Weinberger D (2000) The Cluetrain Manifesto. Perseus Publishing, New York

Li C (2010) Open Leadership: how social technology can transform the way you lead. Jossey-Bass, San Francisco

Parment A (2009) Die Generation Y: Mitarbeiter der Zukunft: Herausforderung und Erfolgsfaktor für das Personalmanagement. Gabler, Wiesbaden

Petry T (2011) Enterprise 2.0. WISU: Das Wirtschaftsstudium (5):653

Petry T (2012) Enterprise 2.0 Transformation – Prozess, Aufgaben und Probleme im Wandel zu einem Enterprise 2.0 Unternehmen. In: Jäger W, Petry T (Hrsg) Enterprise 2.0 – die digitale Revolution der Unternehmenskultur. Wolters Kluwe Deutschland GmbH, Köln

Petry T, Dera S (2012) Führung im Social-Media-Zeitalter: Erfolgsfaktoren für die Unternehmens- und Personalführungr. Social Media Magazin 2012 (1):48–52

Petry T, Schreckenbach F (2010) Enterprise 2.0 – Konsequenzen für die Arbeitswelt von morgen. Gabler, Wiesbaden

Petry T, Schreckenbach F (2011) Enterprise 2.0 Fallstudienanalyse, unveröffentlichte Studie. Gabler, Wiesbaden

Petry T, Schreckenbach F (2012) Empirische Ergebnisse zum Status Quo von Enterprise 2.0 in Unternehmen. In: Jäger W, Petry T (Hrsg) Enterprise 2.0 – die digitale Revolution der Unternehmenskultur. Wolters Kluwe Deutschland GmbH, Köln

Schönefeld F (2009) Praxisleitfaden Enterprise 2.0: Wettbewerbsfähig durch neue Formen der Zusammenarbeit, Kundenbindung und Innovation. Hanser, München

Vaßen M, Petry T (2011) Social Media kann mehr. Personalmagazin (9):60–62

Würdemann C (2012) Wiki-Intranet bei Hypoport – Enterprise 2.0 bedeutet Unternehmenskultur. In: Jäger W, Petry T (Hrsg) Enterprise 2.0 – die digitale Revolution der Unternehmenskultur. Wolters Kluwe Deutschland GmbH, Köln

Wüthrich HA (2011) Zutrauen – loslassen – experimentieren. Z Führung Organ (4):212–218

Social Media für mittelständische Unternehmen: Thesen und Handlungsempfehlungen

Manfred Leisenberg und Anna Schweifel

Zusammenfassung

Wer Kommunikation beeinflussen will, muss Teil von ihr werden! So lautet ein wichtiger Grundsatz der Unternehmenskommunikation. Social Software weist erhebliche Nutzenspotenziale für den unternehmerischen Einsatz auf. Kommunikation und Marketing stehen bei der Nutzenerwartung häufig im Vordergrund. In der sozial vernetzten Welt des Web 2.0. sind daher Strategien und Taktiken gefragt, die Social Software für Unternehmen so nutzen, dass Produkte und Dienstleistungen effektiv an den Kunden gebracht oder Marken bekannter gemacht werden. Möglichkeiten des Einsatzes von Social Media werden von Unternehmern gegenwärtig recht unterschiedlich bewertet. Mit Hilfe von Interviews haben die Autoren daher untersucht, wie charakteristische mittelständische Unternehmen tatsächlich Chancen und Risiken des Social Media Einsatzes bewerten und welcher Status der Nutzung des Web 2.0 vorliegt. Die Ergebnisse wurden in 10 Thesen zusammengefasst. Diese Thesen werden als eine bewertete Liste von Motiven aufgefasst, die eine schnelle Umsetzung von Social Media im Unternehmen beeinflussen. Die Verfasser erörtern die empirisch ermittelten Thesen ausführlich. Zudem werden kurze Handlungsempfehlungen zur Lösung des jeweiligen ursächlichen Problems hinzugefügt.

M. Leisenberg (✉)
Wulfsbreede 31, 33619 Bielefeld – Dornberg, Deutschland
E-Mail: office@leisenberg.info

G. Lembke, N. Soyez (Hrsg.), *Digitale Medien im Unternehmen,*
DOI 10.1007/978-3-642-29906-3_12, © Springer-Verlag Berlin Heidelberg 2012

Inhaltsverzeichnis

1 Quo Vadis Social Media? Wie können Unternehmen die neuen Möglichkeiten nutzen?

1.1 Chancen und Risiken des modernen Internet erkennen

Die Social Media-Werkzeuge, Wikis, Weblogs, soziale Netze oder Twitter, sind nun schon seit Jahren, sowohl beim Kunden, als auch auf der Unternehmensseite, für verschiedenste Zwecke erfolgreich im Einsatz und außerordentlich beliebt. Der Nutzer, egal ob er im Unternehmen 2.0 oder als potentieller Kunde vor dem heimischen Browser sitzt, surft nicht mehr allein durch das Internet, sondern verändert und bereichert es. Er berichtet beispielsweise in Web-Tagebüchern über die eventuell negativen Erfahrungen mit dem Lieferanten eines Produktes oder einer Dienstleistung. Er stellt sein Wissen und seine Erfahrungen Millionen anderen Lesern gern in Online- Enzyklopädien, wie Wikipedia, zur Verfügung und beschreibt damit vielleicht als enttäuschter ehemaliger Mitarbeiter seine subjektiv negative Sicht auf ein ungeliebtes Unternehmen. Er empfiehlt unter Umständen über seine Social Bookmarks, ganz prominent auf den vordersten Ergebniszeilen der Suchmaschinen und noch vor einem teuer erkauften Firmeneintrag platziert, die Produkte eines Mitbewerbers. Ein anderer Nutzer betreibt über eine sehr hohe Reichweite mit einem engagierten Podcasts seine persönliche Radiostation im Netz und berichtet öffentlichkeits-wirksam über seine unerfreulichen Erfahrungen mit einem Business- Kunden. Der Nutzer, sei er enttäuschter Kunde oder gekündigter Mitarbeiter, verfügt nunmehr über eine beson-ders starke Medienmacht. Vorbei sind die Zeiten, als Unternehmen, wie z. B. der US- ame-rikanische Hersteller von Computer-Hardware Dell, ihre Reaktion auf Tausende negativer Blogs mit Floskeln, wie „Nur anschauen, nicht anfassen" beschrieben (Jarvis 2009). Nicht allein Dell hat während der vergangenen Jahre sehr viel Lehrgeld zahlen müssen. Daher ist es insbesondere für Unternehmen überlebensnotwendig, zu verstehen: Wir können wohl das Internet ignorieren. Aber das heißt noch lange nicht, dass es auch uns vergisst (Eck 2008). Daher sollte das Web 2.0 als Chance aufgefasst werden, den Kunden besser zu ver-stehen, von ihm zu lernen und einen neuen, besonders effektiven Kommunikationska-nal für die direkte Ansprache zu entdecken. Lernende Unternehmen waren bereits in der Vergangenheit in der Lage, durch den gezielten Einsatz von Social Media Optimisation (Leisenberg und Roebers 2010) Effekte, die auch aus dem viralen Marketing bekannt sind, gezielt zu nutzen und als Enterprise 2.0 das neue Web zu einem wichtigen Erfolgsfaktor werden zu lassen.

1.2 Online- Reputation wird immer wichtiger

Den Kunden hilft die Kenntnis der durch Social Media wesentlich beeinflussten Online-Reputation von Unternehmen, Produkten sowie Dienstleistungen, abzuschätzen, wie sich diese in Zukunft verhalten könnten. Damit werden Kaufentscheidungen immer häufiger vom Web-Renommee des Produkts und sogar vom Image einer bewertenden Person getrig-gert oder abhängig gemacht. Oder, bezogen auf den Ruf, den Einzelpersonen im Netz, z. B. im Bewerbungsprozess, haben: 36 % der, in einer durch die deutsche Verbraucherministerin in Auftrag gegebenen Studie, befragten Personalabteilungen von Unternehmen, bestätigen, dass sie im Bewerbungsprozess auf Informationen zur Online- Reputation des Job- Inter-essenten in Sozialen Netzen zurückgreifen (Michel 2009). Der Erfolg einer Bewerbung ist offensichtlich mehr und mehr abhängig von der dazugehörigen Online- Reputation. „Die unbekümmerte Preisgabe persönlicher Daten im Netz kann zum Stolperstein für die beruf-liche Karriere werden" bestätigt die deutsche Verbraucherministerin. Anders herum formu-liert: Kommunikation verlagert sich tendenziell in Netzwerke. Daher kann nur ein integ-riertes und langfristiges Management der Online- Reputation eine Bewerbung zum Erfolg werden lassen. „Jobsucher sollten auf der Hut sein, welche Spuren sie im Netz hinterlassen", erläutert dazu ein Sprecher der Unternehmensberatung Roland Berger (Salter 2009).

Eine positive Reputation ist gekennzeichnet durch Eigenschaften, wie Glaubwürdigkeit, Vertrauenswürdigkeit, Zuverlässigkeit und Verantwortung. 76 % von 250 unlängst befrag-ten Managern gaben beispielsweise an, dass Ihnen Ihre Online- Reputation außerordent-lich wichtig sei (o. V. 2007).

Was ist zu tun, wenn das Ansehen von Personen oder Unternehmen durch negative Äußerungen im Web beeinträchtigt wird? Solch eine Frage stellt sich unabhängig davon, ob das verschlechterte Ansehen nun fremd oder selbst verschuldet ist. Wie kann verhindert werden, dass durch ungünstige Web- Äußerungen Fremder eine mühsam über Jahre aufgebaute Reputation schnell verloren geht und ein Unternehmen oder eine Person rasant an Ansehen verliert?

1.3 Profil authentisch zeigen

Online-Reputationsmanagement, zunächst nur auf Personen und vorerst nicht auf Unternehmen bezogen, betrifft die Gesamtheit aller systematischen Aktivitäten, die dem Aufbau und der Erhaltung eines positiven Ansehens in den Netzen dienen. Dabei muss eine eventuell vorhandene Widersprüchlichkeit zwischen Eigen- und Fremdwahrnehmung ausgeglichen werden. Vor der Umsetzung von technischen Verfahren des Reputationsmanagements ist es erforderlich, die Strategie festzulegen: Welches Image soll zu welchem Zweck im Netz erzeugt werden und für welche Eigenschaften soll die darzustellende Personenmarke stehen? Hier wäre es beispielsweise überzeugend und passend, wenn ein Hochschullehrer in seinem Profil über wissenschaftliche Aktivitäten berichtet. Die Online- Darstellung seines eventuell nicht vorhandenen Cabriolets sollte aus plausiblen Gründen freilich besser unterbleiben.

Die Werkzeuge zum Management der Personenmarke sind die bekannten Web 2.0 – Meinungs- Vervielfacher: Blog, Wiki, soziales Netz und andere. Die Netzwerke XING und LinkedIn sind für die Unterstützung von Business-to-Business-Beziehungen besonders zu empfehlen. Ihr Einsatz muss unter strikter Wahrung von Ehrlichkeit geschehen und sollte Authentizität erzeugen. In Online-Diskussionen, eventuell in Weblogs oder Foren, muss zur Förderung der Transparenz unbegrenzte Offenheit zugelassen und unterstützt werden.

Vor dem Einsatz der genannten Werkzeuge ist es wichtig, die Identität und das Profil der Person, auf die das Reputationsmanagement angewandt werden soll, festzulegen und besondere Kompetenzen glaubhaft zu beschreiben. Hierbei ist es zunächst ratsam, in allen Anwendungen, wie sozialen Netzen, Bild- und Videoportalen, Blog-Sites oder bei dem Microblogging-Dienst Twitter immer die gleiche Identität mit gleichem Basisprofil und Namen zu verwenden. Der Klarname als Identifikation der Personenmarke ist aus Authentizitätsgründen immer einem Alter Ego vorzuziehen. Ein wichtiger Nebeneffekt eines solchen Vorgehens besteht darin, dass damit der betreffende Name in den jeweiligen Netzanwendungen besetzt und ein drohender Namensmissbrauch wirksam verhindert werden kann. Schlüsselworte und Tags in den Profilen sollten mit Sicht auf eine spätere leichte Auffindbarkeit unter strategisch gewählten Suchbegriffen formuliert werden. Sehr eindrucksvoll darstellbar ist dies am Beispiel des XING- Profils: Die dort vorgesehene Rubrik „Ich biete" dient vordergründig dazu, optimierte Schlüsselworte einzutragen, mit denen andere Netzwerkmitglieder das entsprechende Personenprofil auffinden können. Erst in zweiter Linie sollte diese Rubrik als Angebot verstanden werden. Positive Referenzen auf das eigene Profil sollten gesammelt und an entsprechender Stelle mit Adressbezug präsentiert werden.

1.4 Reputation gezielt entwickeln

Beim Umsetzen des persönlichen, auch in Business-to-Business-Beziehungen wirksamen Reputationsmanagements sind weitere wichtige Faktoren (Eck 2008) zu berücksichtigen: Zunächst sollte man verstehen, dass eine wirkliche Trennung von privaten und geschäftlichen Informationen in der Social Media-Öffentlichkeit nicht mehr möglich ist. Daher ist es ratsam, auch nur die Informationen zu veröffentlichen, die das Ansehen in der jeweils anderen Sphäre unterstützen: Private Schilderungen, Bilder oder Filme müssen das geschäftliche Ansehen positiv beeinflussen und umgekehrt. Persönliche Darstellungen sind oftmals sehr hilfreich, weil sie die Authentizität und die Greifbarkeit der betreffenden Person, z. B. des Geschäftsführers eines Unternehmens verbessern. Entscheidet man sich dafür, persönliches zu veröffentlichen, sollte man davon ausgehen, dass jeder eingestellte Inhalt eine große, manchmal nicht erwartete lange anhaltende Wirkung entfalten kann. Gerade deswegen müssen die Inhalte sehr sorgfältig ausgewählt werden. Nur eine aktive und selektive Erzeugung von Web 2.0- Inhalten, wie Statusmeldungen in facebook, Blogbeiträgen, Podcast oder Videos, ermöglicht nach der 100-10-1 Regel die nachhaltige Beeinflussung des digitalen Ansehens. Die Regel besagt in Abwandlung des Pareto-Effektes, dass von 100 Personen, die online sind, eine Person den Inhalt erstellt, 10 vielleicht per Kommentar etwas zum Ausgangsinhalt beitragen und der Rest lediglich konsumiert. Nur der aktive Web 2.0-Nutzer verfügt daher über eine große und auch wirkungsvolle Medienmacht. Informiert man die Web- Öffentlichkeit über eigene Aktivitäten, geschäftliche Erfolge oder neue Handelsprodukte, erzeugt man, wenn die Beiträge strategisch formuliert und platziert sind, das Interesse der Zielgruppe und beeinflusst so das Image. Bei alledem sollte immer die Erzeugung und Pflege der Personenmarke im Zusammenhang mit dem Ausbau der persönlichen Beziehungen und Netzwerke im Vordergrund stehen. Ein etabliertes Beziehungsgeflecht kann zudem im Falle einer Reputationskrise zur Abwehr von Angriffen sehr hilfreich sein.

Neben dem Schreiben und Kommentieren von Blogs oder Beiträgen in sozialen Netzen zählt das Verfassen und Veröffentlichen von relevanten Fachtexten oder Präsentationen zu den wichtigen und wirkungsvollen Maßnahmen des persönlichen Online- Reputationsmanagements. Stellt man beispielsweise eine gut gelungene wissenschaftliche Präsentation, z. B. über das „Effektive Bleichen und Desinfizieren, speziell bei niedrigen Temperaturen" in das Portal slideshare.com ein, kann man darüber die inhaltliche Botschaft besonders wirksam, auch für das Geschäft, verteilen. Mittelbar beeinflusst man dadurch aber auch die eigene Reputation, da eine sehr gute Präsentation, die oft gelesen, weiterempfohlen und vielleicht sogar von anderen zitiert wird und das Ansehen positiv beeinflusst. Gleiches trifft auf das Ablegen von Lesezeichen auf den, bei den Suchmaschinen wegen der starken gegenseitigen Verlinkung sehr hoch gelisteten, Social-Bookmarking-Portalen, wie mister-wong.com, zu. Das Einstellen von reputationswirksamen Inhalten in Soziale Netze, wie facebook, Google+ oder LinkedIn, beeinflusst wegen der netztypischen Multiplikatoren zudem unmittelbar die Reputation. Textuelle oder audio-visuelle Inhalte in sozialen Netzen unterstützen die Sichtbarkeit der betreffenden Person internetweit. Zu den besonders wichtigen Maßnahmen im Reputationsmanagement zählt weiterhin die zielgerichtete

Nutzung von Microblogging-Diensten, wie Twitter. Hier ist es offensichtlich: Die Zahl der Follower, also der Personen, die die Nachrichten des jeweiligen Twitter- Nutzer abonniert haben, ist ein Ausdruck von dessen Online-Reputation. Durch den Twitterer sollte allerdings sichergestellt werden, dass die erzielte Reputation auch mit den vor dem Beginn des Reputationsmanagements festgelegten strategischen Zielen korrespondiert. Wenn man beispielsweise als Chemiehändler anerkannt sein möchte, die Twitter-Follower aber nur wegen gelegentlicher süffisanter Wirtshausberichte dem Profil folgen, würde das dem Kommunikationsziel natürlich nicht dienen.

1.5 Angriffe abwehren – Krisen meistern

Zum Reputationsmanagement zählt auch der Umgang mit Problemen. Krisen können durch verschiedenste Ursachen ausgelöst werden: eine ungünstige Berichterstattung in den Offline- Medien, massiv auftretende negative Kommentare in den sozialen Netzen oder ein kompromittierendes Foto in einem Fotoportal. Dass so etwas geschieht, bestätigen beispielsweise die schon legendären Berichte über die koreanische junge Dame, die zunächst – offline- nicht verhinderte, dass ihr Hundchen eine Metro in Seoul beschmutzte. Was folgte war fatal: Nachdem entlarvende Fotos im Web erschienen waren, wurde die Hundehalterin in den Netzen nur noch „Dog Shit Girl" genannt. Nach ein paar Tagen hatte der Mob ihren Namen sowie ihre Vergangenheit recherchiert und im Internet veröffentlicht. Die Sache ging um die Welt, die ersten Blogger warnten besorgt, man treibe das Mädchen in den Selbstmord (o. V. 2008). In den meisten Fällen geht es um weniger dramatische Auswirkungen. Ein früheres Interview des Autors dieser Veröffentlichung über die Zukunft des Web 2.0 in einer führenden Wirtschaftszeitung wurde beispielsweise ausgerechnet von der gut organisierten Gemeinschaft der deutschen Suchmaschinenoptimierer als Angriff auf deren zukünftige wirtschaftliche Existenz gewertet. Viele negative und auch böse Blogbeiträge, die auf den Ergebnisseiten der Suchmaschinen auch noch ganz vorn gelistet wurden, waren das Ergebnis.

Eine derartige Reputationskrise muss man nicht nur überstehen, man sollte sogar gestärkt aus ihr hervorgehen. Dabei geht es zunächst allerdings darum, die Krise präventiv zu vermeiden. Zu den vorbeugenden Maßnahmen zählt der rechtzeitige Aufbau eines wohlmeinenden Online-Netzes, z. B. in LinkedIn, von Geschäftspartnern und Fachkollegen. Eine größere Zahl von in den Suchmaschinen vorn gelisteten Inhalten, die die betreffende Person in einem positiven Licht erscheinen lassen, wirkt ebenfalls vorbeugend. Zum Zeitpunkt des nicht immer vorhersehbaren Angriffs kompensieren derartige positive Darstellungen eine ungünstige Berichterstattung. Negative Nachrichten stehen dann nicht mehr allein und zuvorderst in den Suchmaschinenergebnissen. Außerordentlich wichtig ist es natürlich, die Krise rechtzeitig zu erkennen. Dazu sollte eine kontinuierliche und automatisierte Überprüfung der Online- Reputation dienen. Über die teilweise recht einfach umzusetzenden Maßnahmen des Social Media Monitoring soll im Folgenden ausführlicher berichtet werden. Ist das Problem einmal erkannt, kommt es während des folgenden Krisenmanagements darauf an, ruhig und sachlich zu reagieren.

1.6 Social Media Monitoring – Wichtige Entwicklungen im Blick behalten

Doch zunächst ein paar Worte zum Monitoring selbst: Hier gilt es, Meldungen in Sozialen Netzen, Blogs, Wikis, Twitter und anderen Web 2.0- Anwendungen so als Informationsquelle zu nutzen, dass damit langfristig und beständig der Status der eigenen Reputation oder auch des Ansehens eines Unternehmens mit seinen Produkten möglichst zeitnah, kostengünstig und automatisiert bestimmt werden kann. Ego- Googeln reicht dazu allein nicht mehr aus! Die Monitoring- Maßnahmen lassen sich unterteilen in Methoden aus den Bereichen der Business Intelligence und der Social Network Analysis (SNA), der spezialisierten und meist kostenlosen Web 2.0-Dienste sowie der Dienstleistungen von Agenturen aus dem Bereich der Medienresonanzanalyse.

Der Einsatz von Business Intelligence und SNA muss schon aus Kostengründen allein größeren Unternehmen vorbehalten bleiben. Derartige Programmpakete sind dank künstlicher Intelligenz und Textmining einerseits dazu in der Lage, beliebige Texte im Web, seien es Blogs, Mails oder Forenbeiträge, zu identifizieren und inhaltlich einzuordnen. Marktführende Softwareprodukte können aus den Texten zudem die Fakten extrahieren und Relationen zwischen Inhalten und deren Verfassern herstellen. Schließlich ermöglichen solche komplexen Anwendungen die automatische Feststellung und Bewertung von Meinungen und Sentiments. Dieser Prozess wird häufig auch „Word-of-Mouth-Analyse" genannt. Dabei untersuchen solche Social Monitoring Systeme Daten hoher empirischer Relevanz aus den Web 2.0- Anwendungen, klassischen Portalen, Online- News- Quellen oder auch Datenbanken. Zusätzlich können sie Quellen aus dem so genannten Deep Web, welches schätzungsweise 500 mal umfangreicher als das sichtbare Web ist, einbeziehen. Ferner ist mit einer derartigen professionellen Software auch die Identifikation von Meinungsführern in Sozialen Netzen, Foren oder Communities möglich. Es kann beispielsweise herausgefunden werden, ob die einflussreichsten Blogger oder Meinungsführer eine mögliche Krise thematisieren. Zudem können Krisen-Frühwarnsysteme realisiert werden, die rechtzeitig die Entwicklung der Berichterstattung um ein mögliches Produktrisiko automatisiert untersuchen. Die von den SNA- Systemen zur Verfügung gestellten Profildaten der Meinungsführer oder der Multiplikatoren können ferner als Eingangsinformation für die Social Media Optimization (Leisenberg und Roebers 2010) Verwendung finden. Daten über soziale Beziehungen in sozialen Netzen können automatisiert in Graphen transformiert und so auf unterschiedlichen analytischen Ebenen ausgewertet werden. Die SNA- Software bewertet Beziehungen innerhalb solcher Graphen automatisch, um Kommunikations- und Kooperationsbeziehungen sowie formelle Beziehungen und wirtschaftliche Beziehungen zwischen den Netzwerkpartnern genauer zu unterscheiden. Im Ergebnis können reputationsrelevante Fragen beantwortet werden, wie: Wer hat im Netz ein hohes Ansehen und beeinflusst wen bei Kaufentscheidungen und Meinungsbildungsprozessen? Von wem gingen die meisten Aktionen aus? Wer wurde am häufigsten von anderen angesprochen? Wer kontrolliert den Kommunikationsthread? Welche Kommunikationslinien sind für das Entstehen eines „Themas" maßgeblich? Die als Input für die SNA erforderlichen Profildaten liegen in vielen sozialen Netzen offen und können daher in der beschriebenen Weise für Analysen, natürlich unter Berücksichtigung der gesetzlichen Regelungen, herangezogen werden. Dies lässt sich ohne weiteres experimentell nachweisen. Den Datenanalysten kommt allerdings auch das häufig völlig unzureichende Sicherheitsbewusstsein der Mitglieder sozialer Netze entgegen.

Spezialisierte offene Web 2.0- Dienste sind meist weit kostengünstiger, als die oben beschriebenen professionellen Monitoring- Lösungen. Für das individuelle Social Media Monitoring sind sie ebenso geeignet, wie für Unternehmen, die zunächst den kostengünstigen Einstieg suchen. Drei generelle Optionen stehen dem Anwender hier zur Verfügung: Erzeugung und Auswertung von RSS-Feeds, Benachrichtigung über Email-Updates sowie Tracking-Werkzeuge und Spezialportale. Die Hauptfunktion des RSS-Feed-Werkzeuges besteht darin, Daten verschiedenen Formates auf der Basis von Vorausbestellungen der Web 2.0- Nutzer automatisiert auszuliefern. Die Daten sind vorwiegend Texte und können Inhalte einer Website, eines Blogs oder eines Wikis betreffen. Feeds, die den eigenen Namen, den Namen des Unternehmens, von Produkten oder Dienstleistungen betreffen, können so zusammengeführt, gemeinsam dargestellt und für das Reputationsmonitoring ausgewertet werden. Dafür eignen sich bestens so genannte Feed-Aggregatoren. Besonders empfehlenswert und leicht handhabbar sind Online-Feed-Aggregatoren, wie netvibes. com. Auf einer Seite im Browser können mit diesem Tool alle relevanten Feeds dargestellt werden. Dies erlaubt einen schnellen und umfassenden Überblick zum gegenwärtigen Stand der Reputation. Die Benachrichtigung über Email- Updates ist dann interessant, wenn beim Auftreten eines bestimmten Namens eine Nachricht, die dann auch „Alert" genannt wird, versandt werden soll. Viele RSS- Feeds bieten zu diesem Zweck die Umwandlung des Feeds in Email an. Sehr gute praktische Erfahrungen sind mit dem Setzen von Erinnerungen oder „Alerts" auf bestimmte Schlüsselworte in den Nachrichtenportalen gemacht worden. Beim Auftreten des Schlüsselwortes in den Nachrichten erhält der Nutzer eine Elektropost. Portale, die interessante Daten als Feeds oder Alerts zur Verfügung stellen können, sind beispielsweise die Blogsuchmaschine Technorati.com, die Enzyklopädie Wikipedia, Google News und in letzter Zeit besonders die Suchmaschine IceRocket. Der Microblogging-Dienst Twitter hat erheblich an Bedeutung gewonnen. Daher sind für das Reputationsmonitoring spezialisierte Twittersuchmaschinen besonders hilfreich. Als außerordentlich wertvoll haben sich die in der Anwendung Tweetdeck integrierten Such- und Beobachtungsfunktionen erwiesen. Darüber hinaus stehen dem Nutzer für das Monitoring unabhängig von Twitter bestimmte Tracking-Werkzeuge und Spezialportale zur Verfügung. Beispielhaft nennenswert ist für den deutschen Raum die Personensuchmaschine Yasni.de, die über eine Rückkopplungskomponente Profilinformationen durch die Community validieren lässt. Sehr interessant ist auch die sogenannte Powersuche im Business- Netzwerk XING.de, die als Reputationsindikator darüber Auskunft gibt, wer mit welcher Anfrage nach einer Personen gesucht hat. Der Conversation Tracker von Blogpulse.com, um ein letztes Beispiel zu nennen, ermöglicht es, zu beobachten, wann wer wo worüber etwas geschrieben hat. Zur Unterstützung werden von diesem Werkzeug auch Diskussionsverläufe dargestellt und RSS- Feeds erzeugt.

1.7 Reputation verteidigen – Krisenmanagement planen

Ein speziell abgestimmtes Krisenmanagement muss dann einsetzen, wenn die Indikatoren des Social Media Monitoring plötzliche negative Veränderungen der Reputation anzeigen. Besonders dann, wenn Anschuldigungen und Darstellungen zur Person oder zum Unternehmen sich dem Tatbestand der Beleidigung nähern, ist besonnenes Handeln gefragt. Wurden die weiter oben beschriebenen Maßnahmen des Reputationsmanagements lange vor aktuellen Angriffen durchgeführt, bleibt der Schaden gewöhnlich in Grenzen. In diesem Falle liegt ausreichend Inhalt mit positiven Darstellungen zur Kompensation vor. Man sollte zunächst Grund und Verursacher der Negativmeldungen ermitteln und möglichst transparent und sachlich mit Gegendarstellungen antworten. Ist man bereits gut vernetzt, wird man kein Problem haben, Unterstützer der eigenen Sicht zu finden. Nur in Ausnahmefällen sollte man die Löschung von Informationen innerhalb der Ergebnisseiten von Suchmaschinen, in sozialen Netzen, Communities, Blogs, Microblogs oder auf sonstigen Websites verlangen. Besser ist es, im Krisenfalle transparent positiv zu argumentieren und damit eine günstige Verhandlungsposition für die Durchsetzung korrigierender Darstellungen aufzubauen. Sollte dennoch keine Verbesserung der Reputation erreicht werden, könnte das Einschalten einer Spezialagentur in Betracht gezogen werden sein.

1.8 Fazit

Zusammenfassend sei bemerkt, dass die strategisch orientierte Entwicklung, Umsetzung und Sicherung der Online- Reputation gerade unter den Bedingungen der Social Software und des Web 2.0 zu einer außerordentlich wichtigen Aufgabe auch für mittelständische Unternehmen wird. Das Reputationsmanagement bündelt dabei die zur Lösung der Aufgabe erforderlichen Maßnahmen: Das Social Media Monitoring sorgt dafür dass, man immer über den Reputationsstatus informiert ist. Die Analyse der Monitoringdaten ermöglicht es, einzuschätzen, wer sich wie über mich, mein Unternehmen oder meine Produkte mit welcher Reichweite wie äußert. Aus der Analyse lassen sich adäquate Maßnahmen zur Beeinflussung der Reputation unter Einsatz der Social Media-Werkzeuge ableiten. Letztlich sei darauf hingewiesen, dass man die Aktivität nicht aus der Hand geben und den Online-Diskurs zu reputationsrelevanten Themen selbst anführen sollte, um damit die Richtung der Entwicklung von Diskussionen vorgeben und beeinflussen zu können.

Nachdem im vorausgegangenen Kapitel hauptsächlich die Chancen und Risiken des Einsatzes von Social Media mit Blick nur auf das Reputationsmanagement dargestellt wurden, sei schließlich darauf hingewiesen, dass der Unternehmenseinsatz von Web 2.0 sich insgesamt auf 4 Hauptfelder beziehen kann (s. Abb. 1):

1. Externe Kommunikation:
   Hier kommt es, z. B. durch ein erfolgreiches Reputationsmanagement, zu erhöhter Transparenz mit dem Risiko des Kontrollverlustes,

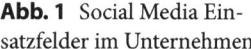 **Abb. 1** Social Media Einsatzfelder im Unternehmen

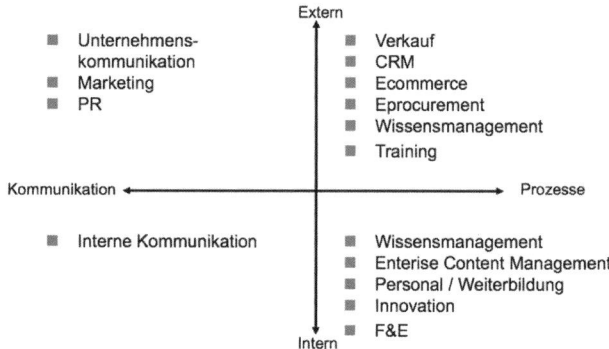

2. Externe Prozesse:
   Höhere Vernetzung ermöglicht z. B. neue Geschäftsmodelle,
3. Interne Kommunikation:
   Fördert den Dialog und verbessert die Unternehmenskultur,
4. Interne Prozesse:
   Mögliche Prozessverbesserung durch Integration von Personen und Daten.

2 Thesen zum Einsatz von Social Media

Chancen und Risiken des Einsatzes von Social Media werden von Unternehmern gegenwärtig recht unterschiedlich bewertet. Häufig werden dem Berater Fragen gestellt, wie:

- Muss ich für mein Unternehmen überhaupt Social Media einsetzen?
- Welchen Nutzen hat ein Web 2.0- Engagement für mein Unternehmen?
- Wie hoch sind die Kosten?
- Kann Social Media meinem Unternehmen Schaden bringen?

Auch in mittelständischen Unternehmen sind aus der Perspektive des Beraters vermehrt solche Fragen gestellt worden. Allerdings fehlt bisher eine systematische Gesamteinschätzung zu den Gründen, die einen Social Media Einsatz behindern. Daher erschien es den Verfassern wichtig, der Frage nachzugehen, wie die betreffenden Unternehmen tatsächlich Chancen und Risiken des Social Media Einsatzes bewerten, um daraus Handlungsempfehlungen abzuleiten. Zu diesen Zwecken wurde von den Verfassern zunächst eine empirische Untersuchung durchgeführt.

2.1 Methodik der Untersuchung

Im Zuge der empirischen Untersuchung wurde eine qualitative Befragung fertiggestellt. Ziel der Befragung war es, mit Hilfe von Experteninterviews Erkenntnisse zur Umsetzung von Social Media, zu eingeschätzten Chancen und Risiken im betreffenden Unternehmen zu erlangen.

Grundlage für die Expertenbefragung stellt ein Interviewleitfaden, der vier Kernfragen und neun Erweiterungsfragen vorsieht, dar. Die Fragen umfassen die Vorkenntnis zum Thema Social Media und den geplanten Einsatz von Social Media Tools im eigenen Unternehmen. Zudem wurden Hinderungsgründe bei der Umsetzung, beispielsweise bezüglich einzelner Problemfelder, Sachverhalte oder Chancen und Risiken der Anwendung erfragt. Zusätzlich wurden verschiedene Punkte weiter vertieft und explizite Aspekte bezüglich Social Media Inhalten oder der Einbindung der Mitarbeiter untersucht.

Die Gruppe der Befragten setzte sich aus 12 Verantwortlichen der Geschäftsführung von mittelständischen Unternehmen zusammen. Ergänzend wurde eine kleine externe Kontrollgruppe untersucht. Die etwa 20-minütigen Telefoninterviews fanden im Zeitraum vom 23.05. bis zum 30.05.2011 statt.

Zur Auswertung wurden die Kernaussagen der Interviews zunächst extrahiert. Darauf aufbauend wurde eine Matrix erstellt, die subjektbezogen alle Kriterien auflistet, die von den Befragten als bedeutende Aspekte der Anwendung von Social Media genannt wurden. Anschließend wurden die Inhalte strukturiert und zu priorisierten Hauptaussagen zusammengefasst. Gegenstand der weiteren Untersuchung sind diese Aussagen, die nunmehr als Kernthesen bezeichnet werden sollen.

2.2 Thesen zum Social Media Einsatz

Die Auswertung der empirischen Untersuchung ergab eine Reihe von Thesen, die m. E. als Hauptgründe aufgefasst werden können, die eine schnelle Umsetzung von Social Media im Unternehmen hemmen bzw. beeinflussen. Diese, nach der Häufigkeit der Nennung sortierten, 10 Kernthesen sind:

1. **Transparenz der sozialen Medien – Chance und Risiko!**
   Die Vorteile einer verbesserten Transparenz werden mit der Sorge um eine missbräuchliche Weiterverwendung veröffentlichter Daten verbunden. Eine unspezifische Angst vor der Transparenz der sozialen Medien erhöht das Verlangen nach Sicherheit im Umgang mit veröffentlichten Informationen.
2. **Umgang mit negativen Äußerungen – Anwalt einbeziehen?**
   Soll bei negativen Nutzeräußerungen eventuell eine juristische Konsequenz in Erwägung gezogen werden?

3. **Social Media Guidelines für Mitarbeiter sind erforderlich!**

   Die Sorge vor unkontrollierbaren Mitarbeiteraktivitäten in den sozialen Medien verstärkt das bemühen klar, juristisch bindende Richtlinien zu formulieren.

4. **Personalaufwand in Grenzen halten!**

   Die Sorge um erhöhte Personalkosten kommt häufig zum Ausdruck – klare Ressourcenzuteilungen werden gewünscht.

5. **Agentureinsatz wird erwogen!**

   Die Sorge ungünstige Informationen im Social Web zu veröffentlichen treibt das Bedürfnis nach Hilfe durch Social Media Agenturen.

6. **Im Unternehmen fehlt Social Media Know-How!**

   Wegen oftmals fehlendem internen Know-How ist es nötig, zukünftig besser über Social Media informiert zu sein, um es profitabel umsetzen zu können.

7. **Präsenz sichern!**

   Aus der Sorge heraus, dass Potential von Social Media den Wettbewerbern zu überlassen, erwächst der Wunsch als Unternehmen auf den adäquaten Kanälen präsent zu sein.

8. **Suchmaschinenoptimierung unterstützen!**

   Auf eine führende Position innerhalb der Suchmaschinenergebnisse mit Social Media-Unterstützung gelangen und damit ein verbessertes Ranking erzielen.

9. **Unternehmen wollen wissen, wie man sie im Internet sieht!**

   Social Monitoring wird benötigt – aber wie funktioniert es?

10. **Hoffnung: Vielleicht geht Social Media an uns ohne Nachteil vorbei?**

    Unternehmen versuchen Social Media zu ignorieren, können es aber nicht wirklich umgehen.

3 Auswertung der einzelnen Thesen

Die im Abschn. 2.2 erarbeiteten Kernthesen sollen im Folgenden einzeln untersucht und analysiert werden, um daraus gleichzeitig Handlungsempfehlungen abzuleiten.

3.1 Die Transparenz der sozialen Medien – Chance und Risiko!

Die Vorteile einer verbesserten Transparenz werden mit der Sorge um eine missbräuchliche Weiterverwendung veröffentlichter Daten verbunden. Die Angst vor der Transparenz der sozialen Medien erhöht das Verlangen nach Sicherheit im Umgang mit veröffentlichten Informationen.

Die sozialen Medien erzeugen durch ihre Besonderheiten eine starke Transparenz. Veröffentlichte Beiträge gelangen in ein umfangreiches Netzwerk aus Usern, die Inhalte unkontrolliert kommentieren, weiterempfehlen oder verlinken können. Social Media Plattformen basieren auf User Created Content. Selbstverständlich ist es jedem Nutzer gewährt, Meinungen, Kritiken und Ansichten zu veröffentlichen – ohne Einschränkungen bezüglich Inhalt, Adressat oder Form des Beitrags. Der Aspekt der vollständigen Öffentlichkeit stellt für Unternehmen einen Grund zur Besorgnis dar. Daher schrecken Unternehmen zunächst vor Social Media zurück.

Die Experteninterviews unterstreichen diese Zurückhaltung und Unsicherheit. Der Großteil der befragten Verantwortungsträger äußert sich kritisch gegenüber der Transparenz der sozialen Medien. Besonders hervorgehoben wurde vermehrt die erhöhte Angriffsfläche der Social Media Plattformen. Die publizierten Informationen gelangen in eine breite Öffentlichkeit, die sie beliebig rezipieren und wiederum kommentieren kann. Die Mehrheit der Befragten ist sich unsicher, was nach der Veröffentlichung mit den publizierten Daten und den Informationen, die andere über das eigene Unternehmen verfassen, passiert. Die Möglichkeit, dass die preisgegebenen Daten von anderen Usern kommentiert und weiterempfohlen werden ist einerseits ein sehr positiver Effekt. Denn besonders interessante und von den Nutzern geschätzte Informationen werden mit hoher Reichweite weiterverbreitet. Andererseits kann in gleicherweise ein negativer Beitrag an ein ebenso breites Publikum weitergeleitet werden.

Social Media Plattformen bieten Unternehmen selten die Möglichkeit, auf negative Kommentare unter Ausschluss der Öffentlichkeit zu reagieren. Die sozialen Medien leben davon, dass publizierte Inhalte unter Einbeziehung der gesamten Öffentlichkeit wahrgenommen und behandelt werden. Jeder User hat natürlich die Möglichkeit, sich aktiv zu beteiligen. Dies kann sowohl als Zuschauer, als auch als involvierter Schreiber oder Kommentator der Fall sein. Betont wird hierbei immer wieder, dass das Internet keinerlei Informationen vergisst. Was einmal publiziert wurde, bleibt für immer im Netz.

Die Eigenschaft der sozialen Medien, eine transparente Öffentlichkeit zu schaffen, erfordert einen sehr gewissenhaften Umgang mit Unternehmensinformationen. Im Vorfeld der Planung der Social Media Aktivitäten muss im Rahmen einer professionellen Strategieentwicklung festgelegt werden, wie die Inhalte mit Sicht auf ein wirkungsvolles Reputationsmanagement ausgerichtet werden. Inhalt, Form und Umfang der Beiträge müssen sorgfältig strukturiert werden. Ausschließlich Inhalte hoher Qualität dürfen publiziert werden, um dem Risiko der Äußerung von Kritik oder gleichermaßen auch dem Übersehen und dem Desinteresse an Beiträgen vorzubeugen.

Publizierte Informationen müssen durch einen hohen Wahrheitsgehalt gekennzeichnet sein und die Kommunikationsstrategie des Unternehmens in der Öffentlichkeit unterstützen. Inhalte, die in sozialen Medien veröffentlicht werden, müssen die Glaubwürdigkeit des Unternehmens hervorheben und durch persönliche, authentische Kommunikation die Distanz zwischen Unternehmen und Kunden verringern.

Aus diesem Grund sollten die Unternehmensbeiträge durch klare, ehrliche und persönliche Formulierungen gekennzeichnet sein und dem Nutzer interessante Inhalte vermitteln. Vorzugsweise sind Mitarbeiter direkt und ohne Zensur authentisch einzubinden. Social Media ermöglicht dadurch Glaubwürdigkeit und Kundennähe auszudrücken. Die Option, gleichwohl Kritik zu äußern, die eine öffentliche Aufmerksamkeit findet, unterstreicht die Offenheit eines Unternehmens und zeigt zudem, dass das Unternehmen ehrlich und offen mit den Kunden kommunizieren will.

Für Unternehmen ist es daher möglich die Transparenz der sozialen Medien gewinn-
bringend zu nutzen. Durch sorgfältige Planung der Kommunikation wird das Risiko des
Scheiterns minimiert und es werden zugleich die Vorteile des offenen Kommunikations-
kanals genutzt.

3.2   Der Umgang mit negativen Äußerungen

Ein Anwalt schützt nicht vor Kritik!

Die Mehrheit der sozialen Plattformen verfügt über offene Benutzergruppen. Jedem
User ist es gestattet, seine Meinungen und Eindrücke bezüglich Texten, Bildern oder ähnlichem frei und uneingeschränkt der Öffentlichkeit mitzuteilen. Dass diese Eindrücke wohl-
möglich nicht immer rein positiver Natur sind, ist zu erwarten.

Positive Kommentare und Nachrichten sind Inhalte, die sich die meisten Unternehmen
für ihre Social Media Präsenzen und allgemein über ihr Unternehmen und ihre Produkte
wünschen. Auf die Reaktion und den Umgang mit öffentlicher Kritik sind viele Unternehmen jedoch nicht vorbereitet. Aus dieser Unsicherheit heraus erwägen Unternehmen
den Einsatz eines juristischen Beistandes, der sie vor einem Reputationsdesaster schützt.
Dies kann in den Communities unerwünschte Reaktionen hervorrufen, die der Reputation nachhaltig schaden.

Es ist wichtig, zu unterscheiden, um welche Art von Kritik es sich handelt. Sind die negativen Äußerungen stark rufschädigend formuliert oder gründen auf Aussagen, die nicht
wahrheitsgemäß sind, ist die rechtliche Handhabung durchaus vertretbar.

Jedoch sollten Unternehmen nicht voreilig mit rechtlichen Maßnahmen reagieren. Die
Einbeziehung eines Anwalts verstärkt häufig die negative öffentliche Wahrnehmung. Die
negativen Beiträge sind zu dem Zeitpunkt, an dem ein Anwalt sich eventuell einschaltet,
bereits in der Öffentlichkeit verbreitet. Unternehmen sollten vielmehr rechtzeitig selbst
sachlich auf die Äußerungen reagieren und Stellung nehmen. Die Möglichkeit, die kritischen Aussagen zu widerlegen und die Öffentlichkeit vom Gegenteil zu überzeugen stärkt
das Image des Unternehmens nachhaltig. Ein strukturierter Umgang mit Kritik, bei dem
gezielt und seriös auf Nachrichten reagiert und in persönlichen Kontakt mit dem Verfasser
getreten wird, ist immer vorteilhaft.

Entscheidend ist bei der Veröffentlichung von Informationen und den daraus resultierenden Reaktionen der User die zeitnahe Antwort auf Fragen, Kommentare oder Kritiken
durch die Unternehmensseite. Besonders negative Inhalte finden bei fehlender adäquater
Reaktion durch die Unternehmen eine besonders schnelle Verbreitung. Verstärkt sich bei
den Nutzern das Gefühl, dass ihre Kritiken oder Anregungen nicht wahrgenommen werden, folgen meist schnell ähnliche kritische Beiträge und weitere verärgerte Kommentare.

Social Media Inhalte müssen kontinuierlich über ein Social Media Monitoring beobachtet und nach strategischen Gesichtspunkten gepflegt werden, um zur richtigen Zeit
in Konversationen oder Diskussionen einzusteigen und im Sinne der Social Media Optimisation die Richtung mitzubestimmen. Die Werkzeuge der sozialen Medien basieren
auf der Interaktion und Kommunikation zwischen Unternehmen und Kunden. Unter-

nehmen müssen dies immer berücksichtigen und stets fair und authentisch in den sozialen Medien agieren. Erst dann wird gewiss auch das Feedback der Kunden entsprechend positiv ausfallen.

3.3 Social Media Guidelines für Mitarbeiter sind erforderlich

Die Sorge vor unkontrollierbaren Mitarbeiteraktivitäten in den sozialen Medien verstärkt das Bemühen danach, klare, juristisch bindende Richtlinien und Leitbilder für die Mitarbeiter zu formulieren.

Social Media Aktivitäten leben von Inhalten und Beiträgen, die geteilt werden. Diese können sowohl vom Unternehmen mit seinen Mitarbeitern veröffentlicht sein, als auch von anderen Nutzern. Das Management betrachtet es häufig mit Sorge, dass sich die Mitarbeiter unkontrolliert, sowohl während als auch außerhalb der Arbeitszeit, zu Belangen des Unternehmens äußern. Dass Mitarbeiter, eventuell aus Unkenntnis, schützenswerte Informationen veröffentlichen kann ohne entsprechende verbindliche Regeln nicht ausgeschlossen werden. Für viele Unternehmen ist eben diese Kenntnis der Mitarbeiter über Unternehmensinterna ein Unsicherheitsfaktor. Die Mehrheit der befragten Verantwortungsträger weist darauf hin, dass die Implementierung von Social Media Richtlinien für Unternehmen unabdingbar ist.

Social Media Guidelines regeln, welche Daten der Öffentlichkeit mitgeteilt werden dürfen und welche Unternehmensinterna von der Publikation in sozialen Medien ausgeschlossen sind. Die Mitarbeiter der Unternehmen können auch dazu angewiesen werden, ihre Social Media Aktivitäten zu dokumentieren. Besonders die scheinbare Unmöglichkeit der Trennung privater und unternehmensbezogener Social Media Aktivitäten der Mitarbeiter ist für viele Unternehmen ein weiterer Faktor, welcher den Web 2.0-Einsatz für Unternehmen verunsichert. Wie die Experteninterviews gezeigt haben, haben Social Networks wie z. B. facebook, bereits überall Einzug in die Büroräume der Unternehmen gefunden. Manager berichten, dass die facebook- Aktivitäten stärker, als alle anderen Internet- Aktivitäten der Mitarbeiter sind. Es wird zudem zunehmend schwieriger, nachzuverfolgen, ob Mitarbeiter die sozialen Netzwerke während oder außerhalb der Arbeitszeit privat oder zu Unternehmenszwecken nutzen.

Andererseits ist es sehr hilfreich, wenn Mitarbeiter auf der Basis akzeptierter Guidelines mit ihrem Wissen die Social Media Aktivitäten des Unternehmens unterstützen und vorantreiben. Damit erzeugen sie zusätzlichen Mehrwert für das Unternehmen.

Unternehmen sollten das Potential der einzelnen Mitarbeiter kennen und es gezielt für ihre Social Media Aktivitäten einsetzen. Social Media Guidelines dienen dabei als juristisch verbindliche Orientierungshilfe zur Umsetzung der Aktivitäten. Dabei sollen nur unbedingt notwendige Einschränkungen bezüglich der Veröffentlichung von Unternehmensdaten getroffen werden und es sollte auf ein ausgewogenes Verhältnis zwischen Mitarbeitereinbindung und Kreativität einerseits und Kontrolle andererseits gefunden werden. Die formulierten Richtlinien müssen schriftlich fixiert und jedem Mitarbeiter zugänglich gemacht werden.

3.4 Personalaufwand in Grenzen halten

Social Media ist nicht umsonst zu haben und erhöht die Personalkosten! Viele kleine und mittelständische Unternehmen (KMU) sehen zwar die Notwendigkeit der Umsetzung von Social Media Marketing oder der Einführung von Enterprise 2.0 ein. Sie schrecken aber häufig vor einer tatsächlichen Einführung von Web 2.0 wegen des gewärtigten erhöhten Personaleinsatzes zurück. Damit im Zusammenhang steht der erwartete hohe Zeitaufwand für die Betreuung und Pflege einer Social Media Präsenz.

Derzeit ist Social Media für viele KMU nicht greifbar. Theoretische Kenntnisse über Social Media sind vorhanden, doch bei der praktischen Umsetzung dominieren Unsicherheiten und unklare Vorstellungen bezüglich des Betreuungs- und Pflegeaufwands sozialer Medien. Die Mehrheit der in den Interviews Befragten äußerte im Zuge der Untersuchung den Wunsch nach klaren Aufwandsberechnungen und Ressourcenzuteilungen.

Der Faktor „Zeit" ist ein oft unterschätzter Kostenfaktor im Zusammenhang mit geplanten Social Media Aktivitäten. Verfolgen Unternehmen ein ernsthaftes Engagement in den sozialen Medien, dann handelt es sich zwangsläufig um eine langfristige Maßnahme, die die volle Aufmerksamkeit der zuständigen Personen benötigt. Die fortwährende Beobachtung der Entwicklungen, beispielsweise über Social Media Monitoring, erfordert einen nicht zu unterschätzenden Personalaufwand. Zudem sollte der Aufwand zu Aus- und Weiterbildung im Social Media-Sektor nicht unterschätzt werden.

Social Media lebt von authentischer, zeitnaher Kommunikation mit den Usern. Demzufolge erfordert Social Media Optimisation insbesondere schnelles, authentisches Agieren und einen nicht zu unterschätzenden zeitlichen Betreuungs- und Pflegeaufwand von Unternehmen.

Hinzu kommt der Personalaufwand für die Pflege der Social Media Portale einschließlich der dazugehörigen Inhalte. Die Nutzer der Plattformen erwarten interessante Inhalte von den Unternehmen, ansonsten verlieren sie schnell das Interesse. Die Erstellung und Veröffentlichung mehrwertbringender Inhalte erfordert es von Unternehmen, qualifizierte Personalressourcen zu allokieren. Die publizierten Inhalte müssen im Vorfeld gezielt konzipiert und erstellt werden, um Aufmerksamkeit zu erzeugen.

Vor der Umsetzung der Social Media Aktivitäten muss daher eine klare Ressourcenzuteilung stattfinden, um eine beständige Betreuung der Aktivitäten sicherzustellen. Unklare Einteilungen und möglicherweise vor Zielerreichung verbrauchte Ressourcen gefährden den Erfolg von Social Media Aktivitäten. Praktikanten sind wegen der temporären Bindung an das Unternehmen nur eingeschränkt einsetzbar.

Es gibt derzeit keine allgemeingültige Bedarfsrechnung, die Aufschluss darüber gibt, wie viel Zeit- und Personalaufwand für Social Media Aktivitäten eingeplant werden muss. Die Größe des Zeitaufwandes hängt grundsätzlich von verschiedenen Faktoren ab: Die jeweilige Zielsetzung des Unternehmens, die Ernsthaftigkeit des geplanten Engagements und der Umfang spielen eine entscheidende Rolle. Die Anzahl der bedienten Kanäle und die bereits vorliegenden Web 2.0 – Erfahrungen bestimmen den Zeitaufwand maßgebend mit. Routine und Erfahrung, die im Umgang mit den Social Media Tätigkeiten im Zeitverlauf entsteht, kann und sollte den Personalaufwand reduzierend beeinflussen.

Unternehmen müssen die genannten Faktoren verstehen und analysieren, um den erforderlichen Personalaufwand transparent zu gestalten. Web 2.0 ist nicht zum Nulltarif erhältlich! Aufwandsberechnungen zu den erforderlichen personellen und finanziellen Ressourcen müssen Teil der Strategieentwicklung sein, die vor Umsetzung der Social Media Aktivitäten vorzunehmen ist.

An dieser Stelle muss gleichwohl entschieden werden, ob Unternehmen die Durchführung und Betreuung ihrer Social Media Aktivitäten selbst übernehmen und durch interne Personalressourcen abdecken oder Beratungsunternehmen zur Hilfe heranziehen. Die zweite Option hat Vor- und Nachteile. In jedem Falle sollte in diesem Zusammenhang die folgende, fünfte These berücksichtigt werden.

3.5 Agentureinsatz wird erwogen

Die Sorge davor, selbst ungünstige Informationen im Social Web zu veröffentlichen treibt das Bedürfnis nach Hilfe durch Social Media Agenturen.

Informationen, die einmal im Social Web publiziert wurden, bleiben dort für sehr lange Zeit auffindbar. Unternehmen sind sich oftmals unsicher darüber, welche Informationen und Daten sie der breiten Öffentlichkeit wie preisgeben sollen. Social Media Präsenzen leben von Beiträgen, die den Nutzern einen besonderen Mehrwert liefern. Doch welche Inhalte wollen bzw. sollen die User über die Web 2.0 – Kanäle erhalten? Was weckt das Interesse der Nutzer und was empfehlen sie bestenfalls an Freunde und Bekannte weiter? Solche Fragen sind vor Umsetzung der betrieblichen Social Media Strategie zu beantworten.

Aus der Unsicherheit heraus, ungünstige Informationen zu veröffentlichen, sehen sich manche Unternehmen gezwungen, Social Media Agenturen einzubeziehen. Fehlendes Know-How im Bezug auf die Anwendbarkeit und Handhabung der Werkzeuge des Web 2.0 sind oftmals Gründe dafür.

Im Sinne der Social Media Optimisation (Leisenberg und Roebers 2010) ist es nicht sinnvoll, beliebige Beiträge über die Kanäle des sozialen Web ohne Fachkenntnis zu veröffentlichen und dann auf möglichst positive Reaktionen der Nutzer zu hoffen. Social Media Inhalte müssen gezielt auf die jeweilige Zielgruppe und ihr Interesse zugeschnitten sein, um einen Mehrwert zur Verfügung zu stellen. Durch kontinuierliches Social Media Monitoring bezüglich des Verhaltens der Nutzer, der Inhalte in Gesprächsgruppen und Diskussionsforen, können die Bedürfnisse und Interessen der User analysiert werden. Die vom Unternehmen veröffentlichten Informationen sollten genau auf diese Bedürfnisse angepasst sein.

Der Einsatz von Agenturen kann helfen, die Unsicherheiten bezüglich der Umsetzung der Aktivitäten auszugleichen. Themenspezialisierte Agenturen können Hilfestellung bei der Veröffentlichung von Informationen leisten und Fragen betreffend der richtigen Darstellung von Daten beantworten. Der Inhalt ist der maßgebende Faktor der Beiträge. Dennoch muss ein adäquates, unternehmenskonformes Gesamtbild erstellt werden, dass sowohl durch Inhalt, als auch durch das grafische Design auf sich aufmerksam macht. Ein positives Gesamtkonzept ist hier erforderlich und nützlich. Allerdings – und dies sollte immer im Blickfeld bleiben – eine Agentur kann nach außen nicht wirklich authentisch für das entsprechende Unternehmen kommunizieren. Die Communities bemerken, wenn unternehmensfremde Personen vorgeben, authentisch zu sein. Daher muss immer darauf geachtet werden, dass die Agentur wahrhaftig bleibt und nicht vorgibt mit unternehmensinterner Stimme zu sprechen. Viele namhafte Unternehmen haben durch falschen Agentureinsatz erheblichen Reputationsschaden erlitten.

Die Auswahl der geeigneten Agentur muss daher sehr gewissenhaft vorgenommen werden. Greifen Sie eventuell auf die Hilfe eines Beraters bei der Auswahl zurück. Der Agentureinsatz kann als Hilfestellung bei Unsicherheiten durchaus effektiv sein. Gleichwohl sollten die betrieblichen Social Media Aktivitäten keinesfalls vollständig auf externe Agenturen ausgelagert werden. Falls Agenturen herangezogen werden, muss deren Arbeit durch einen unternehmensinternen Projektleiter eng geführt werden.

3.6   Im Unternehmen fehlt Social Media Know-How

Wegen oftmals fehlendem internen Know-How ist es nötig zukünftig besser über Social Media informiert zu sein, um es profitabel umsetzen zu können.

Social Media hat bisher Einzug in viele KMU gehalten. Das Interesse am Einsatz der Web 2.0 – Werkzeuge ist groß. Jedoch fehlt es in den Unternehmen oftmals an unbedingt notwendigem Social Media Know-How. In vielen Unternehmen gibt es große Unsicherheiten bezüglich des richtigen Einsatzes von Social Software. Es fehlen z. B. Grundkenntnisse im Bereich der Entwicklung von Social Media Strategien, der Gestaltung von Online-Dialogen, des Aufbaus eigener sozialer Netzwerke oder auch der relevanten rechtlichen Bestimmungen. Beim großen Umfang an Informationen, die zum Bereich Social Media nicht nur in den Online-Medien vorliegen, ist es wichtig, sich einen klaren Überblick zu verschaffen, insbesondere herauszufinden, was für das eigene Unternehmen relevant ist. Unternehmen müssen sich zudem strukturiert die Informationen aneignen, die auf ihre Branche, ihr Produkte und ihr Unternehmen zutreffen. Daher ist es für sie bedeutsam, ihr Social Media Know-How beständig zu erweitern und sich aktuellen Neuerungen und Entwicklungen anzupassen. Nur durch Engagement in den verschieden Web 2.0 – Kanälen lässt sich diese Entwicklung erfolgreich im Unternehmen implementieren. Daher sind zwei Maßnahmen für bisher wenig erfahrene Unternehmen empfehlenswert: Einerseits sollte die Social Media Kennzahl (SMK) bestimmt werden, um den eigenen „Social Media Status" zu ermitteln. Andererseits müssten spezifische Weiterbildungsmaßnahmen vorgesehen werden. Zur Bestimmung und Auswertung der SMK sei das folgende Vorgehen (Leisenberg und Roebers 2010) vorgeschlagen:

Die SMK wird im betrieblichen Umfeld empirisch ermittelt. Befragt werden dazu Mitarbeiter des auf seine Enterprise-2.0-Tauglichkeit hin zu untersuchenden Unternehmens. In der Beratungspraxis der Autoren wurden zur Ermittlung der SMK bewusst einfach formulierte Fragen erfolgreich erprobt und vielfach eingesetzt. Der kurze Fragebogen wird ausgewählten Mitarbeitergruppen vorgelegt. Diese Gruppen sollten eine hohe empirische Relevanz aufweisen und mit dem geplanten SMO-Prozess in inhaltlicher Verbindung stehen.

Hier nun eine Auswahl praktisch erprobter, inhaltlicher Schwerpunkte für den Fragenkatalog: Zunächst wird erfragt, ob die Mitarbeiter bereits betriebliche oder individuelle Blogs, einschließlich Microblogs, nutzen und ob sie in ihren Blogs schon über geschäftsrelevante Themen schreiben. Sehr aufschlussreich ist es, mit einer weiteren Frage festzustellen, wie die Befragten die Resonanz des Managements auf Mitarbeiter-Vorschläge zum Einrichten von Blogs, Wikis und sozialen Netzen bewerten. Nur dann, wenn die Entscheidungsträger den Prozess zur Etablierung von betrieblichen Anwendungen sozialer Software anführen oder tatkräftig unterstützen, hat die Social Media Optimization im jeweiligen Unternehmen eine wirkliche Chance. Zur Ermittlung der SMK empfehlen wir, zu erfragen, ob bisher Vertreter der Gesellschafter und Investoren, der Mitarbeiter oder der Kunden vom Management eingeladen wurden, um deren Vorstellungen, Ideen, Kritiken oder Ansichten zu hören. Ein vertrauensvolles Verhältnis zu den Mitarbeitern ist besonders wichtig, wenn es um die Veröffentlichung von Informationen über die sozialen Kanäle geht. Deswegen sollte der Fragebogen auch ermitteln, ob der Betreffende jemals Unternehmens-Informationen ohne besondere Bestätigung durch die Rechtsabteilung, aber unter Berücksichtigung rechtlicher Anforderungen veröffentlicht hat. Häufig behindert gerade das Nadelöhr einer zentralen Abteilung für Unternehmenskommunikation oder für Öffentlichkeitsarbeit das Fließen von Informationen in die Netze hinein. Das betrifft besonders die authentische Beantwortung von kritischen Blogkommentaren durch die Vertreter der Fachabteilungen. Daher sollte zur Bestimmung des SMK-Parameters herausgefunden werden, ob der Veröffentlichungs-Prozess über die Online-Kanäle des Unternehmens bereits dezentral organisiert ist. In diesem Zusammenhang ist es auch recht aufschlussreich, zu erfahren, ob das betriebliche Public Relations-Team mehr als „nur" große Medienauftritte leistet oder schon Erfahrungen mit dem Umsetzen „kleinteiliger" Kommunikation hat, wie sie typischerweise beim Microblogging auftritt. Manchmal trauen die übrigen Mitarbeiter den etablierten Marketing- und PR-Abteilungen wenig Social-Media-Kompetenz zu. Daher sollte das Vertrauen in diese Teams abgefragt werden, um aus den Antworten wichtige Schlüsse für das Aufsetzen des SMO-Prozesses zu ziehen. Recht aussagekräftig ist in diesem Zusammenhang, ob die Befragten glauben, dass das PR-Team bereits mehr als 30 Beiträge aus 10 Blogs gelesen hat und dass es bereits Podcasts und Twitter eingesetzt hat. Ähnlich sollte ermittelt werden, wie die Mitarbeiter die SMK des Managements einschätzen. Nur verantwortungsbewusste und unternehmerisch denkende Teammitglieder sind fähig, mit dem Enterprise 2.0 richtig umzugehen. Mitarbeiter müssen zu unternehmerischer Selbständigkeit aufgemuntert werden. Daher fragen wir zur Ermittlung der SMK auch, ob die betreffende Firma unternehmerisches Denken der Mitarbeiter herausfordert und unterstützt. Letztlich muss jede SMO auch technisch umgesetzt werden. Wenn die IT-Abteilung dabei Unterstützung statt Behinderung bietet, wird die SMK erhöht.

Die genannten Fragen können mit „Ja" oder „Nein" beantwortet werden. Die Anzahl der „Ja"-Antworten entspricht der gesuchten Social-Media-Kennzahl. Aus dieser können die nächsten praktischen Schritte zu einer SMO abgeleitet werden. Wir haben dies hier für einen Umfang von zehn Fragen vorbereitet:

Wenn die Social-Media-Kennzahl größer als acht ist, dann ist das betreffende Unternehmen bereit für Enterprise 2.0 und Social Software. Empfehlenswert wäre nun beispielsweise als nächste Aktivität ein Brainstorming, um im Team zu verstehen, wie eine Brücke in den Social Media Space geschlagen werden und die Social Media Optimization praktisch umgesetzt werden kann. Ergänzend könnte man beispielsweise ein Unternehmens-Blog oder -Podcast aufbauen oder einen Tweet einrichten. Kommunikationsrichtlinien sollten festgelegt werden. Hilfreich ist auch die Diskussion von Social-Software-Projekten mit einschlägig Erfahrenen. Interessante Tipps finden sich auch in Wikis zur Organisation von Web- 2.0-Projekten.

Falls die Social-Media-Kennzahl zwischen fünf und acht liegt, kann man davon ausgehen, dass das betreffende Unternehmen zum „Zuhören" bereit ist. Es ist nunmehr empfehlenswert, bestimmte Enterprise-2.0-Voraussetzungen dadurch zu erfüllen, dass beispielsweise relevante Blog-Einträge im Betrieb per E-Mail versandt werden. Manchmal hilft es, dem Management Sammlungen relevanter Artikel anzubieten, um Interesse zu wecken. Sehr nützlich sind auch ungezwungene Gesprächsrunden zu Blogs, Twitter, YouTube, facebook oder Wikis. Der Start eines Blog, welches im Zusammenhang mit dem jeweiligen Unternehmen steht, wäre auf dieser Stufe ebenfalls eine Option. Erfahrungen vermittelt auch das testweise Anlegen eines Wikipedia-Artikels, der unternehmensintern moderiert wird.

Wenn die Social-Media-Kennzahl unter fünf liegt, kann man davon ausgehen, dass die Firma leider noch nicht für Enterprise 2.0 und die Social Media Optimization bereit ist. Hier wird empfohlen, mit dem Lesen von relevanten Blogs zu beginnen und zu sichern, dass innerhalb der Teams über deren Inhalte diskutiert wird. Hilfreich sind alle Maßnahmen, die dem Verständnis von Social Software dienen, z. B. auch die Teilnahme an entsprechenden Weiterbildungsmaßnahmen. Nach etwa einem halben Jahr könnte in solch einem Fall die SMK nochmals erhoben werden.

3.7 Suchmaschinenoptimierung unterstützen

Es ist wünschenswert bei der Eingabe ausgewählter Schlüsselworte auf eine führende Position innerhalb der Suchmaschinenergebnisse mit Social Media-Unterstützung zu gelangen und damit ein verbessertes Ranking zu erzielen.

Ein Großteil der Kundenakquisition findet heute über das Internet statt. Firmenhomepages, Onlinewerbung und Suchmaschinenergebnisse sind wesentliche Faktoren, über die Kunden auf Produkte, Dienstleistungen und Unternehmen aufmerksam werden. Besonders wichtig sind die Suchmaschinenergebnisse, denn die Search Engine ist der indexierte Katalog, um die gewünschten Web- Inhalte zu finden. Unternehmen streben daher danach ihre Suchmaschinenergebnisse, d. h. ihr so genanntes Ranking, zu optimieren und innerhalb der ersten relevanten Ergebnisse der Suchmaschinen positioniert zu sein. Es gibt derzeit bereits eine Vielzahl an Agenturen, die sich mit der Optimierung der Suchmaschinenrankings auseinandersetzten. Ein Aspekt, der die Suchmaschinenrankings zunehmend beeinflusst, ist Social Media Inhalt.

Jeder Inhalt in den sozialen Medien kann potenziell das Keyword-bezogene Ranking verbessern oder aber auch verschlechtern. Die wichtigsten Parameter der Suchmaschinenoptimierung (SEO) liegen heute allerdings im Bereich der Web 2.0- Inhalte. Verlinkungen auf Social Media Plattformen und dazu gehörige Profile werden beispielsweise in den Suchmaschinenergebnissen gelistet und beeinflussen damit das Page Ranking.

Wie die Experten in ihren Interviews verstärkt betont haben, erhoffen sie sich durch die Implementierung von Social Media in ihrem Unternehmen eine Optimierung ihres Suchmaschinenrankings. Diese Erwartung kann aus der Sicht der Autoren bestätigt werden, denn der Social Media Einsatz hat sehr großen Einsatz auf die Position innerhalb Search Engine Result Pages. Unternehmen sollten hier nicht ohne Fachkenntnisse oder kompetente Unterstützung handeln.

Agenturen, die auf SEO spezialisiert sind, bieten Hilfestellung auf sehr unterschiedlichen Qualitätsniveaus an. Nur wenige Agenturen verstehen tatsächlich Social Media. Zudem beeinflussen sich sich SEO-Dienstleistungen häufig die Bemühungen nach Authentizität und Wahrhaftigkeit negativ. Daher wird empfohlen, eventuell im Zusammenhang mit Weiterbildungsmaßnahmen, eigene Kompetenz aufzubauen. Dieser Weg ist letztlich auch weitaus kostengünstiger, als eine Verlagerung in die Agentur!

3.8 Präsenz sichern

Aus der Sorge heraus, das Potential von Social Media möglicherweise den Wettbewerbern zu überlassen, erwächst das Ziel, vielfältig als Unternehmen präsent zu sein.

Die Entwicklung von Social Media ist rasend schnell und das Potential der sozialen Medien für Unternehmen ist umfangreich. Immer mehr Unternehmen befassen sich deshalb mit der Implementierung von Social Media. Die Sorge, den Mitbewerbern das Potential zu überlassen und den rechtzeitigen Beitritt in die sozialen Medien zu verpassen, steigert das Engagement, Social Media zeitnah im eigenen Unternehmen einzusetzen. Die Werkzeuge der sozialen Medien ermöglichen es Unternehmen vielfältig präsent zu sein. Ob Firmenprofile in sozialen Netzwerken, ein Unternehmensblog oder ein eigener YouTube-Kanal. Die Möglichkeiten, sich als Unternehmen im Internet zu präsentieren, sind groß. Für KMU ist es daher wichtig, in vielen verschiedenen Medien präsent zu sein, um die Zielgruppenerreichbarkeit zu erhöhen. Zudem wird durch die Präsenzen in verschiedenen Medien der Firmenname vielseitiger publiziert und verbreitet. Erfolgreiches digitales Reputationsmanagement ist das Ziel.

Die wichtigste Methode dieses Ziel zu erreichen besteht in der Social Media Optimisation (SMO) (Leisenberg und Roebers 2010), denn: Wer Kommunikation beeinflussen will, muss Teil von ihr werden! So lautet ein wichtiger Grundsatz der Unternehmenskommunikation.

Doch wie wird ein Unternehmen Teil des sozialen Netzwerks seiner Zielgruppe? Wie beeinflusst man die „Sichtbarkeit" eines Unternehmens und seiner Produkte in Social Bookmarking Diensten wie Mr. Wong? Oder wie erreicht man möglichst positive Erwähnungen und Referenzen in Weblogs, Podcasts oder Videoblogs?

3.8.1 Social Media Optimization (SMO): Strategie und Taktik

Seit einiger Zeit hat sich SMO als zielführender Ansatz für Strategien, Instrumente und Maßnahmen etabliert, die es Unternehmen ermöglichen, authentischer Teil der Kommunikation am Zielmarkt zu werden. Dem Optimierungsziel, möglichst viele Online- Kundenkontakte bei minimalen Kosten zu knüpfen, dienen folgende Maßnahmen:

1. Teil der Community am Zielmarkt werden
   Unter strategischer Ausnutzung des latenten Missverhältnisses von tatsächlichen Web- Content- Produzenten und –Konsumenten, zielt diese Maßnahme darauf, nachhaltig Präsenz in den Communities zu erlangen und mit unternehmens- oder produktspezifischen Themen positiv zu besetzen. Durch Entwicklung zielgruppenspezifisch interessanter Inhalte und deren Distribution in den vernetzten Strukturen, z. B. von Weblogs oder Videoportalen, wird dies umgesetzt. Ziel sollte die Omnipräsenz auf allen Kanälen sein. Beispielsweise kann durch gezielten Einsatz von Social Bookmarks gesichert werden, dass wichtige Inhalte prominent wahrgenommen und durch die Gemeinschaft akzeptiert und weiterempfohlen werden.
2. Spezifische Communities effektiv in Kommunikation und Marketing integrieren
   Potentielle Kunden müssen zielführend einbezogen werden. Der Identifikation und Förderung von Nutzern, die Produkte oder Dienstleistungen positiv erwähnen, kommt dabei besondere Bedeutung zu. Dabei besteht eine Herausforderung darin, Meinungsmacher zu adressieren und zu überzeugen. Die Verbreitung der Botschaft wird dann von einem System übernommen, das die User selbst geschaffen haben und dem sie vertrauen. Produktbesprechungen, z. B. in Foren oder Weblogs, binden zusätzlich. Die Nutzer sollten zudem an wichtigen Entscheidungen, z. B. über ein neues Layout, beteiligt und dafür adäquat belohnt werden.
3. Entwicklungen in der Community beobachten und wenn nötig beeinflussen
   Diese Maßnahme zielt darauf, die durch die ersten beiden Teilmaßnahmen erreichten Ergebnisse mit Hilfe von Social Media Monitoring zu identifizieren, zu konsolidieren, nachzuverfolgen und adäquat darauf zu reagieren. Meinungsäußerungen zu Unternehmen bzw. Produkten können beispielsweise mit Monitoring-Applikationen ergründet werden. Später kann man über Weblogs angemessen darauf eingehen. In diesem Zusammenhang sind auch Verfahren der automatischen Trendanalyse einsetzbar.

3.8.2 Regeln für die Optimierung

Mit ihrer Nähe zum viralen Marketing geht SMO weit über klassische Suchmaschinenoptimierung (SEO) hinaus, wobei SEO durchaus Bestandteil von SMO sein kann. Nicht zuletzt führten Diskussionen in Bhargava's Blog „Influential Interactive Marketing"

(Bhargava 2006) zur Formulierung spezifischer und praxisbezogener Regeln, die bei der erfolgreichen Umsetzung der SMO Einzelmaßnahmen unterstützen sollen.

Kern von Bhargava's Regeln ist es, möglichst viele Nutzer unterschiedlicher Applikationen wie Weblogs, Wikis, oder Podcasts, so zu motivieren, dass sie möglichst vielfache Bezüge zum Ausgangsportal als Link, Social Bookmark, Trackback oder in anderer Form knüpfen. Für dieses „Linkbaiting" sollten exzellente, aktuelle Inhalte verwertet werden, die sich erfolgreich gegen konkurrierende Informationsanbieter durchsetzen können. Rein technisch basierte Verfahren oder Tricks, wie sie aus der Suchmaschinenoptimierung bekannt sind, helfen hier offensichtlich nicht. Social Feedback ist wichtig. Dazu müssen dem durch sehr gute Inhalte positiv motivierten Nutzer einfach handhabbare Werkzeuge gegeben werden. Dies kann beispielsweise mit integrierten Bedienelementen für das Social Bookmarking geschehen, wobei am besten gleich die optimalen Tags als Parameter mitgegeben werden. Im Sinne der angestrebten Optimierung ist es zudem wirkungsvoll, sich mit einer Gegenleistung bei der Quelle von Links und Bezügen auf das eigene Portal adäquat erkenntlich zu zeigen. In der virtuellen Welt zählt ein Trackback im Weblog oder ein Bookmark bei Mr. Wong als willkommene Gegenleistung. Zusätzlich können bereits im Text-, Bild-, Video- oder Audioformat vorliegende ergänzende Inhalte den Nutzern über die verschiedenen Anwendungen einfach zugänglich gemacht werden. Damit können sie durch das Netz, z. B. als Podcast, „wandern", um dadurch weitere Rückbezüge zu motivieren. Mashups als kreative Kombination bereits bestehender Inhalte und Anwendungen, sind typisch für das Web 2.0. und unterstützen die Optimierung. Die Kombination eines Restaurant- Portals mit einem Geo- Portal über ein spezifisches Interface (API) kann inhaltlich sinnvoll sein und die Zahl der Online- Kundenkontakte in beide Richtungen erhöhen. Gegenwärtig läuft auf Bhargavas Blog (Bhargava 2006) eine Diskussion zur Aktualisierung der Regeln.

3.9 Social Media Monitoring wird benötigt!

Unternehmen wollen wissen, wie man sie im Internet sieht!

Das Internet und die sozialen Medien stellen eine Plattform dar, um Meinungen und Eindrücke zu bestimmten Themen zu publizieren sowie verschiedene Inhalte in der Öffentlichkeit zu teilen. Diese können Unternehmen, Produkte, Personen oder bestimmte Themen betreffen.

Die Schnelllebigkeit und die Aktualität der sozialen Medien sind dabei nicht zu unterschätzende Faktoren. Innerhalb kürzester Zeit verbreiten sich Informationen im Netz und finden Zuspruch oder Ablehnung durch andere Nutzer. Die Beobachtung und Betreuung einer Präsenz in diesen Medien ist demzufolge oberstes Anliegen vieler Unternehmen. In diesem Zusammenhang ist Social Media Monitoring von maßgeblicher Bedeutung. Monitoring ist die systematische und kontinuierliche Beobachtung und Analyse von Social Media Inhalten, die auf Plattformen veröffentlicht werden. Dabei wird überwiegend User Generated Content, das heißt Beiträge und Inhalte von Nutzern, ausgewertet und analysiert.

Als Datenquellen für das Monitoring kommen sowohl klassische Unternehmens- und Nachrichtenportale als auch dedizierte On- und Offline- Datenbanken oder die hier im Mittelpunkt stehenden Web 2.0- Inhalte aus sozialen Netzen, Blogs, Foren oder Meinungsportalen infrage. Besondere technische Anforderungen bei der Nutzung solcher Quellen ergeben sich daraus, dass die Volumina der nur maschinell akquirierbaren Daten sehr groß sind. Darüber hinaus sind diese Daten, da sie nicht systematisiert vorliegen, nur aufwendig mit Verfahren des Datamining, der Textanalyse oder der Business Intelligence zu verarbeiten bzw. normalisiert zu speichern. Integrierte Social Media Monitoring- Dienste bieten effiziente Verfahren zur dezentralen Selektion und Erfassung der Quellen, deren Vorverarbeitung, Speicherung und Analyse sowie der Präsentation der Ergebnisse an. Dabei greifen abgestimmte Technologien ineinander: Spezialisierte Agenten holen zunächst dezentral vorverarbeitete Daten, bei Bedarf auch aus dem Deep Web. Darauf folgen sowohl semantische als auch syntaktische Textanalysen mit Methoden der Statistik oder der Künstlichen Intelligenz. Häufig werden hierbei verschiedene Sprachen berücksichtigt und es können regelbasiert auch Stimmungen („gut oder schlecht") festgestellt werden. Dabei ergänzen sich Untersuchungen, die multilinguale Monitoring- Spezialisten per Hand ausführen und automatisierte technische Verfahren symbiotisch. Die strukturierte Präsentation der Analyseergebnisse via XML, Feed oder Dashboard schließt die Prozesskette ab.

Die folgenden Ziele lassen durch Monitoring sich erreichen (Leisenberg und Roebers 2010):

- Außenwirkung ermitteln: In Erfahrung bringen, wer wie über das Unternehmen und seine Produkte in den Netzen spricht. Man kann zeitnah die Aufnahme des Starts eines Neuproduktes verfolgen und vermeintliche Produktschwächen oder versteckte Kundenerwartungen verstehen.
- Word of Mouth Analyse: Gibt es für mein Produkt, meine Dienstleistung, mein Unternehmen positive oder negative Mundpropaganda? Automatisiert ermitteln, worüber der Kunde in den sozialen Netzen diskutiert, wie er Unternehmen oder Produkte bewertet und wie hoch die Weiterempfehlungswahrscheinlichkeit ist.
- Meinungsführer kennenlernen: A-Blogger und Meinungsführer in Netzen, Blogs und Foren können festgestellt werden. Das in den sozialen Netzen vorherrschende Missverhältnis zwischen der Anzahl von Content-Produzenten und -Konsumenten lässt sich bei Kenntnis adäquat incentivierter Meinungsführer wirksam für das Marketing nutzen.
- Issues Management ermöglicht Frühwarnsystem: Unternehmen können Entscheidungsprozesse durch rechtzeitige Integration von Stakeholder Informationen aus den sozialen Netzen effektiver gestalten. Die zeitnahe Ermittlung wichtiger Themen der jeweiligen Branche oder deren emotionale Besetzung sind typische Monitoring-Funktionen.
- Platzierung von Werbung prüfen: Systematisches Testen von Reaktionen in den Netzen ermöglicht eine verbesserte Werbewirkungsanalyse.

- Zeitnahe Trendanalyse: Mit den Mitteln der künstlichen Intelligenz und der Cluster-analyse lassen sich bekannte Trends im Zeitverlauf verfolgen und sogar unbekannte Trends feststellen.
- Analyse des Wettbewerbes: Wie ist die Wahrnehmung meiner Produkte im Vergleich zu denen der Wettbewerber? Kundennahes Screening der Marketingaktivitäten des Wett-bewerbers in den sozialen Netzen und anderen Web 2.0 – Anwendungen ist realisierbar.

3.10 Falsche Hoffnung: Vielleicht geht Social Media an uns ohne Nachteil vorbei?

Unternehmen können Social Media zwar ignorieren, die sozialen Medien ignorieren sie jedoch nicht!

Social Media findet statt, unabhängig davon, ob sich Unternehmen daran beteiligen wollen oder nicht. Unternehmen können das Internet ignorieren, deswegen ignoriert das Internet sie jedoch nicht. Es ist eine falsche Hoffnung, wenn man erwartet, dass sich das Problem durch „Aussitzen" löst.

Im Internet wird kommuniziert. Nicht nur Unternehmen selbst veröffentlichen Inhalte über ihre Produkte oder ihr Unternehmen, auch andere Nutzer sprechen unaufgefordert über Produkte und Dienstleistungen im Netz. Selbst wenn sich Unternehmen nicht unmit-telbar an Gesprächen in den sozialen Medien beteiligen wollen, so sind es doch oft andere User, die Informationen publizieren und weiterverbreiten.

Es ist keine Frage mehr, ob man als Unternehmen Teil der Online-Dialoge werden möchte. Man ist dazu gezwungen! Oftmals sind Unternehmen bereits Teil dieser Kom-munikation in sozialen Medien, bevor sie diesen überhaupt selbst beigetreten sind oder Inhalte veröffentlicht haben.

Unternehmen müssen vielmehr die Vorzüge der Online-Kommunikation in den so-zialen Medien für sich entdecken und mit Hilfe von SMO nutzen. Selbst zu schweigen bedeutet keinesfalls, dass andere Nutzer nicht weiterhin über sie sprechen. Unternehmen müssen sich daher gezielt in Dialoge einbringen und die Richtung der Kommunikation unter Berücksichtigung der Pareto-Regel mitbestimmen. Nur so haben sie die Chance, Positives, wie auch Negatives unverzüglich zu kommentieren und aus Unternehmenssicht zu erläutern und damit ihre Reputation strategisch zu beeinflussen.

4 Zusammenfassung

Die strategisch orientierte Entwicklung, Umsetzung und Sicherung der Online- Reputa-tion, gerade unter den Bedingungen der Social Software und des Web 2.0, sind zu einer außerordentlich wichtigen Aufgabe, insbesondere für mittelständische Unternehmen, ge-worden. Die Social Media Optimisation bündelt die zur Lösung der Aufgabe erforderlichen Maßnahmen: Das Social Media Monitoring sorgt dafür, dass man immer über den Reputationsstatus informiert ist. Die Analyse der Monitoringdaten ermöglicht es, einzuschätzen, wer sich wie über mich, mein Unternehmen oder meine Produkte mit welcher Reichweite wie äußert. Aus der Analyse lassen sich adäquate Maßnahmen zur Beeinflussung der Reputation unter Einsatz der Social Media-Werkzeuge ableiten. Zudem sei darauf hingewiesen, dass man die Aktivität nicht aus der Hand geben und den Online-Diskurs zu reputationsrelevanten Themen selbst anführen sollte, um damit die Richtung der Entwicklung von Diskussionen vorgeben und beeinflussen zu können.

Um den Status der Nutzung des Web 2.0, als auch die Gründe, die solch eine Nutzung verzögern, zu ermitteln, führten die Autoren eine repräsentative empirische Untersuchung in ausgewählten Unternehmen durch. Im Ergebnis konnten zehn Thesen zum Social Media- Einsatz herausgelöst werden. Diese Thesen wurden mit dem Ziel der Entwicklung von Handlungsempfehlungen analysiert.

Literatur

Bhargava R (2006) 5 Rules of Social Media Optimization. Abgerufen am 3.12.2010 von Influential Marketing Blog: http://rohitbhargava.typepad.com/weblog/2006/08/5_rules_of_soci.html

Eck K (2008) Karrierefalle Internet. Hanser, München

Jarvis J (2009) Was würde Google tun. Heyne, München

Leisenberg M, Roebers F (2010) Web 2.0 im Unternehmen: Theorie & Praxis – Ein Kursbuch für Führungskräfte. tredition, Hamburg

Michel J (2009) Firmen spähen Bewerber Online. Abgerufen am 3.12.2009 von Online-Ausgabe der Berliner Zeitung: http://www.berlinonline.de/berliner-zeitung/politik/135940/135941.php

o. V. (2007) 11. LAB Managerpanel. LAB Lachner Aden Beyer & Company, München

o. V. (2008) Big Brother im Netz. Der Spiegel 38/2008

Salter T (2009) Facebook statt Bewerbungsmappe. Taz 22.9.2009

Changing the Mindset: Die Bedeutung des Digital Leadership für die Enterprise 2.0-Strategieentwicklung

Willms Buhse

Zusammenfassung

In der eigenen Organisation die Fähigkeit zur rasanten Veränderung zu verankern und es zu einer agilen Einheit weiterzuentwickeln gehört heute zu den wichtigsten Aufgaben von Führungskräften. Enterprise 2.0 ist deshalb vor allem ein Führungs- und nicht allein ein Technologie- oder Organisationsentwicklungsthema. Für die Enterprise 2.0-Strategieentwicklung müssen Führungskräfte verstehen, welche neuen Paradigmen im Zeitalter von Internet und Social Media sie und ihr Unternehmen prägen. Klassische Führungskonzepte stoßen dabei an ihre Grenzen. Hier ist eine neue Form von Führung gefragt: Digital Leadership, also eine Führung, die nicht nur das alte Management-Einmaleins beherrscht, sondern in der Lage ist, alte Führungskonzepte und Erfolgsrezepte zu abstrahieren, sie mit den neuen Werten und Erfolgsmodellen aus der digitalen Welt abzugleichen und diese dann zu nutzen. Ein entscheidender Baustein zur Umsetzung einer Enterprise 2.0-Strategie ist das agile Management. Den Mitarbeitern bei offenen Veranstaltungen wie BarCamps oder Open Spaces zu ermöglichen, im Zuge der Veränderungsprozesse selbst Agenda, Inhalte und Lösungswege zu definieren, ist extrem wirksam, um die Akzeptanz neuer Enterprise 2.0-Werkzeuge sicherzustellen und Wertekonflikte zu entschärfen. Auch wenn auf diese Weise viele Impulse für Veränderungen von unten kommen, sind die Digital Leader hierbei neben ihrer klassischen Rolle zusätzlich gefordert – als Moderatoren, Brückenbauer und Organisatoren der Vernetzung.

W. Buhse (✉)
doubleYUU GmbH & Co. KG, Borselstraße 16a, 22765 Hamburg-Ottensen, Deutschland
E-Mail: anja.hahn@doubleyuu.com

G. Lembke, N. Soyez (Hrsg.), *Digitale Medien im Unternehmen,*
DOI 10.1007/978-3-642-29906-3_13, © Springer-Verlag Berlin Heidelberg 2012

Inhaltsverzeichnis

1 Einleitung

Wer heute in Unternehmen Verantwortung trägt, lebt in aufregenden Zeiten. Die globale Netzkultur prägt Wettbewerb und Gesellschaft – und damit die Menschen, die in Unternehmen arbeiten oder irgendwann einmal dort arbeiten sollen. Zugleich eröffnet sie Unternehmen die Chance, selbst dynamischer und kreativer zu werden, kluge Köpfe neu zu begeistern und das Beste aus den Menschen herauszuholen, die dort arbeiten. Das allerdings kann nur gelingen, wenn Unternehmen Werte wie Offenheit, Transparenz, Dialogbereitschaft und Agilität, die für viele Digital Natives selbstverständlich sind, verinnerlichen und Führungskräfte diese Werte vorleben. Dazu genügt es aber nicht, eine Strategie zur Einführung einer Enterprise 2.0-Software zu entwickeln und die Technologie auf Unternehmensrechnern und im Intranet zu implementieren. Entscheidend ist es, den Mindset – die Denkweise – der Entscheider in den Unternehmen zu verändern. Nur wenn ein Bewusstsein für die durch das Netz und die damit einhergehenden kulturellen, wirtschaftlichen und technologischen Umwälzungen entfesselte Dynamik und dem damit einhergehenden Wertewandel in den Köpfen von Mitarbeitern und Führungskräften verankert ist, kann eine Enterprise 2.0-Strategie mit Leben gefüllt und umgesetzt werden.

Viele Führungskräfte unterschätzen aber, wie groß der Wandel ist, vor dem sie bei dieser Aufgabe stehen. Der digitale Mindset entsteht weder durch IT-Großprojekte noch durch das Sammeln von Freunden auf einer Facebook-Seite. Es geht darum, zu lernen, wie man als Organisation vernetzt denkt, Wissen teilt und Veränderung verinnerlicht. Führungskräfte müssen selbst lernen, sich zu verändern, damit sie dann auch ihr Unternehmen nachhaltig verändern können.

2 Das Netz prägt die Erwartungen der Mitarbeiter

Das Web 2.0 – das Mitmach-Web – ist nicht einfach ein abstraktes Konzept ist, sondern eine Kommunikationssphäre, die ganz real das Leben, die Menschen und die Gesellschaft prägt. Wir sind zur Internetgesellschaft geworden. Die Nutzung von Social Media-Netzplattformen wie Facebook, Twitter, LinkedIn, Xing oder Pinterest, die eine direkte Vernetzung und den hierarchiefreien, offenen Austausch von Informationen ermöglichen, gehört inzwischen für viele Menschen zum Alltag. In den Vereinigten Staaten besuchte im Jahr 2011 mehr als die Hälfte aller Erwachsenen wenigstens ein Mal im Monat einen Social Networking-Dienst.[1] In Deutschland zeichnet sich eine ähnliche Entwicklung ab. Soziale Netzwerke werden inzwischen von 55 % der Deutschen genutzt. Das entspricht 39 Mio. aktiven Anwendern.[2] Allein das derzeit populärste soziale Netzwerk, Facebook, hat hierzulande mittlerweile 22 Mio. Mitglieder. Weltweit sind es mehr als 800 Mio.[3] Nicht einmal der Allgemeine Deutsche Automobil-Club e. V (ADAC) kann als Organisation mit rund 17,3 Mio. Mitgliedern so viele Menschen in Deutschland an sich binden.[4]

Kennzeichnend für den Erfolg dieser Dienste ist, dass Technologie bei ihnen eine absolute Nebenrolle spielt. Sie sind beliebt, weil es ihnen gelingt, die Nutzer dazu zu bewegen, sich eigeninitiativ auf diesen Plattformen zu engagieren und auszudrücken. Die Möglichkeit, sich über regionale und hierarchische Grenzen direkt mit interessanten Menschen zu vernetzen, ohne dass jemand bestimmt, wer sich wie zu verhalten hat oder mit wem man sich vernetzen soll, macht die Dienste attraktiv. Aus den Diensten ziehen diejenigen den größten Nutzen, die offen, transparent und agil kommunizieren. Auf diese Weise prägen die Plattformen anders herum das Verhalten und die Erwartungen der Nutzer. Wissen über Hierarchien und Regionen hinweg vorbehaltlos zu teilen, ist für viele Netznutzer zur Normalität geworden. Auch viele Unternehmensmitarbeiter verinnerlichen bei ihrer privaten Internetnutzung auf diese Weise diese Werte.

Das Netz zieht dadurch gewissermaßen durch die Hintertür auch in die Unternehmen selbst ein – und zwar unabhängig davon, ob Entscheider dies begrüßen und fördern, oder ob sie der Auffassung sind, dass die Nutzung von Web 2.0- oder Enterprise 2.0-Technologien nicht in die Strategie ihres Unternehmens passt. Das Netz ist zu einem inhärenten Teil der Unternehmenswelt geworden (s. Abb. 1). Es ist in den Köpfen vieler Mitarbeiter präsent und als Arbeitswerkzeug nicht mehr wegzudenken.

Zugleich erlebt ein großer Teil der Mitarbeiter, dass viele Mitmach-Plattformen exzellent dazu geeignet sind, effektiver zusammenzuarbeiten und etwa Fachleute zu finden, Rat zu suchen, große Dateien auszutauschen oder geschäftliche Verabredungen zu treffen. Durch das persönliche Erleben steigt die Erwartung vieler Mitarbeiter, dass sie auch innerhalb ihres Unternehmens so frei und effizient kommunizieren und so kreativ sein können, wie sie es im Mitmach-Web gewohnt sind.

---

[1] Research Report: Making The Business Case For Enterprise Social Networks, Publication Date: 22 Feb. 2012, http://www.altimetergroup.com/research/reports/making-the-business-case-for-enterprise-social-networks.

[2] Repräsentative Erhebung des Meinungsforschungsinstituts Aris für den Technologie-Verband Bitkom unter: http://www.bitkom.org/de/presse/8477_71745.aspx.

[3] http://www.socialbakers.com/blog/361-facebook-grew-7-users-per-second-all-of-2011-special-infographic/).

[4] (ADAC Jahresabschlussbericht 2010, einsehbar unter: http://www.adac.de/wir-ueber-uns/daten_fakten/jahresabschlussbericht/default.aspx?ComponentId=82112&SourcePageId=73854).

Social Media hält Einzug
in die Unternehmenswelt

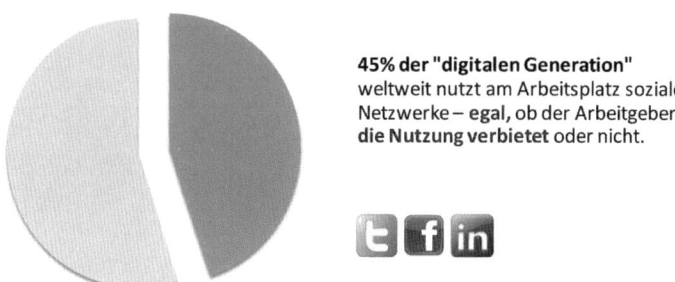

45% der "digitalen Generation"
weltweit nutzt am Arbeitsplatz soziale
Netzwerke – egal, ob der Arbeitgeber
die Nutzung verbietet oder nicht.

Abb. 1 Social Media ist bereits ein Teil der Unternehmenswelt. (Quelle: Accenture, Januar 2010)

Sie haben es gelernt, ihre Rolle als passive Rezipienten durch die der aktiven Mitge-
stalter zu ersetzen. Viele Nutzer machen Tag für Tag im Netz positive Erfahrungen, die
den Beschränkungen entgegen stehen, die in vielen Unternehmen als normal empfunden
werden – beispielsweise, welche Vorteile der offene Zugang zu allen relevanten Informationen über Abteilungs- und Hierarchiegrenzen hinweg bringt. Sie haben den Willen und die
Kompetenz sich die dafür nötigen Werkzeuge notfalls selbst zu beschaffen. Ein Beleg für
die intensive Nutzung von Mitmach-Diensten ist unter anderem der seit Jahren steigende
Anteil des durch Facebook, Twitter, Dropbox und andere Dienste verursachten Datenver-
kehrs am übertragenen Datenvolumen der Unternehmen insgesamt.[5]

Fazit Wer als Digital Native gewohnt ist, sich mit klugen oder interessanten Menschen
zu vernetzen, egal wo sie sitzen, empfindet es als selbstverständlich, dass organisatorische
Barrieren einen nicht daran hintern, seine Arbeit gut zu machen. Viele Unternehmen müssen das tatsächlich erst noch lernen.

Die gute Nachricht ist: Mit Hilfe von offenen und partizipativen Konzepten und Technologien, wie man sie aus dem Netz kennt, können Unternehmen dies lernen. Sie haben
die Möglichkeit, sich mit Hilfe von Enterprise 2.0-Software und einem verinnerlichten
digitalen Mindset zu einem vernetzten, agilen Unternehmen weiterzuentwickeln, für das
der Wandel und der ständige offene Informationsaustausch selbstverständlich sind. Es ist
ein Unternehmen, in dem Mitarbeiter und Führungskräfte über Blogs kommunizieren,
über Foren Ideen austauschen, in Wikis Wissen sammeln und Mitarbeiter sich direkt mit
Hilfe persönlicher Profile und Suchfunktionen mit den Experten vernetzen, die für ihre
Arbeit wesentlich sind.

---

[5] Vgl. z. B. Palo Alto Networks. Application Usage and Risk Report (8th Edition, Dezember 2011,
http://www.paloaltonetworks.com/literature/forms/aur-report.php.

3   Enterprise 2.0 als Innovationstreiber

Anbieter von Enterprise 2.0-Technogien haben eine Vielzahl von ausgereiften Lösungen entwickelt, die Unternehmen helfen, sichere interne Unternehmensnetzwerke aufzubauen. Mit ihnen lässt sich eine Dynamik und Kreativität entfesseln, die der ähnelt, die das kreative und dynamische Mitmach-Web 2.0 mit seinen Social Media-Plattformen wie auszeichnet. Mit Hilfe solcher Werkzeuge lassen sich einerseits optimale Strukturen für diejenigen schaffen, die in diesen Unternehmen arbeiten. Andererseits wird so ein wichtiger Beitrag dazu geleistet, dass das Unternehmen selbst agiler, kreativer und innovativer wird.

Auch vor diesem Hintergrund ist Enterprise 2.0 nicht nur ein Technologie-, sondern vor allem ein Führungsthema. Die interne Vernetzung mit Hilfe von Enterprise 2.0-Technologie kann damit einen wichtigen Beitrag dazu leisten, dass Unternehmen besser für eine Wirtschaftslandschaft gerüstet sind, die in noch höherem Maß als heute von disruptiven Neuerungen und einem hohen Veränderungstempo geprägt sein wird.

Eine disruptive Innovation ist eine neue Technik oder Methode, durch die bestehende Technologien, Produkte oder Dienstleistungen vollständig verdrängt werden. Ein Beispiel dafür ist das Dateiformat MP3, das es erlaubt, digitalisierte Musikstücke ohne Klangverlust zu komprimieren. Dieses Dateiformat ermöglichte es, Musik auch über langsame Verbindungen aus dem Internet auf den eigenen Computer zu laden – eine Innovation, die die Musikindustrie in eine existentielle Krise stürzte. Wie dramatisch die Entwicklung nachdem Aufkommen von File-Sharing-Plattformen wie Napster war, habe ich in meiner Zeit bei Bertelsmann in den USA hautnah mitverfolgt.

Aber nicht nur in der Musikindustrie sind viele alte Geschäftsmodelle obsolet geworden und viele Industriezweige stehen vor existentiellen Herausforderungen, etwa die Hersteller von Druckmaschinen oder die Filmindustrie. Andere Branchen, etwa die Logistik, haben durch das Internet einen Quantensprung vollziehen können. An keinem Unternehmen ist der Wandel in den vergangenen 20 Jahren spurlos vorüber gegangen. Banken, Industrie- oder Handelsunternehmen sind heute ohne weltumspannende Logistikketten, den Austausch von Daten in Echtzeit oder Mobiltelefonie nicht mehr vorstellbar.

Durch das Netz und insbesondere die Web 2.0-Plattformen, die in stärkerem Maße als früher Webdienste die Erwartungen und das Nutzungsverhalten der Menschen prägen, beschleunigt sich dieser Wandel weiter. Durch den Einsatz von Enterprise 2.0-Technologien sind Unternehmen in der Lage, auf diesen Wandel schnell, agil – etwa dadurch, dass Wissen im Unternehmen geteilt oder schneller aufgefunden wird (s. Abb. 2) – und zukunftsgewandt zu reagieren und die Chancen neuer Rahmenbedingungen zu nutzen.

4   Digital Leadership heißt Veränderung voranzutreiben

Zugegeben: Auch als es noch kein Internet gab, gab es Diskussionen über Konzepte, wie man die klassisch industriell geprägten Unternehmensstrukturen und -kulturen anders organisieren kann. Aber sie wurden nicht im großen Stil geführt, und die klassischen

Unternehmensweite Suche
überbrückt Abteilungsgrenzen

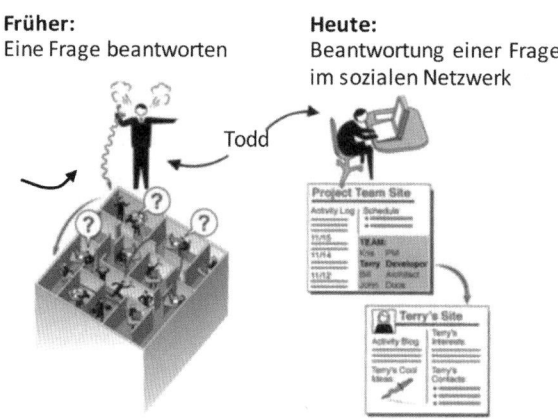

Bisher benötigen Menschen im Schnitt 9 bis 10 Stunden in der Woche, um nach
Informationen zu suchen. Ein Drittel bis die Hälfte der Suchen ist erfolglos.
Die Suche in Social Networks ändert dies.

Abb. 2 Veränderungen bei der Informationsgewinnung und -verteilung durch Enterprise 2.0.
(Quelle: IDC)

Organisationskonzepte wurden auch nicht in der Breite hinterfragt. Heute wird durch
neue technologische Paradigmen wie die Möglichkeit zur globalen Vernetzung für jedermann und neue soziale Phänomene wie die Weisheit der Vielen eine Vielzahl alter Erfolgsrezepte in Frage gestellt.

Der Veränderungsdruck, der damit auf den Unternehmen und den Entscheidern lastet,
ist enorm. In der eigenen Organisation die Fähigkeit zur rasanten Veränderung zu verankern und es zu einer agilen Einheit weiterzuentwickeln gehört heute zu den wichtigsten
Aufgaben von Top-Entscheidern. Dies ist eine Aufgabe, vor der viele Entscheider zurück-
schrecken – teils, weil sie die durch das globale Netz angestoßenen Veränderungen unterschätzen, teils, weil sie erkennen (oder oft auch nur instinktiv spüren), welche gewaltigen
Transformationsprozess sie damit anstoßen. Nicht alle haben durch diese Veränderungen
etwas zu gewinnen. Viele haben sich gut in einer Welt eingerichtet, in der ein bestimmter
Titel und ein fester Platz weit oben in einem Organisations-Chart mit Privilegien verbunden sind. Es ist nur menschlich, dies nicht aufgeben zu wollen und gar durch die Einrichtung interner Foren oder Blogs Kritikern eine Bühne bieten und eigene Defizite transparent machen zu wollen.

Aber wer wirklich führen will, muss natürlich mehr tun als nur ein Unternehmen zu
verwalten und zu kontrollieren sowie die eigene Position zu verteidigen. Er muss den Mut
haben, Visionen zu entwickeln und andere für sie zu begeistern. Wenn nicht die Leader die

Aufgabe anpacken, ihre Unternehmen auf die extreme Markt- und Wettbewerbsbedingungen im Digital Age vorzubereiten – wer soll es sonst tun?

Die Aufgabe, vor der sie dabei stehen, ist groß. Enterprise 2.0-Software ist ein Werkzeug zur Veränderung. Enterprise 2.0-Projekte sind nie mit der technologischen Implementierung einer Lösung beendet. Hier wird nicht nur eine Technologie eingeführt, sondern mit ihr werden organisatorische Veränderungen angeschoben, die den Arbeitsalltag von allen Beteiligten prägen.

Wie aber schafft man bei Führungskräften und Mitarbeitern das Bewusstsein dafür, wie man eine zentral gelenkte Organisation mit Hilfe von Social Media und Enterprise 2.0-Technologien zu einer stärker auf Selbstorganisation basierenden Einheit weiter entwickelt?

Hier ist eine neue Form von Führung gefragt: Digital Leadership, also eine Führung, die nicht nur das alte Management-Einmaleins beherrscht, sondern in der Lage ist, alte Führungskonzepte und Erfolgsrezepte zu abstrahieren, sie mit den neuen Werten und Erfolgsmodellen aus der digitalen Welt abzugleichen und dieses dann zu nutzen.

Während so eines Prozesses müssen vor allem die Führungskräfte selbst vorleben, was sie von anderen verlangen. Wer Offenheit oder Vernetzung einfordert, muss selbst transparent machen was er tut und wie er es tut, und er muss gut kommunizieren. Wer Agilität im Unternehmen verankern will, darf selbst nicht starr an einer Jahresplanung kleben, sondern muss in der Lage sein, Situationen regelmäßig neu zu bewerten. Wichtig ist auch, situativ zu führen, also die Eigenschaften zu nutzen, die abhängig von der Aufgabe und der Lage der Dinge angemessen sind. Welche Ergebnisse so ein initiierter Selbstorganisationsprozess hat, ist im Voraus kaum vorher zu planen. Deswegen ist es wichtig, im Verlauf der Entwicklung zu überprüfen, ob das Unternehmen weiterhin eine produktive Richtung eingeschlagen hat.

Bei den Digital Leadership-Seminaren lernen Entscheider die neuen Methoden der Führung im digitalen Zeitalter kennen – und werden in die Lage versetzt, sie in ihren Teams anzuwenden. Dabei geht es weniger darum, den Einzelnen beispielsweise zum Twittern zu animieren. Stattdessen stehen in diesen Workshops andere Fragen im Vordergrund: Was bedeutet es für Ihre Arbeit, wenn auch einmal Werte wie Offenheit und Vernetzung sie prägen? Wie weit kann und wie weit muss man sich öffnen, um dem Thema Transparenz gerecht zu werden?

Ein entscheidender Baustein zur Enterprise 2.0-Strategieentwicklung, der auch in diesen Seminaren thematisiert wird, ist das agile Management. Auf Methoden aus dem agilen Management zu setzen ist eine sinnvolle Methode, um gute Ergebnisse bei der Entwicklung einer Social Media-Strategie und dem übergeordneten Vorhaben, die Denkweise zu verändern, zu erzielen. Traditionelle Entwicklungsmethoden kennen nur Kontrollzeitpunkte am Ende der einzelnen Phasen eines Veränderungsprojekts. Agile Methoden setzen dieser statischen Betrachtungsweise das laufende Veröffentlichen von Zwischenergebnissen und ständige Rückkopplung entgegen. In der Softwareentwicklung bekommen die Kunden hierbei so häufig wie möglich lauffähige Systemversionen zu sehen. Sie können so immer wieder entscheiden, ob sich das Produkt tatsächlich in die gewünschte Richtung entwickelt.

Tab. 1 Die Charakteristika klassischer und agiler Projektsteuerung unterscheiden sich deutlich. (Quelle: doubleYUU)

Klassische Projektsteuerung	Agile Projektsteuerung
Vorher definierte Endergebnisse	Ergebnisoffenes Vorgehen
Anforderungsentwicklung im Voraus	Anforderungsentwicklung während des Projekts
Permanente und genaue Kontrolle	Loslassen und Bühnenbauen als Management-Prinzip
Top-Down-Entscheidungen	Selbstentscheidung der Beteiligten
Führen über Anweisungen	Führen über Werte

Im agilen Management werden keine Anwendungen, wohl aber andere Zwischenstände, etwa aus der Arbeit an der Organisations- oder Konzeptentwicklung, vorgestellt, bewertet und durch das schnelle Feedback fortlaufend zielführend weiterentwickelt.

Das agile Management ist eine Möglichkeit, mit der Herausforderung umzugehen, dass die klassischen Methoden der Strategieentwicklung beim Thema Enterprise 2.0 häufig nur unzureichend funktionieren. Die Herausforderung besteht darin, dass hier Leitlinien hergeleitet werden müssen, die für eine nicht absehbare Zahl und Vielfalt unterschiedlichster Szenarien ihre Gültigkeit haben müssen. Für die Strategieentwicklung etwa in Bereichen wie Vertrieb, Marketing oder Recruiting sind die meisten Variablen bekannt sind und ein Großteil der relevanten Faktoren bleibt statisch – oft sogar über Jahre hinweg. Die Plattformen im Mitmach-Web, die rasante technologische Entwicklung und die kaum vorhersehbaren Dynamiken, die sich durch das Nutzerverhalten ergeben, stellen dagegen eine Vielzahl von Unbekannten dar, durch die etwa die Szenario-Technik als Werkzeug zur Strategieentwicklung an ihre Grenzen stößt (Tab. 1).

Zugleich lernen Entscheider, selbst die Chancen der Vernetzung zu nutzen. Eine Methode, um auszuprobieren, wie sich diese neue Kommunikationswelt anfühlt, ist beispielsweise das Aufsetzen eines eigenen Blogs, in dem experimentiert werden kann. Zugleich können sich Entscheider als Experten für bestimmte Themen im Unternehmen positionieren, durch eine offene Kommunikationspolitik (die natürlich weiterhin strategisch Zielen dienen darf und sollte) Transparenz herstellen und die Akzeptanz für Veränderungsprozesse zu erhöhen. Außerdem ist das Blog ein guter Gradmesser für das interne Unternehmensklima. Trauen sich auch kritische Stimmen, Beiträge zu kommentieren? Gibt es überhaupt Rückmeldungen? Gibt es Themen, die augenscheinlich die Menschen im Unternehmen sehr viel eher bewegen als andere? Diese Informationen sind zugleich wertvolles Feedback für Entscheider, das sie bei ihren weiteren Vorgehensweisen berücksichtigen können.

Die Kombination von motivierenden Vorträgen, intensiven Seminaren und vor allem dem Mut, neues Möglichkeiten der Kommunikation und Interaktion im Unternehmen auszuprobieren ist eine Möglichkeit, um eine Sensibilität für die Dynamik der am Netz orientieren Kooperationsformen zu entwickeln. Sich ein Stück weit auf derartige Experimente einzulassen und den Digital Lifestyle zu leben, ist eine gute Möglichkeit, um den digitalen Mindset zu schärfen. Entscheidend ist letztlich eine Änderung der Denkweise: Führungskräfte müssen verstehen, welchen neuen Paradigmen im Zeitalter von Netz und Social Media für sie und ihr Unternehmen relevant sind. Im zweiten Schritt müssen sie die Netz-inhärenten Werte – Offenheit, Transparenz, Agilität, Flexibilität, Dialogbereitschaft und den vorbehaltlosen Austausch untereinander – so verinnerlichen, dass sie dann im dritten Schritt auf Veränderungen reagieren können, ohne dass im Detail irgendwo geschrieben steht, was die richtige Reaktion auf eine Herausforderung ist.

5   Wie Leader den digitalen Mindset auch bei Mitarbeitern verankern

Und die Mitarbeiter? Wie schaffen es Entscheider, auch bei allen anderen im Unternehmen Lust auf Enterprise 2.0, Veränderung und Vernetzung zu machen? Die Weiterentwicklung eines Unternehmens im Zuge der Implementierung einer Enterprise 2.0-Lösung schafft Potential für völlig neue organisatorische und kulturelle Strukturen. Diesen Wandel aktiv zu gestalten ist die zentrale Aufgabe der Unternehmensführung.

Langjährig gelebte Verhaltensmuster wie das Führen mit alten Modellen wie „Command and Control", bei dem der Manager allein die Definitionsmacht darüber hat, was richtig, notwendig und angemessen ist, stoßen dabei an ihre Grenzen. Zentralisierte Modelle, bei denen Wenige entscheiden und Anweisungen schreiben und Viele nur das tun, was ihnen gesagt wird, lösen sich im Zuge dieser Projekte gerade ein Stück weit auf – zugunsten von Systemen, in denen Wissen und Erfahrungen hierarchiefrei ausgetauscht sowie Kreativität und Eigeninitiative gefördert werden. Gerade darin liegen die Chancen und Herausforderungen für die Führung. Sie muss sich fragen, wie weit sie loslassen kann und muss, um das eigene Unternehmen erfolgreicher zu machen und voranzubringen. Die Frage ist nicht, welche Anweisungen sie an die Mitarbeiter kommunizieren soll, sondern wie sie ihnen Bühnen baut, auf denen man kreativ sein kann.

Offene Veranstaltungsformate wie BarCamps und Open Spaces, bei denen die Teilnehmer die Agenda selbst definieren und die damit die Herangehensweise einer vernetzten Gemeinschaft an ein Thema widerspiegeln, geben allen Beteiligten den Raum, Bedürfnisse und Erwartungen zu formulieren und Lösungswege zur effizienten internen Vernetzung zu identifizieren. Es sind Veranstaltungsformate, die Ideen produzieren und den Wissensaustausch befeuern, weil sie eben nicht wie die üblichen Business-Meeetings und –Workshops strukturiert sind.

Eine andere Möglichkeit ist die konzentrierte Arbeit an konkreten Lösungen im Rahmen sogenannten FedEx-Days: Dort wird ein Tag lang intensiv an einem bestimmten Problem gearbeitet und dann – wie beim Kurierdienst – spätestens nach 24 Stunden eine Lösung geliefert. Oft entstehen als Ergebnis dieser Veranstaltungen Prototypen für interne Social Media-Anwendungen oder konkrete Projekte, an denen Teams direkt weiterarbeiten.

Die Herangehensweise, den Beteiligten ermöglicht, bei Veranstaltungen selbst Agenda, Inhalte und Lösungswege zu definieren ist extrem wirksam, um den digitalen Mindset in den Köpfen zu verankern. „Ich bin immer wieder begeistert, welche Energie freigesetzt werden kann, und wie die Mitarbeiter aus sich heraus gehen", sagt beispielsweise Dr. Rainer

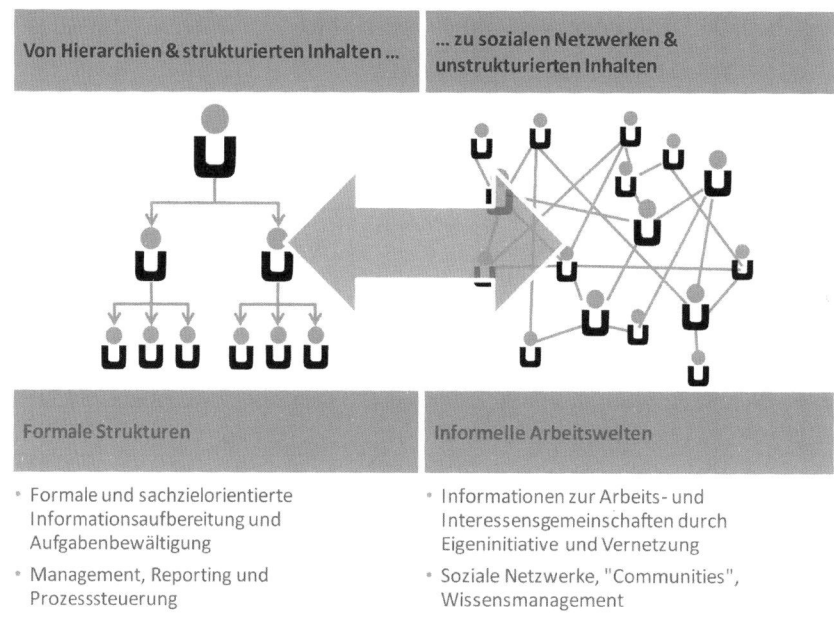

Abb. 3 Vorteile der Vernetzung: Klassisch strukturierte Unternehmen im Vergleich mit Unternehmen, die sich vernetzt organisieren. (Quelle: doubleyuu)

Fechner, Vorstandsmitglied beim Netzwerktechnologie-Hersteller Alcatel-Lucent nach einem Open Space, bei dem Führungskräfte und Mitarbeiter zusammen mit junge Netznutzern innerhalb und außerhalb des Unternehmens diskutierten.

Werden diese Veranstaltungsformate regelmäßig durchgeführt, können sie sogar dauerhaft zu Werkzeugen der Strategieentwicklung werden und dazu beitragen, den Digital Mindset und die Lust auf Veränderung dauerhaft in Unternehmen zu verankern.

Selbst wenn auf diese Weise viele Impulse für Veränderungen von unten kommen und von den Beteiligten selbst definiert werden, sind die Führungskräfte hierbei aber permanent gefordert – als Moderatoren, Brückenbauer und Organisatoren des Austausches. Sie stehen nun an der Spitze einer neue Organisation, die weniger hierarchisch aufgestellt ist und die Vorteile der Vernetzung nutzen kann (vgl. Abb. 3).

6 Fallstricke bei der Umsetzung einer Enterprise 2.0-Strategie

Im Vergleich zu anderen technologiegetriebenen Projekten zielen Enterprise 2.0 Transformationen deutlich stärker auf die Veränderung der Unternehmenskultur. Zugespitzt formuliert geht es weniger um die termingerechte Einführung einer revolutionären Technologieplattform per „Big Bang" als vielmehr um die Verankerung eines evolutionären

Wandels in der Unternehmenskultur. Nicht die Einführung des technischen Systems, sondern der Wandel des sozialen Systems ist letztlich der Maßstab für den betriebswirtschaftlichen Erfolg.

Als Konsequenz für das Projektmanagement folgt daraus ein deutlich adaptiv orientierter, situativ angepasster Ansatz. Streng programmorientierte, bis ins letzte Detail durchgeplante Vorgehensweisen erweisen sich, so die Erfahrungswerte in der Praxis, als wenig hilfreich. Enterprise 2.0 bedeutet also nicht nur eine gewisse Offenheit in Bezug auf das Ergebnis, sondern auch in der Organisation und bei der Steuerung des Transformationsprozesses.

Unsere Erfahrung bei Enterprise 2.0-Projekten in über 20 größeren Unternehmen ist, dass in der Regel deshalb nicht der Faktor Technik über den Erfolg oder Misserfolg dieser Vorhaben entscheidet. Die Nutzung und damit die Nutzerakzeptanz ist der Schlüsselfaktor. Aus unseren Projekten wissen wir, dass es hier bei vielen Enterprise 2.0-Projekten Probleme gibt. In den meisten Unternehmen liegt der Nutzungsgrad der neuen Tools hinter den vorab formulierten Erwartungen der Unternehmen. Führungskräfte machen bei der Umsetzung ihrer Enterprise 2.0-Strategie mitunter den Fehler, diese Aspekte zu unterschätzen und vor allem einen technischen Fokus bei der Umsetzung zu betonen. Zugleich unterschätzen sie regelmäßig, wie groß der Aufwand für den internen Change-Prozess ist.

Schon beim Thema Kommunikation – wie informiere ich überhaupt meine Mitarbeiter über die neuen Möglichkeiten, die sie nun haben – vergeben viele Unternehmen Chancen bei ihren Social Business- und Enterprise 2.0-Projekten. Sie unterschätzen die Komplexität dieser Aufgabe und bevorzugen mitunter teure, aber wenig nachhaltige Kommunikationsmaßnahmen. In vielen Fällen wollen Unternehmen etwa über Flyer auf die digitale Plattform aufmerksam machen. Das bewirkt bestenfalls ein kurzzeitiges Interesse. Sinnvoller ist es, zusammen mit den Stakeholdern neben einer tragfähigen Vision zu den Benefits der Vernetzung konkrete Use Cases zu entwickeln, die deutlich machen, auf welche Weise Social Computing-Funktionen dem Einzelnen im Alltag helfen, effizienter zu arbeiten.

Technik an sich ist eine Grundvoraussetzung für die Vernetzung, spielt aber insgesamt eine überraschend geringe Rolle. Einige Enterprise 2.0-Plattformen bieten beispielsweise nicht die intuitive Benutzerführung, die man von Twitter oder Facebook gewohnt ist. Aber solche Probleme kann man durch dosiertes Nachbessern in den Griff bekommen. Technik-Barrieren lassen sich sehr viel einfacher überwinden als Barrieren im Kopf.

Zugleich gilt es, kontinuierlich über viele kleine Teilentwicklungen im Rahmen von Veränderungsprojekten regelmäßig mit den Stakeholdern zu kommunizieren – in Form von Publikationen, aber auch bei offenen Veranstaltungsformaten wie BarCamps oder Open Spaces. Bei diesen Veranstaltungen kann die Nutzerbasis auf eine an die Dynamik des Webs angelehnte Art und Weise Konzepte für die Nutzung der Plattform entwickeln und den entsprechenden Bedarf formulieren. Die Beteiligten wirken dann als Multiplikatoren, die – anders als werbende Publikationen – direkte und authentische Begeisterung und Neugier für die neuen Möglichkeiten der Zusammenarbeit schaffen.

Doch auch die geschickteste und nachhaltigste Kommunikationsstrategie, die engagiertesten Multiplikatoren oder der beste Use Case reichen nicht aus, um Begeisterung für die

neuen Tools zu wecken. Sie entsteht durch Eigeninitiative, die die Bereitschaft, neue Dienste zu testen und neue Interaktionsmöglichkeiten zu entdecken. Dazu muss die Usability
der Plattform wenigstens gewissen Mindestansprüchen genügen.

Eine gute Benutzbarkeit der Dienste ist notwendig, damit sich Enterprise 2.0.-Werk-
zeuge ganz einfach in die täglichen Arbeitsprozesse integrieren lassen und letztlich eine
Nutzererfahrung bieten, die nicht zu weit von der Erfahrung ist, die beliebte Internetdiens-
te bieten. Jedes Unternehmen muss individuell definieren, inwieweit es sinnvoll und angebracht ist, sich von der Enterprise 2.0-Software „out of the box" zu entfernen und inwieweit man auf die Nutzungsgewohnheiten und Anforderungen der Digital Natives eingeht,
ohne die erfahrenen Nutzer zu verlieren.

Keine Chance haben Enterprise 2.0-Projekte im übrigen…

… wenn die Verantwortlichen nicht mit genügenden Ressourcen – Manpower, Zeit und
ein ausreichendes Budget – ausgestattet sind.

… wenn die Strategie ohne Einbeziehung derjenigen, die davon betroffen sind, entwickelt wird.

… wenn sie nicht berücksichtigt, dass die Kommunikation im Mitmach-Web von Authentizität und echtem Dialog geprägt ist, in dem von Agenturen verfasste Werbetexte keinen Platz haben.

7   Leader müssen Wertekonflikte entschärfen

Obwohl die meisten Produkte, die es derzeit zum Aufbau einer unternehmensinternen
Social Computing-Plattform gibt, technisch ausgereift sind, ist die Einführung einer derartigen Infrastruktur nicht problemlos. Eine entscheidende Voraussetzung für das
Gelingen dieser Veränderungsprozesse ist es unter anderem, dass es dem Management
gelingt, Wertekonflikte zu identifizieren und zu entschärfen. Werte spielen grundsätzlich
eine entscheidende Rolle, was die Chancen, aber auch die möglichen Konflikte im Zuge
von Veränderungsprozessen angeht.

Warum ist das so? Werte spielen grundsätzlich eine entscheidende Rolle, was die Chancen, aber auch die möglichen Konflikte im Zuge von Veränderungsprozessen angeht. Die
Entwicklung weg von der in beinah jedem Schritt kontrollierten internen Kommunikation
hin zum Enterprise 2.0 ist für viele Unternehmen ein großer Schritt, denn sie stellt bislang
fest verankerte Werte in Frage. Sie beinhaltet auch kulturell einen fundamentalen Paradigmenwechsel: Informationen sollen nicht mehr nur von oben nach unten kommuniziert
werden, sondern über individuelle Netzwerke ihren Weg zu den Menschen finden, die sie
benötigen.

Führungskräften fällt es mitunter schwer, sich auf diese neuen Informationsflüsse einzustellen. Auch Mitarbeiter, die aufgrund ihres Alters nicht zu den Digital Natives gehören
(oder, obwohl sie dieser Generation angehören, nicht die Werte ihrer Altersgenossen teilen), reagieren oft mit Zurückhaltung auf die neuen Möglichkeiten der Kommunikation
und Vernetzung. Das liegt oft nicht daran, dass diese Menschen grundsätzlich nicht zu

Tab. 2 Aufeinanderprallen unterschiedlicher Wertvorstellungen in Unternehmen. (Quelle: doubleYUU)

Klassische Unternehmenswerte	Digitaler Mindset
Intransparenz	Transparenz
Ergebnisorientierung	Prozessorientierung
Expertenwissen	Gemeinschaftswissen
Sorgfalt	Geschwindigkeit
Hierarchie	Gleichheit
Kontinuität	Agilität
Geheimhaltung	Offenheit
Sicherheit	Lust am Experimentieren
Tradition	Veränderungswillen

Veränderungen bereit sind. Die Veränderungsprozesse, die im Zuge der Umsetzung einer Enterprise 2.0-Strategie initiiert werden, rütteln aber an Grundsätzlichem – an den Werten, auf die sich diese Mitarbeiter und Führungskräfte bisher berufen und die sie verinnerlicht haben.

Jedes Unternehmen bezieht sich bereits auf bestimmte Werte, zum Beispiel etwa Tradition, Qualität oder Sicherheit. Diese Werte stehen mitunter im Konflikt mit den neuen Werten, die im Zuge der Nutzung von Social Computing- und Enterprise 2.0-Technologien neu ins Unternehmen kommen. Werte wie Offenheit, Transparenz oder die Bereitschaft, sich zu vernetzen und Wissen zu teilen können vor diesem Hintergrund für Spannungen sorgen, weil sich diese neuen und alten Werte zum Teil diametral entgegenstehen (Tab. 2).

Ein Digital Leader muss bei der Umsetzung einer Enterprise 2.0-Strategie eine Brücke zwischen den Arbeitsweisen und Kommunikationsgewohnheiten unterschiedlicher Mitarbeitergenerationen bauen, statt drohende Wertekonflikte zu verschärfen. Die Kunst der Führung besteht darin, solche Wertekonflikte gar nicht erst entstehen zu lassen. Frühzeitige Prävention durch Orientierung und das Formulieren von Zielen ist dabei häufig eine sinnvolle Methode. Dabei geht es darum, rechtzeitig und transparent zu vermitteln, welche Werte in welcher Situation die sind, an denen sich ein Unternehmen orientieren soll. Erfolgreiche Unternehmen schaffen es, einen intelligenten Wertemix aufzubauen anstelle starr auf dem Alten zu beharren oder blind auf das Neue zu vertrauen.

Potentielle Wertekonflikte bleiben dabei nicht allein auf die Mitarbeiter beschränkt: Die Gefahr, dass Reibungen entstehen, ist auch für die Führungsebenen evident. Die Transformation eines klassisch geführten Unternehmens in ein Enterprise 2.0-System stellt Führungskräfte aller Ebenen vor eine besondere Herausforderung. Die Prinzipien des Enterprise 2.0 erfordern es zwangsläufig, auch den Führungsstil zu verändern und auch hier die bislang gelebten Werte zu hinterfragen. Um diesen Prozess im Sinne einer Leadership- und Managemententwicklung adäquat zu begleiten, ist eine präzise Analyse angezeigt. Das geeignete Instrumentarium liefert eine nach Betroffenheit, Bedeutung der Veränderung und Einstellung zur Veränderung differenzierende Stakeholder-Analyse. Wobei als Stakeholder in Anlehnung an die „Machtschule" von Mintzberg alle Gruppen und Personen bezeichnet werden können, die bei Zielkonflikten eine spezifische und konkrete Interessenlage aufweisen.

Dieser Schritt liefert eine Analyse der verschiedenen Anspruchsgruppen sowie eine Einschätzung zu deren Befindlichkeiten und Anforderungen. Der oder die mit der Analyse Beauftragte erstellt also eine Liste mit den Anspruchsgruppen, die betroffen sein werden, überlegt, wie deren Einstellung zur Veränderung sein könnte und identifiziert Einzelmaßnahmen für den Umgang mit diesen Akteuren.

Als Bindeglied zwischen Digital Natives und traditionell geprägten Mitarbeitern kann dabei auch der mit Hilfe von Enterprise 2.0-Werkzeugen gestaltete Arbeitsalltag sein, in dem innovative, neue Tools genutzt werden, die zwar einerseits die dynamische und hierarchiefreie Vernetzung ermöglichen, andererseits aber die Arbeit tatsächlich auch für alle leichter und nicht komplizierter machen und einen klaren Fokus auf die alltäglichen Anforderungen im Business haben.

Wichtig ist dabei, dass nicht nur die Führungskräfte den digitalen Mindset verinnerlichen und sich in der Praxis an ihm orientieren, sondern dass auch Mitarbeiter in der Breite durch Schulungen und den Aufbau als Pilotnutzer die Chance bekommen, ihre Kollegen direkt vorzuleben, welche positiven Effekte der Veränderungsprozess in Richtung Enterprise 2.0 beinhalten kann. Auch hier ist aber der richtige Wertemix entscheidend. Nur weil Mitarbeiter die traditionellen Unternehmenswerte hoch halten, sind sie nicht im Unrecht. Je nach der Aufgabenstellung geben sogar sie, und nicht die digitalen Veränderer, den Takt vor. Es muss also in allen Teams Leute geben, die ein Stück weit führen, wenn es um das Thema Innovation geht, weil sie besonders offen sind oder denen das schnelle Ausprobieren liegt, während derjenige den Lead übernimmt, der eher Werte wie Sorgfalt verinnerlicht hat, wenn es um die Ausführung geht.

Grundsätzlich allerdings werden Digital Leader eher damit beschäftigt sein, digitale Promotoren aufzubauen. In den meisten Unternehmen stimmt die Balance noch nicht, die Werte aus der Internetwelt haben noch zu wenige Promotoren.

8   Perspektive: Mehr Engagement durch Enterprise 2.0

Selbst wenn viele Führungskräfte heute noch nicht den Veränderungsbedarf auch für ihre Unternehmen erkennen, den die globale Digitalisierung und Vernetzung sowie die Neugestaltung der Kommunikation und des Informationsaustauschs im privaten Bereich antreibt, gibt es noch einen weiteren Aspekt. Viele Mitarbeiter fühlen sich nicht mit ihrem Unternehmen verbunden. Sie machen nur Dienst nach Vorschrift, ohne Eigeninitiative zu entwickeln (vgl. Abb. 4). Die Zahl derer, die innerlich schon gekündigt hat, steigt zudem, inzwischen geben fast ein Viertel der Mitarbeiter in Befragungen an, über keine emotionale Bindung zu ihrem Arbeitgeber zu verfügen.[6]

---

[6] Vgl. den Gallup Engagement Index der Jahre 2001–2011 unter http://eu.gallup.com/Berlin/118645/
Gallup-Engagement-Index.aspxd.

Abb. 4 Anteil von Mitarbeitern mit hoher, mittlerer und geringer emotionaler Bindung an das Unternehmen. (Quelle: Gallup Engagement Index in Deutschland, Stand 2011 ermittelt wird der Grad der emotionalen Bindung (hoch, gering, keine) an den Arbeitgeber)

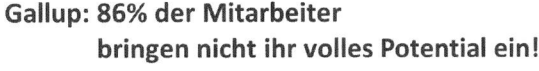
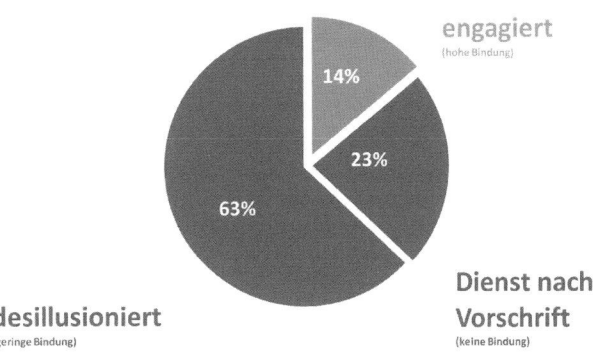

Gallup: 86% der Mitarbeiter bringen nicht ihr volles Potential ein!

engagiert (hohe Bindung)

14%

23%

63%

desillusioniert (geringe Bindung)

Dienst nach Vorschrift (keine Bindung)

Ein Grund dafür ist, dass es Führungskräfte Mitarbeitern häufig schwer machen, ihre eigenen Potentiale zu entdecken und umzusetzen. Zu enge Regelwerke, streng hierarchische Entscheidungsstrukturen sind exzellente Mittel für Manager, die Mitarbeitern auch die letzten Reste von Engagement austreiben wollen.

Hier kann die Umsetzung einer Enterprise 2.0-Strategie dazu beitragen, das Engagement vieler Mitarbeiter wieder zu steigern und ihnen zu ermöglichen, ihr Potential wirklich zu nutzen. Dass alle in der Organisation – die Spitze wie die Mitarbeiter – eine Denkweise verinnerlicht haben, die dem digitalen Zeitalter entspricht, bietet viele Chancen: Prozesse lassen sich neu und effizienter gestalten, Eigeninitiative und Kreativität in den Vordergrund der Arbeit stellen. Ideen werden ausgetauscht und das Wissen fließt, wenn Unternehmen es wagen, sich entlang von Werten wie Offenheit, Transparenz, Vernetzung und Agilität ein Stück weit neu zu erfinden.

Diese Entwicklung konfrontiert die Führungsetagen mit neuen Herausforderungen. Manager müssen anders lenken und bereit sein, ihr internes Herrschaftswissen loszulassen – Führung über Informationsvorsprung funktioniert in diesem Umfeld nicht mehr. Sie sind als Impulsgeber, Vorbilder und Coaches gefordert, den Rahmen selbstorganisierter Arbeit zu definieren und den Mitarbeitern Freiräume zu eröffnen. Neben die Hierarchie tritt die Selbstorganisation in der vernetzten Organisation; es gilt, diese beiden Welten miteinander zu verbinden und parallel zu managen. Wer das schafft, der darf sich mit Recht als Digital Leader bezeichnen.

Weiterführende Literatur

Buhse W, Reinhard U (Hrsg) (2009) Wenn Kapuzenpullis auf Anzugtraeger treffen, 1. Aufl. Whois-Verlag, Neckarhausen

Buhse W, Stamer S (Hrsg) (2010) Enterprise 2.0: Die Kunst, loszulassen, 3. Aufl. Rhombos-Verlag, Berlin

Keil M (2011) Application usage and risk report, 8. Aufl. Springer, Santa Clara

Li C (2008) Groundswell – winning in a world transformed by social technologies, 1. Aufl. Wiley, New York

Li C (2012) Making the business case for enterprise social networks, 1. Aufl. Morgan Kaufmann, San Mateo

Malik F (2006) Führen, Leisten, Leben: Wirksames Management für eine neue Zeit, 1. Aufl. Campus, Frankfurt a. M.

McAffee A (2009) Enterprise 2.0: new collaborative tools for your organizations toughest challenges, 1. Aufl. Wiley, New York

McGonagil G, Doerffer T (2011) Leadership and Web 2.0. The leadership implication soft he evolving web, 1. Aufl. Bertelsmann Stiftung, Gütersloh

Surowiecki J (2007) Die Weisheit der Vielen: Warum Gruppen klüger sind als Einzelne, 1. Aufl. Goldmann, München

Tapscott D (2007) Wikinomics: Die Revolution im Netz, 1. Aufl. Hanser, München

Weinberger D (2008) Das Ende der Schublade: Die Macht der neuen digitalen Unordnung, 1. Aufl. Hanser, München

Wolf F (Hrsg) (2011) Social Intranet: Kommunikation fördern, Wissen teilen, effizient zusammenarbeiten, 1. Aufl. Hanser, München

"DIGITALE MEDIEN – PRAXISNAH STUDIEREN"

DHBW
Duale Hochschule
Baden-Württemberg
Mannheim

Digitale Medien
Mediapublishing und Gestaltung

Das Studium richtet sich an junge Menschen, die in der Druck- und Medienbranche arbeiten möchten und technische sowie gestalterisch-kreative Fähigkeiten und Neigungen mitbringen. In kreativen Projektarbeiten erfolgt die Vertiefung im gestalterischen, verfahrenstechnischen oder allgemeinen wirtschaftlich-rechtlichen Bereich.

Die Bereiche Technik, Gestaltung, Wirtschaft sowie angewandter Informatik ist eine der Schwerpunktbildungen. Im gestalterischen Bereich ist das Studium anwendungsbezogen. Das Planend-Konzeptionelle steht vor dem Intuitiv-Künstlerischen. **www.DM.dhbw-mannheim.de**

Digitale Medien
Medienmanagement und Kommunikation

Das Studium vermittelt Kompetenzen für eine spätere Tätigkeit im Management eines Medienunternehmens oder einer leitenden Funktion in Marketing oder Unternehmenskommunikation von größeren Dienstleistungs- und Industrieunternehmen. Schwerpunkte sind das Entwickeln und das Management digitaler Medienprojekte in Unternehmen. Dazu werden Medienprodukte (Filme, Videos, Webanwendungen, Werbeprodukte, Soziale Netzwerke, u. a.) für digitale Kommunikations- und Vertriebsstrategien konzipiert und umgesetzt.

www.MM.dhbw-mannheim.de

Duale Hochschule Baden-Württemberg Mannheim
Baden-Wuerttemberg Cooperative State University
Coblitzallee 1–9
68163 Mannheim

Tel. (0621) 41050 • info@dhbw-mannheim.de • www.dhbw-mannheim.de

Komplex. Einfach. Erklärt.

  ⇨  ⇨   ⇨ ⇨

Marketing Symposium
Mannheim

Das Mannheimer
Marketing Symposium - am Puls der Zeit

Die DHBW Mannheim organisiert zwei Mal im Jahr mit dem Studiengang „Digitale Medien - Medienmanagement und Kommunikation" unter der Leitung von Prof. Dr. G. Lembke dieses Symposium. Hochkarätige Referenten aus der Unternehmenswelt stellen Best Practices zu aktuellen Themen der Digitalisierung in und von Unternehmen vor.

Die Veranstaltung ist für alle Interessierten offen und kostenlos. In zwangloser Atmosphäre bieten sich neue Kontakte und persönliche Möglichkeiten. Begleiten Sie uns und fühlen Sie sich bereits jetzt eingeladen:

Kostenlose Registrierung: http://Marketing-Symposium.net/

http://www.facebook.com/Marketing.Symposium

Duale Hochschule Baden-Württemberg
Mannheim
Coblitzallee 1-9
68163 Mannheim

DHBW
Duale Hochschule
Baden-Württemberg
Mannheim

www.medien-meeting-mannheim.de

Die Veranstaltung für medientechnische Innovationen in der Metropolregion Rhein-Neckar. Sie findet jährlich im Sommer in Mannheim statt.

Duale Hochschule Baden-Württemberg Mannheim
Baden-Wuerttemberg Cooperative State University
Coblitzallee 1–9
68163 Mannheim

Tel. (0621) 41050 • info@dhbw-mannheim.de
www.dhbw-mannheim.de

commit ist eine Kooperation von Professo-ren der drei Hochschulen in Mannheim. Die Fachbereiche Wirtschaftsinformatik, Informa-tik und angrenzende Gebiete der Universität, der Hochschule und der DHBW Mannheim bilden die Struktur. Das Ziel ist es, zur Stär-kung Mannheims als IT-Standort beizutragen. Der entstandene Forschungsverbund dient der Etablierung hochwertiger Wissenschaft in den Informationstechnologien. Hierfür existieren mehrere Clustern, die spezielle Technologi-en und Methoden anwenden und entwickeln.

Alle Infos: http://www.commit-mannheim.de

Die Forschungsgruppe Wissensrepräsen-tation und Wissensmanagement bearbeitet unter Leitung von Prof. Dr. Stuckenschmidt Fragestellungen des Semantic Web, insbe-sondere die Extraktion und Weiterverarbei-tung von Wissen in grossen Datenmengen. Ihre Forschungsergebnisse finden Eingang in zahlreiche Industrieprojekte, speziell bei Fragen der Informationsintegration. In com-mit bringt sich Prof. Dr. Stuckenschmidt in den Branchencluster Medizin&Pharma ein.

Alle Infos: http://ki.informatik.uni-mannheim.de

Printed by Printforce, the Netherlands